Node.js 无服务器应用实战

使用 AWS Lambda 和 Claudia.js

[塞尔维亚] 斯洛博丹·斯托扬诺维奇 (Slobodan Stojanović) 亚历山大·西蒙维奇 (Aleksandar Simović) 著

张 懿 崔正大 译

清华大学出版社

北 京

北京市版权局著作权合同登记号　图字：01-2020-1525

Slobodan Stojanović, Aleksandar Simović
Serverless Applications with Node.js：Using AWS Lambda and Claudia.js
EISBN: 978-1-61729-472-3

图书在版编目(CIP)数据

Node.js 无服务器应用实战：使用 AWS Lambda 和 Claudia.js / (塞尔) 斯洛博丹・斯托扬诺维奇 (Slobodan Stojanović)，(塞尔) 亚历山大・西蒙维奇(Aleksandar Simović)　著；张懿，崔正大 译. 一北京：清华大学出版社，2020.5
书名原文：Serverless Applications with Node.js：Using AWS Lambda and Claudia.js
ISBN 978-7-302-55187-4

Ⅰ. ①N… Ⅱ. ①斯… ②亚… ③张… ④崔…　Ⅲ. ①JAVA 语言一程序设计　Ⅳ. ①TP312.8

中国版本图书馆 CIP 数据核字(2020)第 049068 号

责任编辑：王　军
封面设计：孔祥峰
版式设计：思创景点
责任校对：成凤进
责任印制：宋　林

出版发行：清华大学出版社
网　　址：http://www.tup.com.cn，http://www.wqbook.com
地　　址：北京清华大学学研大厦 A 座　　邮　　编：100084
社 总 机：010-62770175　　邮　　购：010-62786544
投稿与读者服务：010-62776969，c-service@tup.tsinghua.edu.cn
质 量 反 馈：010-62772015，zhiliang@tup.tsinghua.edu.cn
印 装 者：三河市国英印务有限公司
经　　销：全国新华书店
开　　本：170mm×240mm　　印　　张：20.75　　字　　数：372 千字
版　　次：2020 年 5 月第 1 版　　印　　次：2020 年 5 月第 1 次印刷
定　　价：98.00 元

产品编号：082460-01

译者序

随着创客运动的兴起，常规服务器烦琐的部署流程和漫长的学习过程一直为人所诟病。诚然，现有的服务器提供商已经通过虚化大量复杂的操作来提升用户体验，但随之而来的是日益攀升的租用费用和管理成本。

Serverless 架构是近年来迅速兴起的一个技术概念，最早由 Amazon 提出，第一个无服务器平台是 2014 年年底推出的 Amazon Lambda。AWS Lambda 是一种函数即服务(Function-as-a-Service，FaaS)计算服务，简单来说就是：开发人员直接编写运行在云上的函数、功能、服务，由云服务商提供操作系统、运行环境、网关等一系列基础环境，我们只需要关注于编写业务代码即可。只需要上传代码或应用包，即可发布应用。

毫无疑问，在最近几年里，Serverless 渐渐成为一种相当流行的架构。Serverless 大致从 2016 年起，开始流行于初创企业、个人开发者和社区，2018 年 Google 推出 Serverless 利器 Knative，可在任何公有云和私有云上实现无服务器架构，这样无服务器编程就可以不限于特定的云平台(如亚马逊 AWS)，Serverless 凭借易于部署和相较于传统服务器极低的使用成本快速风靡创意圈。

本书共 15 章，分三部分介绍如何搭建无服务器应用，以虚构的场景和需求入手，从最基本的搭建开发环境开始，循序渐进地讲解编写 AWS Lambda 函数的基础知识，以及 API 网关等核心无服务器模组。在逐步实现需求的同时，用生动的实例穿插介绍大量基础概念，便于读者理解程序逻辑，加深知识掌握。除了 Amazon Lamdba 平台外，本书还介绍其他供应商提供的无服务器平台供读者自行选择，所有开发流程都是通用的，避免了重复学习。本书全面涵盖 Serverless 的重要内容，通过本书的学习，读者可以掌握 Serverless 应用开发的编程技巧，提高实战能力，深入理解 Serverless 内部机理。

本书由星汉创意空间的张懿和扬州大学信息工程学院的崔正大合作翻译。翻译本书的过程也是我俩不断学习的过程，为了保证专业词汇翻译的准确性，我们在翻译过程中查阅了大量相关资料。但由于时间和能力有限，书中内容难免出现差错。若有问题，读者可与我们联系，欢迎一起探讨，共同进步。

序 言

亚马逊在 2007 年通过简化虚拟机配置，永远改变了 IT 基础设施。从那时起，现代应用的架构改进基本上是循序渐进的。十年之后，亚马逊的 Lambda 平台通过简化配置函数，引领了另一场技术变革风潮。这种“无服务器架构”生态系统正在彻底改变我们设计、开发和运营互联网应用的方式。

作为 Lambda 平台的早期采用者，我有幸与 Slobodan 和 Aleksandar 合作，目睹了“无服务器架构”构想对上市时间和运营成本的巨大影响。与此同时，这个平台发展极为迅速，以至于用户很容易在其中迷失方向。为了真正从新的操作方式中获益，开发人员必须重新考虑身份验证、会话管理、存储、容量规划和分发策略。在本书中，Slobodan 和 Aleksandar 提供了有关此次变革的前沿报告，以及面向希望从新一代平台中获益的 JavaScript 开发人员的宝贵指南。

本书致力于帮助人们快速完成在 AWS Lambda 中的简单工作，而不是试图改变我们构建或运行项目的方式。许多无服务器架构应用框架将 AWS 服务抽象出来，这样固化的框架可能带来巨大风险，因为开发生态仍在快速发展。本书作者并没有强迫我们选择他们使用的框架，而是讲解如何轻松地使用所有相关服务。对于刚接触 AWS 的人，本书不仅介绍 AWS Lambda，还介绍了一系列相关服务，如 DynamoDB(存储)、Cognito(身份验证)、API Gateway(运行 Web 服务)和 CloudWatch(事件处理和调度)。即使之后不再使用作者选择的工具，也只需要以不同的方式再次部署就可以继续使用所有代码。

本书还通过引入几个重要的实际应用来介绍无服务器架构平台，包括 Web API、聊天机器人、付款处理和订单管理。通过为虚拟的比萨餐厅逐步构建在线商店，作者提供了大多数人在云平台上启动现代商业方案过程中可能需要的几乎所有的现成组件。通过这种知识积累方式，本书得以更深入地探索开发过程中的问题，例如如何组织自动化测试和设计易于维护的应用。本书的最后一部分讨论迁移策略，并回答一些最常见的问题，这些问题来自那些已经在其他云平台上部分运行应用的人，以及那些希望通过速成来缩短上市时间或降低运营成本的人。

请尽情享受本书给你带来的乐趣，你将发现一种更好地利用云平台软件快速创造价值的方法。

作者简介

Slobodan Stojanović 和 Aleksandar Simović 是 AWS Serverless Heroes 和 Claudia.js 项目的核心贡献者，是 Claudia Bot Builder 的主要开发人员和维护人员，以及 Node.js 的无服务器应用的共同作者。

Aleksandar 已经担任高级软件顾问和工程师超过七年，主攻但不限于 JavaScript。他还涉足 Swift、Python 和 Rust。他在贝尔格莱德工作，是 JS 贝尔格莱德会议的共同组织者。

Slobodan 是 Cloud Horizon 的首席技术官，Cloud Horizon 是一家位于蒙特利尔的软件开发工作室。他在贝尔格莱德工作，是 JS 贝尔格莱德会议的共同组织者。

致　　谢

编写这本书困难重重，因为这是我们的第一本书。为了让读者轻松掌握并学到最多的内容，有些章节重写了超过五次。在此过程中，我们得到了朋友和家人的大力支持，但我们要特别感谢那些一路上给我们提供巨大帮助的人。

首先，我们要感谢 Gojko Adzic。几年前，他向我们介绍了无服务器架构的世界。特别感谢他在我们编写本书过程中给出的评论和建议，例如“这一页毫无价值，删掉它”“不要用错误的步骤误导你的读者”，等等。我们喜欢这些建议。

接下来我们想感谢 Manning 的编辑 Toni Arritola。感谢你与我们合作，感谢你在我们为前几章的内容苦苦思索时，对进度落后于计划的耐心等待以及为我们提供所需的一切。你总是追求质量，让本书尽可能适合每一位读者。我们还要感谢 Michael Stephens 和 Bert Bates，他们帮助我们更好地解释了所有无服务器架构的细节并让我们可以专注于重要主题。我们还要感谢 Manning 的各位编辑，他们致力于本书的编辑和发行，这本书是团队努力的结晶。我们也想感谢技术校对 Valentin Crettaz 和技术开发编辑 Kostas Passadis，他们仔细审查了每一行代码。

感谢 Manning 的各位评审，他们花时间阅读我们不同阶段的手稿，并给出精彩的反馈，包括 Arnaud Bailly、Barnaby Norman、Claudio Bernardo Rodríguez Rodríguez、Damian Esteban、Dane Balia、Deepak Bhaskaran、Jasba Simpson、Jeremy Lange、KajStröm、Kathleen R. Estrada、Kumar Unnikrishnan、Luca Mezzalira、Martin Dehnert、Rami Abdelwahed、Surjeet Manhas、Thomas Peklak、Umur Yilmaz 和 Yvon Vieville。

我们还要感谢亚马逊和 AWS 团队创建了如此出色的计算服务——AWS Lambda。你们正在改变这个世界。

最后，我们要感谢 Maria 姨妈和书中所有其他虚构的角色！

前　言

我们成为开发人员已经超过10年了。从20世纪90年代的第一台计算机开始，我们就自己开发了第一个用Pascal和BASIC编写的函数，甚至还参加了编程竞赛。但是当网络出现时，一切都改变了。我们立即着手构建第一个使用静态HTML和CSS的Web应用及网页。当JavaScript和jQuery成为新标准时我们几乎立即转向它们(即使有人还在使用Flash和ActionScript)。随着Node.js的出现，我们正在使用的语言(如Python和C#)被它替换是理所应当的。即使我们有时仍然使用这些语言编写一些函数，但我们转向Node.js是必然的。

大约三年前，我们将注意力转向无服务器架构。Gojko Adzic通过他最初使用Claudia.js作为部署工具完成的工作向我们介绍了AWS Lambda。我们惊讶于开发和部署无服务器架构应用的速度和容易程度，以及扩展它们是那么简单，我们开始与他一起创建Claudia Bot Builder。

日复一日，我们对构建和维护Web应用的观点完全被无服务器架构改变。后端服务被无服务器函数取代，而不需要编写bash脚本、登录服务器以及规划容量，我们不再关注这些问题，而是更多地关注业务逻辑和应用价值。

我们将第一个无服务器架构Web应用发布到生产环境中，并开发了数百个聊天机器人。我们的产量增加了近五倍。这太不可思议了。花几个月时间学习如何使用bash、ssh、rsync等配置和维护应用服务器已经不再重要了。一切都变了。从我们的出发点看，无服务器架构生态走了很长的一段路——无服务器架构提供商现在更容易使用，而且每年有越来越多的无服务器架构应用组件可用(Amazon re:Invent)。

无服务器架构在近几年内日新月异——我们已经把它作为自己的事业。我们开始讨论无服务器架构，举办研讨会和提供无服务器架构业务咨询。我们尝试总结经验和知识，结合多个其他来源，并以易于学习和理解的方式将它们组合在一起。

关 于 本 书

这是一本以教授和帮助构建无服务器架构 Node.js 应用为目的的书。作者采用务实的方式，以虚构的 Maria 姨妈的比萨店为开端，试图通过无服务器架构来帮助她解决问题。本书以解释什么是无服务器架构为起点，用一个又一个单独的无服务器架构概念解决 Maria 姨妈遇到的每个问题，并以此逐渐形成构建有效且干净的无服务器架构 Node.js 应用的清晰思路。

本书读者对象

本书适用于使用 JavaScript 的 Web 开发人员，他们希望学习如何构建无服务器架构应用并尝试了解如何正确组织、构建和测试它们。虽然关于 Node.js 和构建基本无服务器架构应用的教程有很多，但本书介绍了将所有这些无服务器架构话题和概念逐步结合起来的过程，以帮助读者构建大型的无服务器架构应用并成为 Node.js 的无服务器架构应用开发人员。

本书的组织结构

本书共 15 章内容，分为三部分。

第 I 部分(第 1～7 章)介绍无服务器架构的基本知识，以及如何使用数据库构建无服务器架构应用，如何连接到第三方服务，如何调试，如何添加授权和身份验证，以及如何操作文件。

第 1 章介绍 Amazon Web 服务平台上的无服务器架构，并用简单的类比来说明无服务器架构。其中还介绍了 Maria 姨妈、她的比萨店以及她面临的问题。最后将介绍一个普通的无服务器架构 Node.js 应用的结构，并介绍 Claudia.js 是什么及其如何帮助将 Node.js 应用部署到 AWS Lambda。

第 2 章展示如何使用 AWS Lambda、API Gateway 和 Claudia API Builder 开发简单的比萨店应用的 API。该章还教你如何使用 Claudia 的单个命令部署 API。

第 3 章介绍数据库如何在无服务器架构中工作，并讲解如何将比萨店应用的

API 与 AWS 提供的无服务器数据库 DynamoDB 连接起来。

第 4 章介绍如何将比萨店应用的 API 与第三方服务(如 Some Like It Hot Delivery API)连接起来。该章还展示了在使用 Claudia API 构建器时可能会遇到的一些常见问题。

第 5 章将帮助你了解如何在无服务器应用中查找错误，如何调试它们以及可以使用的调试工具。

第 6 章介绍如何在无服务器应用中实现身份验证和授权。你将了解无服务器环境中的身份验证和授权之间的区别，如何使用 AWS Cognito 实现 Web 授权机制，以及如何通过社会供应商识别用户。

第 7 章深入研究无服务器文件存储的可能性，并探讨如何创建一个单独的文件处理函数，该函数使用存储空间并将请求的文件提供给其他 Lambda——无服务器 API。

第Ⅱ部分(第 8～10 章)介绍如何创建使用相同资源的其他无服务器应用，如何创建聊天机器人、语音助手、SMS 聊天机器人，如何添加 NLP，以及应该如何组织所有这些无服务器应用。

第 8 章介绍如何开发你的第一个 Facebook Messenger 聊天机器人，以及 Claudia Bot Builder 如何用几行代码就可以帮助你实现这一点。

第 9 章介绍如何向聊天机器人添加简单的 NLP(Natural Language Processing，自然语言处理)，如何将聊天机器人连接到 DynamoDB 数据库，以及当传递正在进行时发送延迟响应(异步事件)。

第 10 章介绍如何开发你的第一个 Alexa Skill 和 Twilio SMS 聊天机器人，以及如何使用 Claudia Bot Builder 非常快速地完成这些任务。

第Ⅲ部分(第 11～15 章)包括关于如何测试、构建无服务器应用以及将现有应用迁移到无服务器在内的更高级主题，另外给出了建议、一般模式，以及一些常见的问题和相应的解决方案。

第 11 章介绍如何测试无服务器应用、编写可测试的无服务器函数以及在本地运行自动化测试。此外，该章还解释了如何架构 Hexagonal Architecture 以及如何重构无服务器应用，使其更易于测试并消除潜在风险。

第 12 章介绍使用无服务器应用处理付款，实现对无服务器 API 的付款，以及了解付款处理中的 PCI 合规性。

第 13 章确保你了解如何在 AWS Lambda 和无服务器生态系统中运行 Express.js 应用，涉及在 Express.js 应用中提供静态内容，将无服务器架构的 Express.js 应用连接到 MongoDB，以及了解无服务器生态中 Express.js 应用的限制和风险。

第 14 章介绍如何迁移到无服务器，根据无服务器框架供应商的特性构建应用，组织应用架构，使其面向业务且具有可升级性，以及处理无服务器和传统服务器托管应用之间的架构差异。

第 15 章介绍 CodePen 如何使用无服务器计算为预处理器确保数以亿计的请求，以及 MindMup 如何通过双人团队和无服务器计算为 40 万活跃用户提供服务。

关于代码

本书包含许多源代码示例，包括编号列表和内联普通文本。在这两种情况下，源代码都以固定的等宽字体格式化，以与普通文本分开。有时使用粗体突出显示已从本章前面的步骤中更改的代码，例如当新功能被添加到现有代码行时。

在许多情况下，源代码已经重新格式化；我们添加了换行符并重写缩进以适应书中可用的页面空间。此外，当使用文本描述代码时，源代码中的注释通常已从代码清单中删除。代码注释伴随着许多代码清单，从而突出重要的概念。本书的源代码可从 https://manning.com/books/serverless-apps-with-node-and-claudiajs 下载，也可通过扫描封底的二维码下载。

书籍论坛

购买本书后，就可以免费访问由 Manning Publications 运营的私人网络论坛，可以在该论坛上对本书发表评论，提出技术问题，并从作者和其他用户那里获得帮助。要访问该论坛，可访问 https://forums.manning.com/forums/serverless-apps-with-node-and-claudiajs。还可以访问 https://forums.manning.com/forums/about，了解有关 Manning 论坛和行为规则的更多信息。

在线资源

如果需要额外帮助，可以

- 跳转到 Claudia.js Gitter(https://gitter.im/claudiajs/claudia)，本书作者通常会回答有关 Claudia.js、Claudia API Builder 和 Claudia Bot Builder 的技术问题。
- 参阅 Stack Overflow 上的 Claudiajs 标签(http://stackoverflow.com/questions/tagged/claudiajs)，可以在其中发布有关使用 Node.js 和 Claudia.js 开发无服务器应用的问题和疑问，也可以帮助别人解决问题。

目　录

第Ⅰ部分

无服务器比萨店

Maria姨妈是个意志坚强的人。三十多年来，她一直在经营一家比萨店，这是附近几代人的聚会场所：很多人在那里和家人一起共度时光，开怀大笑，甚至约会。但最近，她的比萨店遇到了困难。她告诉你她的顾客越来越少了。技术的进步使她的客户更喜欢通过网站或手机从竞争对手的比萨店在线订购。

她的比萨店已经有了一个网站，但需要一个后端应用来处理和存储关于比萨和订单的信息。

在本书的第Ⅰ部分，你的目标是构建一个无服务器API，以帮助Maria姨妈赶上她的竞争对手。但是，由于你在无服务器应用开发方面还是个新手，因此你首先需要了解无服务器是什么，以及它如何帮助构建比萨店API(见第1章)。然后继续向比萨店API添加路由，并使用Claudia将其部署到AWS Lambda(见第2章)。

为了维持和交付所有订单，你需要将新的API连接到DynamoDB表(见第3章)并与第三方服务Some Like It Hot Delivery API进行通信(见第4章)。

在开发过程中，你还将面临一些问题，并学习如何调试无服务器应用(见第5章)。

要使API完全正常工作，你需要学习如何对用户进行身份验证和授权(见第6章)以及如何保存和操作比萨图片(见第7章)。

第 1 章

使用Claudia的无服务器架构介绍

本章要点：

- 什么是无服务器
- 无服务器的核心概念
- 无服务器和托管服务器 Web 应用之间的区别
- 如何配置 Claudia
- 为什么使用无服务器

无服务器是一种在云基础设施上部署和运行应用的方法，基于使用付费，不需要租用或购买服务器。无服务器平台供应商将负责替你进行容量的规划、扩展、平衡和监控；供应商还可以将应用视为函数。

等等，没有服务器？无服务器似乎是一个新的流行词，是一种时髦的云趋势，有望让你的生活变得更美好。

本章重点介绍无服务器的概念：它是什么，它为什么重要，以及与服务器托管的 Web 应用开发对比结果如何。本章的主要目标是了解基本的无服务器的概念，并为后面的学习打下良好的基础。

1.1 服务器和洗衣机

要理解无服务器，只需要稍微联想一下洗衣机即可。从一台洗衣服的设备开始听起来有些让人摸不着头脑，但是现在拥有一台服务器就像拥有一台洗衣机。每个人都需要干净的衣服，最合理的解决办法似乎就是买一台洗衣机。但是大多数时候洗衣机插着电源，什么也不做。最多每周使用 5～15 小时。服务器也是如此。大多数时候，普通的应用服务器只是等待接收请求，什么也不做。

有趣的是，服务器和洗衣机有许多共同的问题。它们都有可以处理的最大重量或体积。拥有一台小型服务器就像拥有一台小型洗衣机。如果积攒了一大堆衣服要洗，洗衣机就无法一次洗完。可以买一台更大的、可以洗更多衣服的洗衣机，但你会发现当自己只想洗一件衬衫时，用一台洗衣机来洗似乎很浪费。此外，设置所有应用都安全地运行在一台服务器上是很棘手的，有时甚至是不可能的。一个应用的正确设置可能会完全打乱另一个不同设置的应用。同样，使用洗衣机时，必须根据颜色来区分衣服，然后选择合适的程序、洗衣液和柔顺剂组合。如果不能正确地进行设置，洗衣机会洗坏衣服。

这些问题，加上不是每个人都能拥有洗衣机的问题，导致自助洗衣店或干洗店的兴起。对于服务器，同样的需求已经导致许多公司开始提供服务器租赁服务，无论是在本地还是云端。可以租用服务器，服务器供应商负责存储、电源和基本设置，但自助洗衣店和租赁服务器都只是部分解决方案。

对于洗衣机和服务器的租赁，你仍然需要知道如何组合衣服或应用，并设置机器，选择合适的洗衣液或环境。你还必须平衡机器的数量和它们的大小限制，计划需要多少台机器。

在洗衣行业，一种新的趋势——“蓬松和折叠”服务在 20 世纪 50 年代后开始出现。可以带一件或一袋衣服来，他们会为你清洗、烘干和叠好衣服。有些甚至可以送到指定的地址。他们通常是按件收费的，所以不需要攒够特定数量的衣服来洗，也不需要操心洗衣机、洗衣液和清洗程序。

与洗衣行业相比，软件行业仍然处于自助洗衣店的时代，很多人仍然租用服务器或求助于平台即服务(PaaS)提供商。我们仍在评估潜在的请求数量(衣服的数量)，我们将处理和保留足够的服务器以处理负载，这样做要么经常浪费钱买服务器，要么操作满负荷或超负荷，无法处理所有客户的请求。

1.2 核心概念

那么无服务器是如何改变这一点的呢?这个名称暗示了根本没有服务器，似乎不是逻辑解决方案。

什么是无服务器

无服务器是在云端部署和运行应用的一种方法，基于使用付费，不需要租用或购买服务器。

与名称截然相反，无服务器并不排除服务器的存在；软件运行需要硬件。无服务器只是消除了公司、组织或开发人员实际租用或购买服务器的需求。

你可能想知道为什么无服务器如此命名。答案在于无服务器是抽象化的服务器概念。不必租用服务器、设置环境并部署应用，而是将应用上载到无服务器供应商，后者负责分配服务器、存储、应用处理、设置和执行。

注意 有些人可能想知道无服务器是否会消除公司对大型 DevOps 团队的需求。在大多数情况下，答案是肯定的。

更准确地说，供应商将应用存储在某个容器中。容器表示一种独立的环境，其中包含应用需要运行的所有内容。可以把容器想象成栽培盆。栽培盆里的泥土中饱含植物赖以生存的所有矿物质。

与栽培盆一样，容器允许无服务器提供者安全地移动和存储应用，并根据需要执行和复制应用。但是，无服务器的主要好处在于基本上不需要进行任何服务器配置、平衡、扩展，不需要进行任何类型的服务器管理。无服务器供应商为你管理所有这些，同时还保证，如果同时发生针对应用的大量调用，它将克隆足够的容器来处理所有调用，并且每个克隆都是首个调用的精确副本。如果需要，无服务器供应商将创建数千个克隆。只有当应用的请求数量变得非常大，以致当前容器无法处理所有传入的请求时，无服务器供应商才决定复制容器。

除非有对应用的请求(调用)，否则不会运行应用的单个实例，因此不会浪费空间、服务器时间或能量。无服务器供应商负责所有操作细节，例如知晓应用存储在哪里、如何以及在哪里复制应用、何时加载新的容器甚至何时减少已复制容器的数量以卸载未使用的服务器。

从洗衣机的角度看，这个过程就像是呼叫衣服清洗服务；送货员出现在你的家门口，拿走你的脏衣服，清洗后把衣服还给你。无论你有多少衣服，无论是什么衣料(羊毛、棉花、皮革等)，洗衣店都要负责所有的衣物分类过程、洗衣液的选择和清洗程序的选择。

无服务器和 FaaS

最初，术语无服务器的解释与现在有所不同。在无服务器的早期，它被定义为后端即服务(Backend as a Service，BaaS)，因为它表示部分或完全依赖于第三方服务的应用以实现基于服务器的逻辑。后来，它几乎被专门描述为函数即服务(Function as a Service，FaaS)，因为无服务器提供程序将应用视为函数，只有在被请求时才调用它们。

1.3 无服务器的工作方式

如前所述，无服务器提供程序为应用提供独立的计算容器。计算容器是由事件驱动的，因此只有在某个事件触发时才会激活它。

事件是一些特定的外部操作，其行为与物理触发器完全相同。以家中的灯为例：打开它们的事件可能不同。典型的灯开关是由压力激活的，运动传感器与运动检测相连，光照传感器在太阳落山时打开灯。但是容器不仅限于监听指定的事件和调用其中包含的函数，它们还为函数自己创建事件提供了一种方法，或者更准确地说，提供了一种发射事件的方法。通过更技术性的方式，使用无服务器提供程序，可以让函数容器既是事件监听器又是事件发射器。

最后，无服务器提供程序提供了可以运行函数的各种触发器。触发器列表取决于提供程序和实现，但最常见的触发器有 HTTP 请求、文件上传到文件存储、数据库更新和物联网(Internet of Things，IoT)事件，等等。

注意 无服务器函数仅在触发时运行，而你只需要在执行期间付费。执行后，无服务器供应商关闭函数，同时保持触发器处于活动状态。

1.4 无服务器实践

整个无服务器环境包含许多移动部件，因此我们慢慢介绍它们。我们将构建一个示例应用，并一次引入一个部件，这样就可以看到无服务器是如何配置的。当慢慢学习每个新概念时，将扩展这个示例应用。

本书将采取一种新的方法来展示示例应用(从头开始构建)，并且更精确地处理小公司的问题，我们的比萨店应用由虚构的 Maria 姨妈管理。Maria 姨妈将面临许多现实世界的问题，而你的目标是帮助她同时掌握一些概念。像每一项新技术一样，无服务器技术引入了许多新概念，这些概念很难同时处理。

注意 对于希望切换环境的读者(将当前应用迁移到无服务器环境)，可直接跳到本书的最后一部分。如果不熟悉无服务器，在跳到本书的最后一部分之前，至少应该先读完前几章。

1.4.1　Maria 姨妈的无服务器比萨店应用

Maria 姨妈是个意志坚强的人。三十多年来，她一直在经营一家比萨店，许多人在这里与家人共度时光，一起欢笑，甚至进行浪漫约会。但最近，她的比萨店遇到了困难。她告诉你店里的顾客越来越少了。许多客户现在更喜欢通过网站或手机在线订购，而不是亲自购买。一些新的比萨店开始抢走她的顾客。例如，新开的 Chess 比萨店提供了比萨预览和在线订购的移动应用，以及通过各种通信应用进行订购的聊天机器人。虽然顾客喜欢她的比萨店，但大多数人都想从家里订购，所以她的生意开始衰落。Maria 姨妈的比萨店已经有了一个网站，但是需要一个后端应用来处理和存储关于比萨和订单的信息。

1.4.2　一种常见的方法

鉴于 Maria 姨妈的资源有限，最简单的解决方案是使用流行的 Node.js 框架(如 Express.js 或 Hapi)构建一个小型 API，并在同一个实例(很可能是 MongoDB、MySQL 或 PostgreSQL)中建立比萨数据库。

使用典型的 API 可将代码结构化为类似于三层架构的几层，这意味着代码被划分为表示层、业务层和数据层。

三层架构

三层架构是一种客户端/服务器软件架构模式，其中，用户界面(表示)、函数流程逻辑("业务规则")、计算机数据存储和数据访问，通常在单独的平台上作为独立模块进行开发和维护。

要了解关于三层架构的更多信息，请访问 https://en.wikipedia.org/wiki/Multier_Architecture#Three-tier_architecture。

典型的三层应用设计类似于图 1.1，为比萨、订单和用户提供单独的路由，此外还将为聊天机器人和支付处理器提供 Web 接口。所有路由都会触发业务层中的一些处理函数，处理后的数据将被发送到数据层(数据库)以及文件和图片存储。

这种方法非常适合任何给定的小应用。这种结构对比萨店 API 很有用，至少在网上比萨订单增长到一定水平之前是这样。然后需要扩展基础设施。

但是为了能够扩展整体应用，必须分离数据层(因为为了保持数据一致性，你不想复制数据库)。之后，应用将类似于图 1.2。但是，你仍然拥有应用的联合体，其中包含所有的 API 路由管理和业务逻辑。如果用户太多，则可以复制应用，但每个实例也将复制所有服务，而不管使用情况如何。

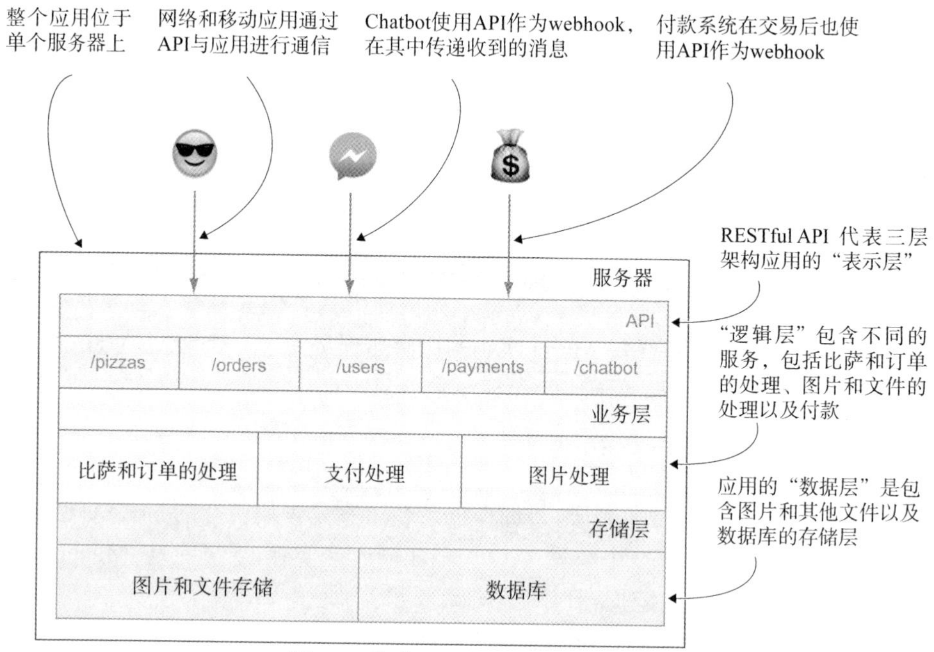

整个应用位于单个服务器上

网络和移动应用通过API与应用进行通信

Chatbot使用API作为webhook，在其中传递收到的消息

付款系统在交易后也使用API作为webhook

RESTful API 代表三层架构应用的“表示层”

服务器

API

/pizzas /orders /users /payments /chatbot

业务层

比萨和订单的处理 支付处理 图片处理

“逻辑层”包含不同的服务，包括比萨和订单的处理、图片和文件的处理以及付款

存储层

图片和文件存储 数据库

应用的“数据层”是包含图片和其他文件以及数据库的存储层

图 1.1 比萨 API 的典型三层设计

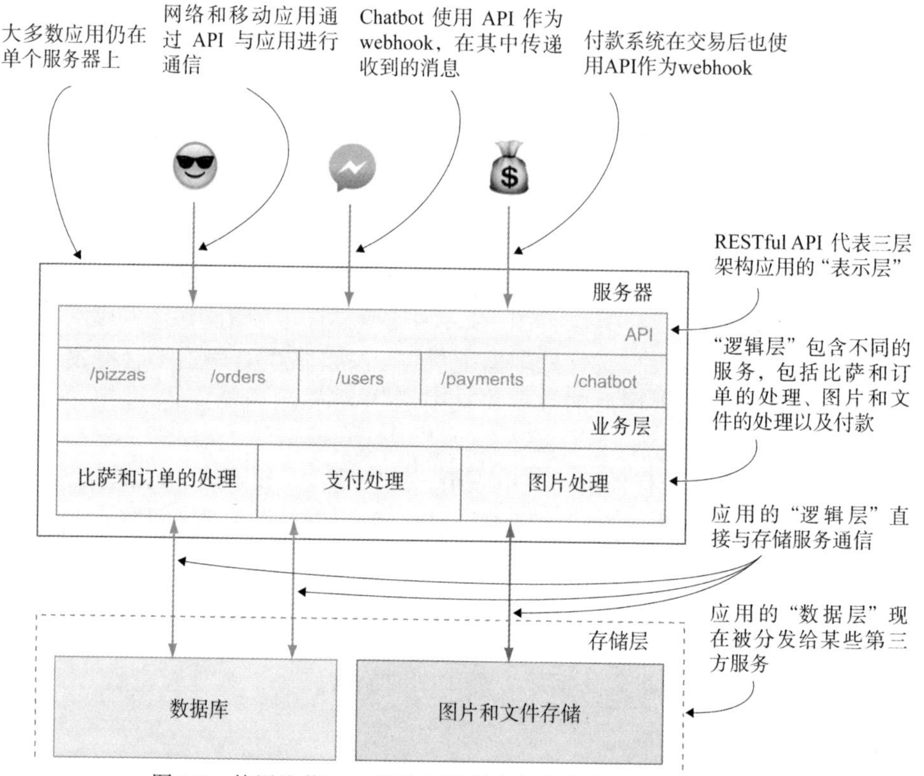
大多数应用仍在单个服务器上
网络和移动应用通过 API 与应用进行通信
Chatbot 使用 API 作为 webhook，在其中传递收到的消息
付款系统在交易后也使用API作为webhook
RESTful API 代表三层架构应用的“表示层”
服务器
API
/pizzas
/orders
/users
/payments
/chatbot
业务层
比萨和订单的处理
支付处理
图片处理
“逻辑层”包含不同的服务，包括比萨和订单的处理、图片和文件的处理以及付款
应用的“逻辑层”直接与存储服务通信
存储层
应用的“数据层”现在被分发给某些第三方服务
数据库
图片和文件存储

图 1.2 使用比萨 API 的外部数据库和文件存储的常用方法

整体应用

整体应用是一种软件应用，其中用户界面和数据访问代码在平台上被组合成程序。整体应用是独立的，独立于其他计算应用。

1.4.3 无服务器方法

创建无服务器应用需要一种不同的方法，因为这些应用是事件驱动的，并且是完全分布式的。应用的每个部分都独立于那些独立的、可自动扩展的容器，而不是只有单个带有 API 端点和业务逻辑的服务器。在无服务器应用中，请求由只有一个函数的 API 路由管理器处理：它接收 HTTP 请求并将它们发送到底层的业务层服务。无服务器架构中的 API 路由管理器始终是独立管理的。这意味着应用开发人员不维护 API 路由管理器，而由无服务器提供程序自动扩展以接收 API 正在接收的所有 HTTP 请求。此外，你只为处理的请求付费。对于比萨店 API，路由管理器将接收来自移动和 Web 应用的所有 API 请求，并在必要时处理来自聊天机器人和支付处理器的 Web 接口。

一个 API 请求在被发送之后，将被传递到另一个容器，其中包含要处理的业务层服务。无服务器应用的业务逻辑通常被拆分为更小的单元，而不是只有一个完整的应用。每个单元的大小取决于个人偏好。单元可以小到单个函数，也可以大到整个应用。大多数情况下，单元的大小不会直接影响基础设施的成本，因为只需要为执行的函数付费。单元也会自动扩展，并且不需要为不处理任何内容的单元付费，因此拥有一个或多个单元的成本相同。但是，对于小型应用和没有太多信息的情况，可以通过将一个与服务相关的函数捆绑到业务单元来节省托管和维护费用。对于比萨店 API，明智的解决方案是创建一些模块，分别用于处理比萨和订单、付款聊天机器人以及图片和文件。无服务器 API 的最后一部分是数据层，类似于按比例缩放的完整应用中的数据层，具有单独缩放的数据库和文件存储服务。最好的情况是，数据库和文件存储也是独立的和可扩展的。无服务器应用的另一个好处是，数据层可以直接触发无服务器函数。例如，当把比萨图片上传到文件存储时，可以触发图片处理服务，可以调整照片的大小并与特定比萨关联。

可在图 1.3 中看到无服务器比萨店 API 的流程。

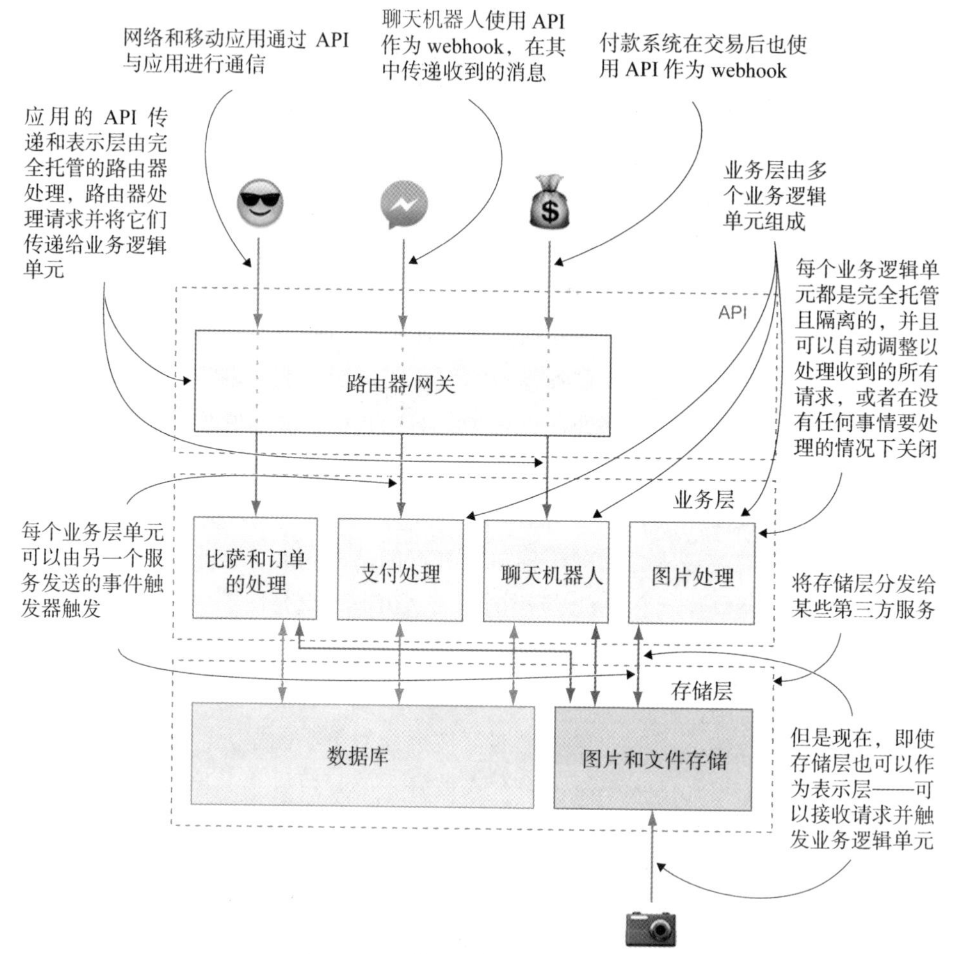

网络和移动应用通过 API 与应用进行通信
聊天机器人使用 API 作为 webhook，在其中传递收到的消息
付款系统在交易后也使用 API 作为 webhook
应用的 API 传递和表示层由完全托管的路由器处理，路由器处理请求并将它们传递给业务逻辑单元
业务层由多个业务逻辑单元组成
每个业务逻辑单元都是完全托管且隔离的，并且可以自动调整以处理收到的所有请求，或者在没有任何事情要处理的情况下关闭
API
路由器/网关
业务层
比萨和订单的处理
支付处理
聊天机器人
图片处理
每个业务层单元可以由另一个服务发送的事件触发器触发
将存储层分发给某些第三方服务
存储层
数据库
图片和文件存储
但是现在，即使存储层也可以作为表示层——可以接收请求并触发业务逻辑单元

图 1.3 比萨 API 的无服务器方法

1.5 无服务器基础设施——AWS

无服务器比萨店 API 的运行需要基础设施。无服务器框架刚刚流行开来，目前只有几个基础设施可供选择。这些选择中的大多数都由大供应商拥有，因为无服务器需要大的基础设施才能进行扩展。最著名、最先进的基础设施是亚马逊的 AWS Lambda 无服务器计算容器、微软的 Azure 功能以及谷歌的云服务。

本书关注的是 AWS Lambda，因为 AWS 有市场上最成熟的无服务器基础设施，有稳定的 API 和许多成功的案例。

AWS Lambda 是由事件驱动的无服务器计算平台，由 Amazon 作为 Amazon Web 服务的一部分提供。Lambda 是一种计算服务，可以运行响应事件的代码，并自动管理代码所需的计算资源。

谷歌的云服务和微软的 Azure 功能

谷歌在 2016 年年中推出了云服务，这是对亚马逊的 AWS Lambda 的回应。谷歌的云服务被解释为基于事件的轻量级微服务，允许在 Node.js 运行时中运行 JavaScript 函数。函数可由 HTTP 请求、Google 云存储和其他 Google Cloud Pub/Sub 服务触发。在撰写本书时，谷歌的云服务仍然处于测试中，所以定价还不清楚，可从官方网站 https://cloud.google.com/functions/.microsoft 了解更多信息。

对 Azure 的无服务器功能的实现是微软 Azure 云计算平台的一部分，微软将这描述为一种基于事件的无服务器计算体验，可以加速开发，根据需求进行扩展，并且只对消耗的资源收费。Azure 允许在 JavaScript、C、F、Python 和其他脚本语言之间做出选择。Azure 的定价与 AWS Lambda 类似：每月每执行 100 万次收取 20 美分的费用，每 GB 的资源消耗收取 0.000 016 美元的费用，每月前 100 万次请求和 400 000 GB 资源免费。有关详细信息，请访问官方网站 https://azure.microsoft.com/en-us/services/functions/。

注意 在本书中，你将学到的大部分内容对于其他无服务器供应商也是可行的，但是有些服务可能有所不同，因此一些解决方案可能需要稍微不同的方法。

在亚马逊平台中，无服务器一词通常与 AWS Lambda 直接相关。但是当构建无服务器应用(例如比萨店 API)时，AWS Lambda 只是构建块之一。对于完整的应用，通常需要其他服务，例如存储、数据库和转发服务。在表 1.1 中，可以看到 AWS 已为所有这些开发了全套服务：

- Lambda 用于计算。
- API Gateway 是一种路由管理器，用于接收 HTTP 请求并根据路由管理调用其他服务。
- DynamoDB 是可自动扩展的数据库。
- 简单存储服务(S3)是一种存储服务，可以抽象标准硬盘并为你提供无限的存储空间。

表 1.1　AWS 中无服务器应用的构建块

功能	AWS 服务	简短的介绍
计算	Lambda	计算组件，用于业务逻辑
路由	API Gateway	路由组件，用于将 HTTP 请求数据发送到 Lambda 函数
数据库	DynamoDB	可自动扩展的文档数据库
存储	S3	可自动扩展的文件存储服务

Lambda 是你需要了解的最重要的无服务器组成部分，因为其中包含了业务逻辑。Lambda 是 AWS 的无服务器计算容器，可在发生事件触发时运行函数。如果

许多事件同时触发函数，Lambda 会自动缩放。要将比萨店 API 开发为无服务器应用，需要使用 AWS Lambda 作为无服务器计算容器。当某个事件发生时，例如 HTTP 请求，将触发 Lambda 函数，其中包含来自事件、上下文和回复事件的数据作为参数。Lambda 函数是一种用支持的语言之一编写的简单处理程序。在撰写本书时，AWS Lambda 支持以下语言：

- Node.js
- Python
- Java 以及其他 JVM 语言
- C#(.NET Core)

在 Node.js 中，事件数据、上下文和函数回调可作为 JSON 对象传递。context 对象包含有关 Lambda 函数及其当前执行的详细信息，例如执行时间、触发函数的内容以及其他信息。Lambda 函数接收的第三个参数 callback 允许回复一些将被发送回触发器的有效负载或错误。代码清单 1.1 显示了一个小型 AWS Lambda 函数的 Node.js 示例，该函数返回文本 Hello from AWS Lambda。

代码清单 1.1　使用 Node.js 的 Lambda 函数示例

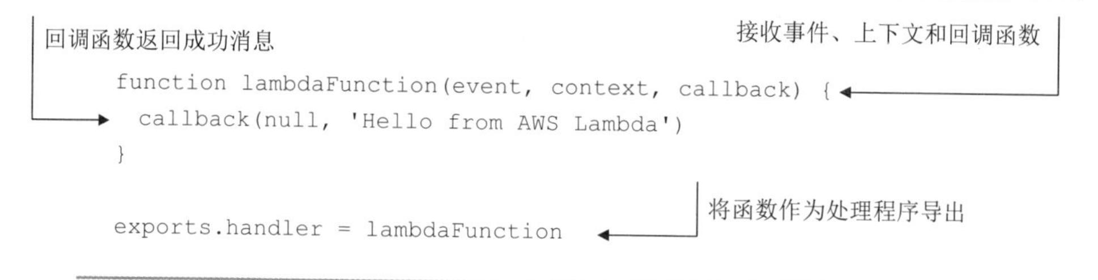
回调函数返回成功消息
接收事件、上下文和回调函数
function lambdaFunction(event, context, callback) {
callback(null, 'Hello from AWS Lambda')
}
exports.handler = lambdaFunction
将函数作为处理程序导出

注意　如代码清单 1.1 所示，使用 exports.handler 而不是标准的 Node.js，module.exports 导出函数，这是因为 AWS Lambda 要求将模块导出为具有命名处理程序方法的对象，而不是直接使用函数。

如前所述，Lambda 函数中的事件是由触发 Lambda 函数的服务传递的数据。在 AWS 中，可以通过许多方式调用函数，例如通过 API Gateway 的 HTTP 请求或 S3 的文件操作等常见事件，以及使用 AWS SDK 进行代码部署、更改基础结构甚至控制台命令等更奇特的事件。

以下是可以触发 AWS Lambda 函数的最重要事件和服务的列表，以及它们将如何转换为比萨店 API：

- 通过 API Gateway 发送 HTTP 请求——发送比萨订购请求。
- 通过 S3 上传新的比萨照片——进行图片上传、删除以及文件操作。
- 通过 DynamoDB 更新数据库——收到新的比萨订单。
- 使用简单通知服务(AWS SNS)——比萨送到。

- 使用亚马逊的语音命令 Alexa——客户使用语音命令从家中订购比萨。

有关触发器的完整列表，请参阅 http://docs.aws.amazon.com/lambda/latest/dg/invoking-lambda-function.html。

Lambda 函数有一些限制，例如有限的执行时间和内存。例如，默认情况下，Lambda 函数的执行时间最多为 3 秒，这意味着如果代码尝试处理更长的时间，将超时跳出。另外，由于只有 128 MB 的 RAM，这意味着不适合执行复杂的计算。

注意 可以在函数设置中配置这两个限制。超时可以增加到 15 分钟，内存可以增加到 3 GB。配置这两个限制可能会影响函数每次执行的成本。

Lambda 函数的另一个重要特性在于它们是无状态的，因此在两次调用之间状态将会丢失。

无服务器的定价

无服务器的主要卖点之一是价格。亚马逊按小时为标准的虚拟服务器 Elastic Compute Cloud (Amazon EC2)定价。AWS Lambda 的每小时成本比 Amazon EC2 高，但相比之下，除非使用，否则不需要付费。每月执行 AWS Lambda 函数需要支付 20 美分，每月的每 GB 资源消耗需要支付 0.000 016 美元。亚马逊还提供免费套餐，每月免费提供 100 万次请求和 400 000 GB 免费套餐。对于比萨店 API，Maria 姨妈在每月达到 100 万次执行之前不需要支付任何费用。

有关定价的更多信息，请访问官方网站 https://aws.amazon.com/lambda/pricing/。

如图 1.4 所示，Lambda 函数的流程如下：

(1) 发生某个事件，处理事件的服务会触发 Lambda 函数。

(2) Lambda 函数(如代码清单 1.1 中的函数)开始执行。

(3) 函数执行结束，可以返回成功或错误消息，也可以因超时结束。

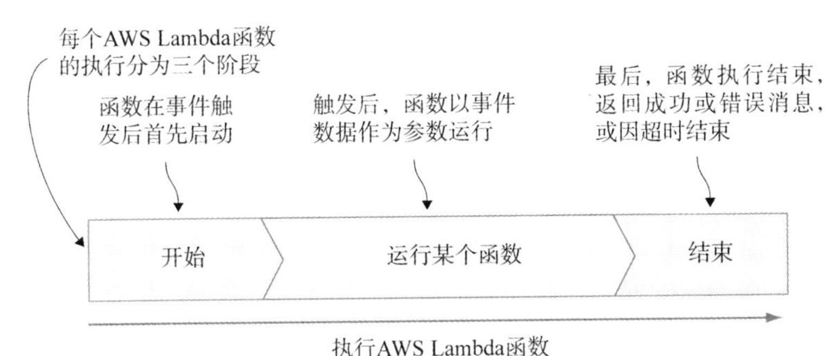

图 1.4　AWS Lambda 函数的执行流程

另一个可能影响无服务器比萨店 API 的重要因素是函数延迟。因为 Lambda 函数容器由供应商而不是应用操作员管理，所以无法知道现有容器是否将提供触发器，以及平台是否将实例化新的容器。如果需要在函数执行之前创建并初始化容器，则需要更长的时间，这被称为冷启动，如图 1.5 所示。启动新容器所需的时间取决于应用的大小和用于运行应用的平台。根据经验，在编写本书时，Node.js 和 Python 的延迟明显低于 Java。

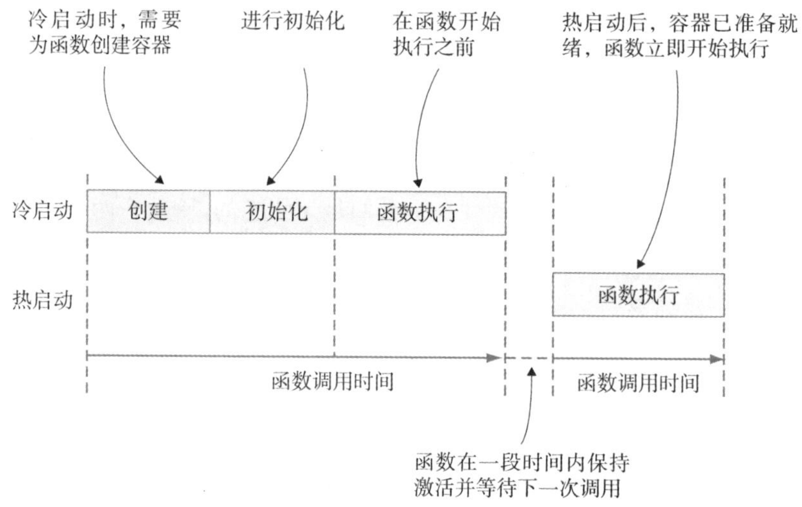

图 1.5　AWS Lambda 函数的冷启动与热启动

比萨店 API 的成本

按照本书后面章节中的描述开发比萨店 API，成本应低于一杯咖啡。AWS Lambda 本身是免费的，但是用于比萨店 API 开发的一些服务(例如 DynamoDB 和 Simple Storage Service)对数据的存储收取少量费用。这些服务及其定价都将在后面的章节中介绍。应用的最终价格取决于数据量及其使用情况。

Lambda 函数非常易于理解和使用。最复杂的部分是部署过程。

将无服务器应用部署到 AWS Lambda 有几种方法。可以使用 AWS API 通过 AWS Lambda 控制台或终端的可视 UI，也可以直接使用 AWS SDK 支持的语言之一进行部署。部署无服务器应用比部署传统服务器应用简单，但还可以变得更容易。

1.6　什么是 Claudia，应如何配置

Claudia 是一个 Node.js 库，它可以简化 Node.js 项目到 AWS Lambda 和 API Gateway 的部署。Claudia 可以自动执行所有容易出错的部署和配置任务，并将所有内容设置为 JavaScript 开发人员常用的开箱即用方式。

Claudia 构建于 AWS SDK 之上，使开发更容易。Claudia 不是 AWS SDK 或 AWS CLI 的替代品，而是一种扩展，可以轻松快速地完成一些常见任务，例如部

署和设置触发器。

Claudia 的核心价值包括：

- 使用单个命令创建和更新函数(无须手动压缩应用，然后通过 AWS Dashboard UI 上传 zip 文件)。
- 不使用样板文件，从而允许你专注于自己的工作并保持首选的项目设置。
- 轻松管理多个版本。
- 通过非常平坦的学习曲线在几分钟内开始工作。

Claudia 可以充当命令行工具，允许从终端创建和更新函数。但 Claudia 生态系统附带了另外两个有用的 Node.js 库：Claudia API Builder，允许在 API Gateway 上创建 API；以及 Claudia Bot Builder，允许为许多消息传递平台创建聊天机器人。

与从未部署到 AWS 客户端的工具 Claudia 相反，Claudia API Builder 和 Claudia Bot Builder 始终部署到 AWS Lambda(见图 1.6)。可以在没有 Claudia 的情况下使用 AWS Lambda 和 API Gateway，直接使用 AWS 生态或使用某些替代方案。

最广为人知的替代方案如下：

- 由 AWS 创建的无服务器应用模型(SAM)允许通过 AWS CloudFormation 创建和部署无服务器应用。更多信息可访问 https://github.com/awslabs/serverless-application-model。
- 无服务器框架虽然具有与 SAM 类似的方法，但也支持其他平台，例如 Microsoft Azure。更多信息可访问 https://serverless.com。

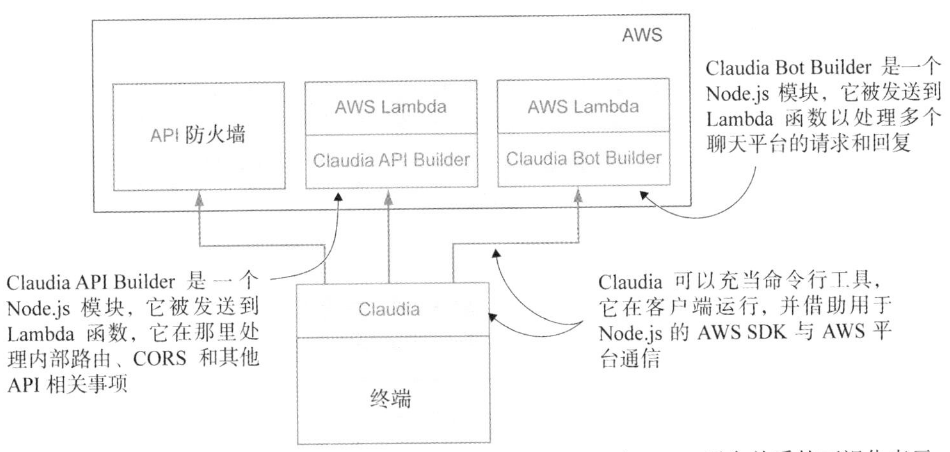

图 1.6　Claudia、Claudia API Builder 和 Claudia Bot Builder 与 AWS 平台关系的可视化表示

- Apex 是另一个命令行工具，可帮你部署无服务器应用，但它支持更多编程语言，如 Go 语言。更多信息可访问 http://apex.run。

注意　本书的所有内容都可以使用其中一种 Claudia 替代方案完成。

你可能想知道为什么我们选择使用 Claudia。Claudia 的常见问题解答提供了最佳解释：

- Claudia 是部署用的实用程序而不是框架。Claudia 并没有抽象出 AWS 服务，而是让它们更容易入门。与 Serverless 和 Seneca 相反，Claudia 并没有试图改变项目的构建或运行方式。可选的 Claudia API Builder 则简化了 Web 传递，这是运行时唯一附加的依赖项，结构已经最小化且可以单独使用。微服务框架有许多很好的插件和扩展，可以帮助启动标准任务，但 Claudia 只关注部署。设计的关键目标之一是不要引入太多变化，让人们按照他们想要的方式构建代码。
- Claudia 专注于 Node.js。与 Apex 和类似的部署器相反，Claudia 的范围要窄得多。Claudia 仅适用于 Node.js，但做得确实很好。通用框架支持更多语言运行的同时，需要开发人员自行处理特定于语言的问题。因为 Claudia 专注于 Node.js，所以会自动安装模板以将参数和结果转换为 JavaScript 可以轻松使用的对象，并使事情按照 JavaScript 开发人员常用的开箱即用方式工作。

更多详细信息可参阅 https://github.com/claudiajs/claudia/blob/master/FAQ.md。

本书的目的是教会你以无服务器方式思考，从而轻松开发和部署高质量的无服务器应用。直接使用 AWS 生态会带来很多干扰，例如学习如何与 AWS 平台的不同部分进行交互和配置。Claudia 不是试图替换 AWS SDK，而是建立在 AWS SDK 之上，并且 Claudia 使用单个命令自动执行大多数常见工作。

Claudia 倾向于代码而非配置，因此几乎没有任何配置过程。这使得学习、理解和测试变得更容易。编写高质量的应用需要进行适当的测试，有很多配置并不意味着不需要测试。

Claudia 拥有最少的命令，允许以愉快的开发体验构建无服务器应用。Claudia 背后的主要思想是尽量减少变化，并在显示因调用命令而发生的事情时保持透明。

尽管 API 很小，但 Claudia 可以让你开发很多东西：可以从头开始构建无服务器应用，将当前的 Express.js 应用迁移到无服务器，甚至可以构建自己的无服务器聊天机器人和语音助理。

1.7 何时以及在何处使用无服务器

无服务器架构不是银弹(银弹一词来自《人月神话》。银弹原本应该指某种策略、技术或技巧可以极大地提高程序员的生产力，但实际上却是不存在的)。无服务器架构并不能解决所有问题，并且很可能包括你正面临的问题。

例如，如果正在构建严重依赖 Web 接口的应用，那么无服务器并不适合。AWS

Lambda 最长可以工作 15 分钟，此时不能保证保持唤醒以监听 Web 接口消息。

如果延迟对应用至关重要，即使快速唤醒容器，也可能需要付出代价。代价是几十毫秒，但对于某些应用来说，时间可能有些长。

无须配置是无服务器的主要卖点之一，但这种优势对某些应用类型来说可能是巨大的不足。如果要构建需要系统级配置的应用，那么应考虑采用传统方法。可以在某种程度上自定义 AWS Lambda，比如可以提供静态的二进制文件并使用 Node.js 进行调用，但在许多情况下这可能会矫枉过正。

另一个重要的缺点是所谓的供应商锁定。这本身不是大问题，因为它们只是标准的 Node.js 功能，但如果将自己的完整应用构建为无服务器应用，那么某些服务将不易迁移。但是，这个问题十分常见，它与无服务器无关，并且可以通过良好的应用架构将影响最小化。

也就是说，无服务器利大于弊，本书的其余部分将向你展示一些很好的用例。

1.8　本章小结

- 无服务器架构正在将服务器从软件开发中抽象出来。
- 无服务器应用与传统应用的不同之处在于无服务器应用是事件驱动的、分布式的且可自动扩展的。
- 无服务器基础架构有几种选择，最先进的是亚马逊的 AWS Lambda。
- AWS Lambda 是由事件驱动的无服务器计算平台，允许运行用 Node.js、Python、C#或 Java 语言编写的函数。
- AWS Lambda 具有某些限制，例如执行时间(最长可达 15 分钟)和可用内存(最多可达 3 GB)。
- 在 AWS 中，无服务器应用开发的最复杂部分是部署和功能配置。
- 一些工具和框架可以帮助你更轻松地部署和配置应用。最容易使用的是 Claudia 以及 Claudia API Builder 和 Claudia Bot Builder。
- Claudia 可以充当命令行工具，它提供了一组命令，使你可以享受愉悦的无服务器应用开发体验。
- 无服务器架构不是万能的，在某些情况下它不是最佳选择，例如带有 Web 接口的实时应用。

第 2 章

构建你的第一个无服务器API

本章要点：

- 使用 Claudia 创建和部署 API
- Claudia 如何将 API 部署到 AWS
- API Gateway 的工作原理

本章的主要目标是使用 Claudia 构建你的第一个无服务器 API，并将其部署到 AWS Lambda 和 API Gateway。你还将看到传统应用和无服务器应用在结构上的差异，并了解 Claudia 在幕后所做的工作以便更好地掌握 Claudia。要从本章中获得最大收获，你应该了解第 1 章中描述的无服务器的基本概念。

2.1 制作比萨原料：构建 API

Maria 姨妈很高兴并且感激你帮助她的比萨店再度兴旺。她甚至为你做了最拿手的意大利辣香肠比萨！

Maria 姨妈已经拥有一个网站，因此你将构建一个后端应用——更确切地说，是一个 API——从而使她的客户能够预览和订购比萨。这个 API 将负责提供比萨和订单信息，以及处理比萨订单。之后，Maria 姨妈还想添加一个移动应用，它将使用你的 API 服务。

让我们慢慢开始，第一个 API 端点将处理一些简单的业务逻辑并返回静态 JSON 对象。可以在图 2.1 中看到初始应用的结构概述。图 2.1 还显示了通过 API 的 HTTP 请求流。

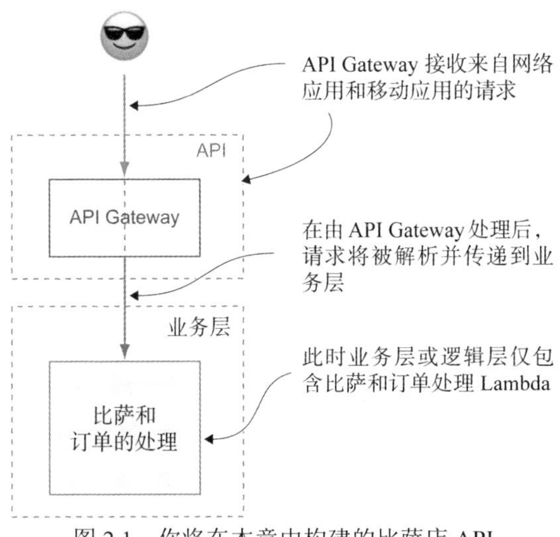

图 2.1　你将在本章中构建的比萨店 API

以下是我们为初始 API 提供的功能列表：

- 列出所有比萨
- 检索比萨订单
- 创建比萨订单
- 更新比萨订单
- 取消比萨订单

这些功能都小而简单，因此，我们将在单个 Lambda 函数中实现它们。

尽管你可能觉得应该将每个部分划分成单独的功能，但现在最简单的方法是将它们放在同一个 Lambda 中，因为这些函数是紧密耦合的。如果还要进行库存跟踪，那么可以从一开始就将它们创建为单独的函数。

列出的每个函数都需要具有指向函数中相应处理程序的单独路由。可以自己实现转发，但 Claudia 提供了一个工具，它可以帮助你完成该任务，这个工具就是 Claudia API Builder。

Claudia API Builder 是一个 API 工具，可帮助你处理传入的所有 API Gateway 请求和响应，以及它们的配置、前后关系和参数，并使你能够在 Lambda 函数中进行内部转发。由于具有类似 Express 的端点语法，因此如果熟悉 Express 的话，Claudia API Builder 将易于使用。

图 2.2 更详细地展示了如何使用 Claudia API Builder 在 Lambda 函数中处理比萨和订单。图 2.2 展示了在接收到来自 API Gateway 的请求时，Claudia API Builder 将把请求重定向到自定义的路由以及相应的处理程序。

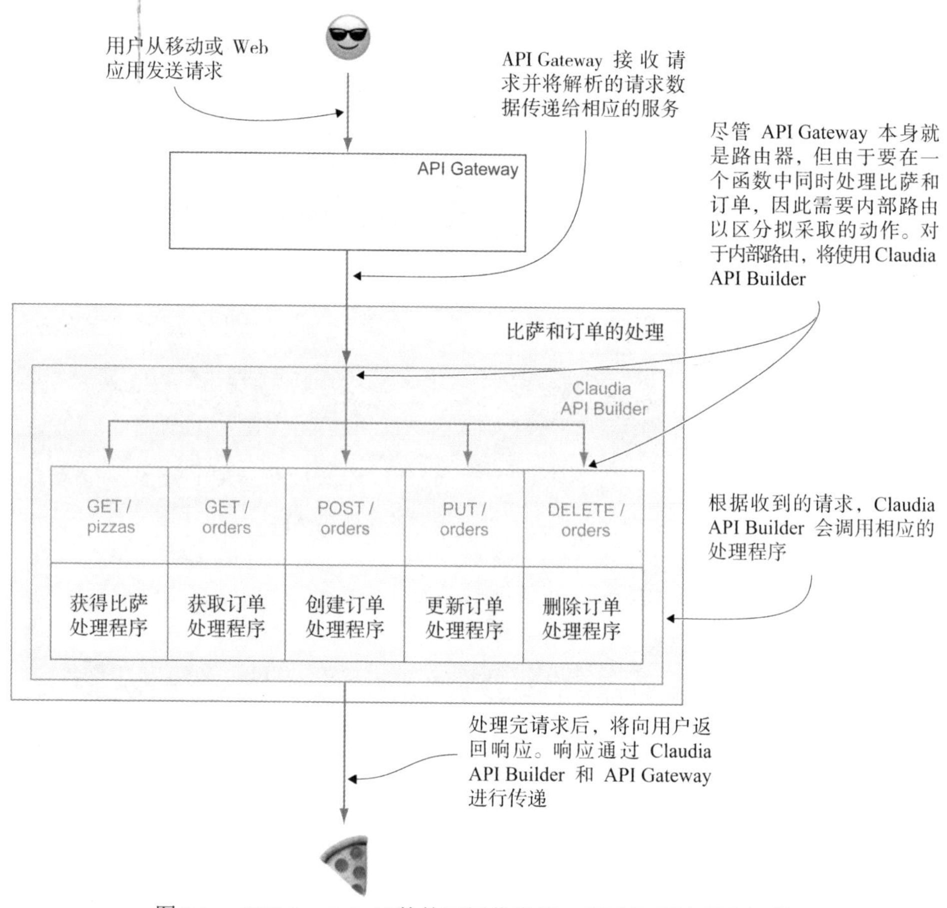
用户从移动或 Web 应用发送请求
API Gateway 接收请求并将解析的请求数据传递给相应的服务
API Gateway
尽管 API Gateway 本身就是路由器，但由于要在一个函数中同时处理比萨和订单，因此需要内部路由以区分拟采取的动作。对于内部路由，将使用 Claudia API Builder
比萨和订单的处理
Claudia API Builder
GET / pizzas
GET / orders
POST / orders
PUT / orders
DELETE / orders
获得比萨处理程序
获取订单处理程序
创建订单处理程序
更新订单处理程序
删除订单处理程序
根据收到的请求，Claudia API Builder 会调用相应的处理程序
处理完请求后，将向用户返回响应。响应通过 Claudia API Builder 和 API Gateway 进行传递

图 2.2　AWS Lambda 函数的可视化表示，用于处理比萨和订单

注意　在撰写本书时，可以在两种模式下使用 AWS API Gateway：

- 具有用于请求和响应的模型及映射模板。
- 使用代理传递。

Claudia API Builder 使用代理传递来捕获所有 HTTP 请求的详细信息，并以一种对 JS 开发人员友好的方式进行构造。

要了解有关代理传递、模型和映射模板的更多信息，可以在 http://docs.aws.amazon.com/apigateway/latest/developerguide/how-to-method-settings.html 上阅读官方文档。

2.1.1　能买到哪种比萨

作为比萨店 API 的第一个功能，你将创建 GET 比萨服务，以列出所有可购买的比萨。为此，需要执行以下操作：

(1) 拥有 AWS 账户并正确设置 AWS 凭证文件。

(2) 安装 Node.js 及其包管理器 NPM。

(3) 从 NPM 安装 Claudia 作为全局依赖。

如果不熟悉这些操作或不确定是否已完成这些操作，请跳至附录 A，附录 A 将指导你完成每个设置过程。

代码示例

从本节开始，你将看到许多代码示例。强烈建议你尝试所有这些代码，即使你对它们非常熟悉。可以使用你喜欢的代码编辑器，除非另有说明。

现在已完全设置好了，下面先为第一个无服务器应用创建一个空的项目文件夹。可以根据需要对项目文件夹命名，但在本书中，项目文件夹的名称为 pizza-api。创建完之后，打开终端，导航到这个新的文件夹，然后初始化 Node.js 应用。初始化应用后，从 NPM 安装 claudia-api-builder 模块作为程序包依赖项，如附录 A 所述。

下一步是创建应用的入口点。在 pizza-api 文件夹中创建一个名为 api.js 的文件，并使用自己喜欢的代码编辑器打开它。

代码示例的 ES6 语法

本书中的所有代码示例都使用 ES6 / ES2015 语法。如果不熟悉 ES6 函数，例如箭头函数和/或模板字符串，可参阅由 Wes Higbee 撰写的 *ES6 in Motion*，或者由 John Resig 撰写的 *Secrets of the JavaScript Ninja*。

为了创建 API 路径，需要一个 Claudia API Builder 实例，因为它是类而不是实用函数。在 api.js 文件的开头，请求并实例化 claudia-api-builder。

现在可以使用 Claudia API Builder 内置的路由管理器。为了实现 GET /pizzas 路径，需要使用 Claudia API Builder 实例的 get 方法。get 方法接收两个参数：路径和处理函数。路径参数传递字符串/pizzas，而处理函数传递匿名函数。

与 Express.js 相比，Claudia API Builder 的匿名处理函数有一个主要区别。在 Express.js 中，需要响应和请求作为函数的反馈参数，但 Claudia API Builder 的回调函数只有请求。要发回响应，只需要返回结果即可。

GET /pizzas 路径应该会显示比萨的列表，所以现在会从 Maria 姨妈的比萨店 API 返回一个静态的比萨列表：Capricciosa、Quattro Formaggi、Napoletana 和 Margherita。

最后，需要导出 API 实例，Claudia API Builder 将作为中间件插入 Lambda 函数。

此时，代码参见代码清单 2.1。

代码清单 2.1　比萨店 API 的 GET /pizzas 处理程序

```
'use strict'

const Api = require('claudia-api-builder')   ← 请求 Claudia API Builder 模块
const api = new Api()   ← 创建 Claudia API Builder 实例

api.get('/pizzas', () => {   ← 定义路径和处理程序
  return [   ← 返回所有比萨的简单列表
    'Capricciosa',
    'Quattro Formaggi',
    'Napoletana',
    'Margherita'
  ]
})

module.exports = api   ← 导出 Claudia API Builder 实例
```

这就是为了实现简单的无服务器功能所需的全部内容。然而，在打开香槟庆祝之前，应该将代码部署到 Lambda 函数中。为此，请返回终端并释放 Claudia 的力量。

因为 Claudia 的主要目标之一是单命令部署，所以部署 API 只需要使用简单的 claudia create 命令。此命令只需要两个选项：希望部署 API 的 AWS 区域以及应用的入口点。选项是作为标志传递的，因此为了部署 API，只需要使用--region 和--api-modules 标志执行 claudia create 命令，如代码清单 2.2 所示。2.2 节将更详细地解释 claudia create 命令的复杂性。

> **Windows 用户的 Shell 命令**
>
> 本书中的一些命令分多行显示，以便于阅读和添加注释。对于 Windows 用户，可能需要将这些命令放到同一行中并删除反斜杠(\)。

代码清单 2.2　使用 Claudia 将 API 部署到 AWS Lambda 和 API Gateway

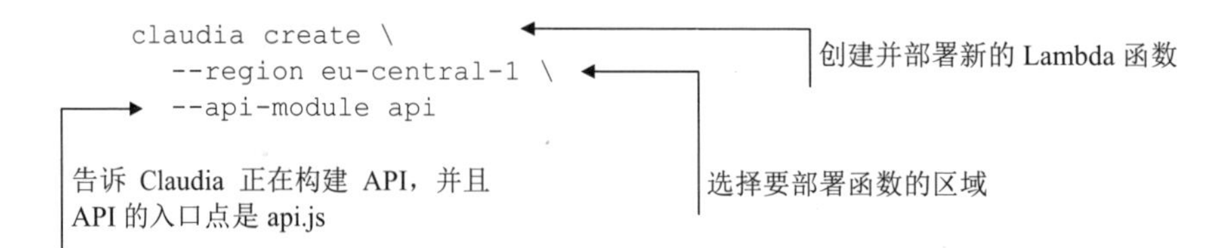
claudia create \
--region eu-central-1 \
--api-module api
创建并部署新的 Lambda 函数
选择要部署函数的区域
告诉 Claudia 正在构建 API，并且 API 的入口点是 api.js

请选择距离用户最近的区域，以最大限度地减少延迟，离 Maria 姨妈的比萨店最近的地方位于德国的法兰克福，被称为 eu-central-1。可以在 AWS 官方文档中查看所有可用区域：http://docs.aws.amazon.com/general/latest/gr/rande.html#lambda_region。

api.js 文件是 API 的入口点。Claudia 会自动附加.js 扩展名，所以只需要输入 api 作为应用的入口点。

注意 入口点的名称和位置由你决定，只需要在 claudia create 命令中提供正确的入口点路径。例如，如果将入口点命名为 index.js 并放在 src 文件夹中，那么 Claudia 命令中的标志应该是--api-module src/index。

大约一分钟后，Claudia 将成功部署 API。你会看到类似于代码清单 2.3 所示的响应。响应包含有关 Lambda 函数和 API 的有用信息，例如 API 的基本 URL 以及 Lambda 函数的名称和区域。

部署问题

如果遇到部署问题(例如凭据错误)，确保按照附录 A 中的说明正确设置所有内容。

代码清单 2.3　claudia create 命令的响应

```
{
  "lambda": {                                  ← Lambda 函数信息
    "role": "pizza-api-executor",
    "name": "pizza-api",
    "region": "eu-central-1"
  },
  "api": {                                     ← API 信息
    "id": "g8fhlgccof",
    "module": "api",
    "url": "https://whpcvzntil.execute-api.eu-central-1.amazonaws.com/latest"   ← API 的基本 URL
  }
}
```

在部署期间，Claudia 在项目的根目录中创建了 claudia.json 文件以及一些类似的信息，但没有 API 的基本 URL。claudia.json 文件供 Claudia 将代码与某个 Lambda 函数和 API Gateway 实例相关联，并且仅适用于 Claudia，不要手动修改。

现在是时候尝试 API 了。可以直接从喜欢的浏览器中进行尝试。只需要从 claudia create 命令的响应中访问基本 URL，记住将路径附加到基本 URL，应该类似于 https://whpcvzntil.execute-api.eu-central-1.amazonaws.com/latest/pizzas。当在浏览器中打开修改后的基本 URL 时，应该看到以下内容：

```
["Capricciosa","Quattro Formaggi","Napoletana","Margherita"]
```

来自本书的示例 URL

本书中的每个示例都将以如下格式命名：chapterX_Y，其中 X 是章的编号，Y 是各章中示例的编号。例如，可以通过以下 URL 访问第一个示例：https://whpcvzntil.execute-api.eu-central-1.amazonaws.com/chapter2_1/pizzas。

2.1.2 构建你的 API

在急于添加更多函数之前，应该总是尝试花几分钟时间重新思考比萨店 API 的结构和组织。将所有路径处理器直接添加到主文件中会使它们难以理解和维护，因此理想情况下应将处理程序与转发/接线分开。与庞杂的文件相比，较小的代码文件更易于理解和使用。

考虑到应用的组织结构，在撰写本书时，没有任何特定的最佳方案。对于比萨店 API，因为处理比萨和订单的部分不会很大，所以可以将所有路径处理程序移到单独的文件夹中，并仅保留 api.js 文件中的路径。之后，因为比萨列表应该具有比比萨名称更多的属性，所以应该将其移到单独的文件中。甚至可以更进一步为数据创建文件夹，就像我们之前提到的比萨列表一样。采纳这些建议后，代码结构应类似于图 2.3。

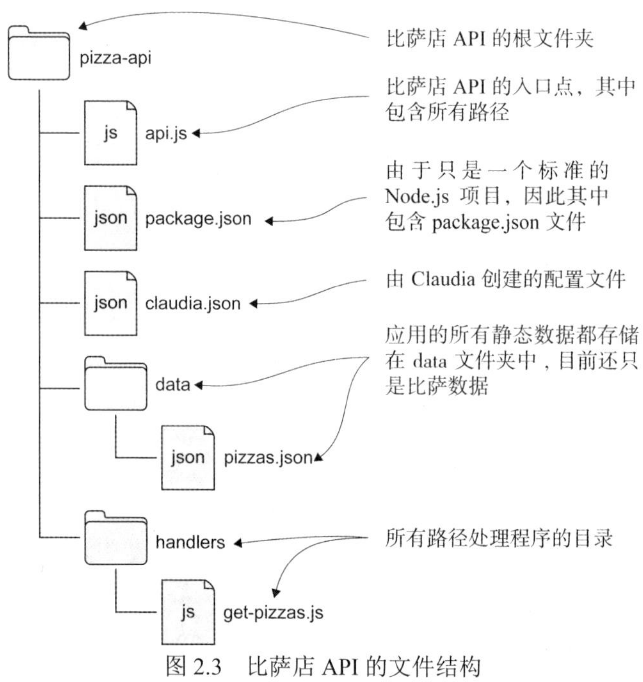

图 2.3 比萨店 API 的文件结构

要做的第一个修改是将比萨列表移到单独的文件中，并使用附加信息(例如比萨 ID 和成分)扩展列表。为此，请在比萨店 API 的根目录中创建一个新的文件夹，并命名为 data。然后在这个新的文件夹中创建一个文件，命名为 pizzas.json，在其中添加比萨信息，参见代码清单 2.4。

代码清单 2.4　包含比萨信息的 JSON

每个比萨对象都有比萨 ID、名称和成分

此 JSON 文件是比萨对象的数组

```
[
  {
    "id": 1,
    "name": "Capricciosa",
    "ingredients": [
      "tomato sauce", "mozzarella", "mushrooms", "ham", "olives"
    ]
  },
  {
    "id": 2,
    "name": "Quattro Formaggi",
    "ingredients": [
      "tomato sauce", "mozzarella", "parmesan cheese", "blue cheese", "goat
      cheese"
    ]
  },
  {
    "id": 3,
    "name": "Napoletana",
    "ingredients": [
      "tomato sauce", "anchovies", "olives", "capers"
    ]
  },
  {
    "id": 4,
    "name": "Margherita",
    "ingredients": [
      "tomato sauce", "mozzarella"
    ]
  }
]
```

下一步是将 getPizzas 处理程序移到单独的文件中。在项目的根目录中创建一个名为 handlers 的文件夹，并在其中创建 get-pizzas.js 文件。

在新的 get-pizzas.js 文件中编写 getPizzas 处理程序，参见代码清单 2.5 以返回代码清单 2.4 中的比萨列表。为此，首先，需要从创建的 JSON 文件中导入比萨列表。其次，需要创建 getPizzas 处理程序并将其导出，以便可以从输入文件中获取比萨列表。最后，如果将比萨 ID 作为参数传递给 getPizzas 处理程序，则不能仅仅返回比萨列表，还应该进一步返回比萨的具体信息。要返回比萨的具体信息，可以使用 Array.find 方法，通过比萨列表中的比萨 ID 搜索比萨。如果找到了，就作为处理结果返回。如果没有任何带有指定 ID 的比萨，应用将报错。

代码清单 2.5　getPizzas 处理程序在单独的文件中使用比萨 ID 过滤器

创建 getPizzas 处理程序
从数据目录导入比萨列表
如果未通过比萨 ID，请返回完整的比萨列表
否则，按传递的比萨 ID 搜索列表
注意使用==而不是===。这是因为 pizzaId 是作为字符串传递的，并且不希望严格匹配，因为在数据库中 pizzaId 可能是整数
如果应用找不到所选的比萨，则会报错
导出 getPizzas 处理程序

```
const pizzas = require('../data/pizzas.json')

function getPizzas(pizzaId) {
  if (!pizzaId)
    return pizzas

  const pizza = pizzas.find((pizza) => {
    return pizza.id == pizzaId
  })

  if (pizza)
    return pizza

  throw new Error('The pizza you requested was not found')
}

module.exports = getPizzas
```

你还应该从 API 入口文件 api.js 中删除以前的 getPizzas 处理程序。删除从导入 Claudia API Builder 到导出 Claudia API Builder 实例的末尾之间的所有内容。

在导入 Claudia API Builder 的代码行之后，从 handlers 文件夹中导入新的 get-pizzas 处理程序：

```
const getPizzas = require('./handlers/get-pizzas')
```

注意　你还应该为根路径的 GET 路径创建处理程序，并且应该向用户返回一条静态消息。虽然这是可选项，但我们强烈推荐使用。当有人查询 API 的基本 URL，并且返回一些友情提示而不是错误时，你的 API 对用户会更加友好。

接下来，应该添加获取比萨列表的路径，但这次，将使用为处理路径而创建的 get-pizzas 处理程序。应该在 api.js 文件的开头导入相应的文件。你是否还记得，get-pizzas 处理程序也可以按 ID 过滤比萨，所以应该添加另一条返回单个比萨的路径。编写该路径，以便接收/pizzas/{id}URL 的 GET 请求。/{id}部分是动态路径参数，用于告诉处理程序用户请求的比萨 ID。与 Express.js 一样，Claudia API Builder 支持动态路径参数，但使用不同的语法，这就是为什么会有/{id}而不是/:id。request.pathParams 对象提供了动态路径参数。最后，如果处理程序没有找到想要的比萨，请返回 404 错误：

```
api.get('/pizzas/{id}', (request) => {
  return getPizzas(request.pathParams.id)
}, {
  error: 404
})
```

默认情况下，API Gateway 为所有请求返回 HTTP 状态码 200。Claudia API Builder 通过设置一些合理的默认值(例如 500 错误)来提供帮助，因此客户端应用可以处理 promise catch 块中的请求错误。

要自定义错误状态，可以将第三个参数传递给 api.get 函数。例如，在 get / pizzas /{id}处理程序中，除了路径和处理函数之外，还可以传递具有自定义抬头和状态的对象。要将状态错误设置为 404，请传递包含 error:404 值的对象。

可以在代码清单 2.6 中查看完全更新后的 api.js 文件。

代码清单 2.6　更新后的 api.js 文件

```
'use strict'

const Api = require('claudia-api-builder')
const api = new Api()

const getPizzas = require('./handlers/get-pizzas')   ← 从 handlers 目录导入 get-pizzas 处理程序

api.get('/', () => 'Welcome to Pizza API')   ← 添加一条返回静态文本的简单根路径，使你的 API 对用户更友好

api.get('/pizzas', () => {   ← 将内联处理函数替换为导入的新函数
  return getPizzas()
})

api.get('/pizzas/{id}', (request) => {   ← 添加通过 ID 查找比萨的路径
  return getPizzas(request.pathParams.id)
}, {
  error: 404   ← 自定义成功和错误状态码
})

module.exports = api
```

现在再次部署 API。要更新现有的 Lambda 函数及 API Gateway 路径，请从终端运行 claudia update 命令。

注意　由于 claudia.json 文件，claudia update 命令确切地知道文件会部署到哪个 Lambda 函数。可以使用--config 标志自定义该命令。更多信息可参阅 https://github.com/claudiajs/claudia/blob/master/docs/update.md 上的官方文档。

大约一分钟后，你应该看到类似于代码清单 2.7 所示的响应。处理完命令并重新部署应用后，Claudia 将在终端打印有关 Lambda 函数和 API 的一些有用信息，包括 API 的函数名称、Node.js 运行时、超时、函数内存大小和基本 URL。

代码清单 2.7　运行 claudia update 命令后的打印信息

```
{
  "FunctionName": "pizza-api",
  "Runtime": "nodejs6.10",
  "Timeout": 3,
  "MemorySize": 128,
  "Version": "2",
  "url": "https://whpcvzntil.execute-api.eu-central-1.amazonaws.com/
    chapter2_2",
  "LastModified": "2017-07-15T14:48:56.540+0000",
  "CodeSha256": "0qhstkwwkQ4aEFSXhxV/zdiiS1JUIbwyKOpBup35l9M=",
  // Additional metadata
}
```

Node.js 运行时用于运行代码

AWS Lambda 函数的名称

函数超时(以秒为单位)

部署版本

API 的基本 URL

函数可以使用的最大内存量

如果再次从浏览器打开路径链接(类似于 https://whpcvzntil.execute-api.eu-central-1.amazonaws.com/chapter2_2/pizzas)，那么在 data/pizza.js 文件可以看到包含所有比萨对象的数组。

当打开其他路径链接(类似于 https://whpcvzntil.execute-api.eu-central-1.amazonaws.com/chapter2_2/pizzas/1)时，只能看到第一个比萨。响应如下所示：

```
{"id":1,"name":"Capricciosa","ingredients":["tomato
  sauce","mozzarella","mushrooms","ham","olives"]}
```

要测试 API 是否按预期工作，还应该尝试获取不存在的比萨。使用不存在的比萨 ID 访问 API URL，例如 https://whpcvzntil.execute-api.eu-central-1.amazonaws.com/chapter2_2/pizzas/42。这种情况下，响应类似于：

```
{"errorMessage" : "The pizza you requested wasn't found"}
```

恭喜——比萨店 API 现在能够向 Maria 姨妈的客户展示比萨列表！这一定会让 Maria 姨妈高兴的，但比萨店 API 还没有完成，还需要实现比萨店 API 的核心功能：创建比萨订单。

2.1.3　创建比萨订单

能够通过比萨店 API 创建比萨订单对 Maria 姨妈很重要。虽然她不像你那样技术熟练，但她知道这会加快比萨的订购速度，并帮助她快速为整个社区甚至整个小镇的所有顾客提供服务。

注意　在本例中，你将了解基本的应用结构，因此为简化起见，我们不会将订单存储在任何地方。你将在第 3 章中使用持久性存储。

为了实现比萨订单的创建，需要有“创建比萨订单”路径和“创建订单”处理程序，这意味着需要在比萨店 API 项目的处理程序文件夹中创建一个新文件。与之前一样，尝试创建简单易读的文件名。在这种情况下，处理程序文件的名字是 create-order.js。

首先，创建新的处理程序文件，并使用喜欢的代码编辑器打开它。创建 createOrder 函数，并将其导出到文件的末尾。处理函数需要接收一些订单数据或订单对象。此时，订单对象应该只有两个属性：客户订购的比萨 ID 和比萨应该交付的客户地址。

其次，检查订单对象中是否已传递这两个值。如果没有传递，就报错。

最后，将订单存储到数据库中，但此时，如果订单对象有效，将只返回一个空对象。可以将对象存储在文件中，但 Lambda 函数可以部署到多个容器中，并且无法控制，因此不依赖于本地状态非常重要。在下一章中，你将学习如何将无服务器函数连接到数据库并实际保存订单。

完成后的 create-order.js 文件如代码清单 2.8 所示。

代码清单 2.8　创建比萨订单处理程序

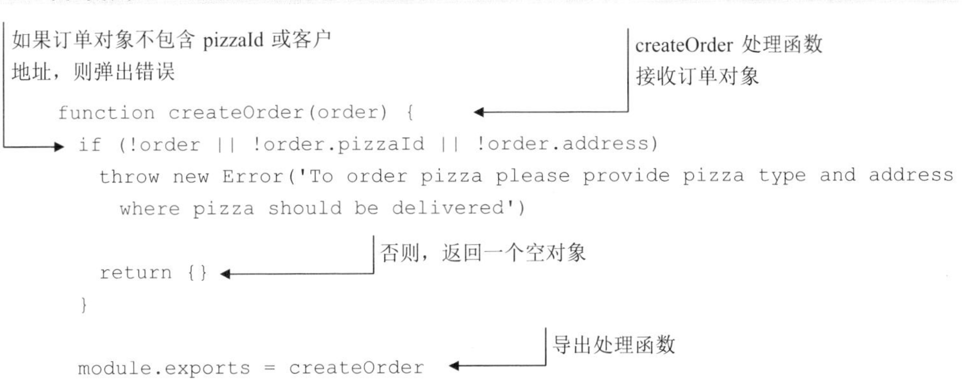

```
function createOrder(order) {
  if (!order || !order.pizzaId || !order.address)
    throw new Error('To order pizza please provide pizza type and address
      where pizza should be delivered')

    return {}
  }

 module.exports = createOrder
```


现在有了创建订单的处理程序，是时候创建路径了——但是应该接收 POST 请求。为此，需要返回到 api.js 文件。与 api.get 一样，Claudia API Builder 提供了 api.post 方法，该方法接收三个参数：路径、处理函数和选项。

注意　除 GET 外，Claudia API Builder 还支持将 POST、PUT 和 DELETE 作为 HTTP 谓词。

对于路径，应该写上/orders，因为应用正在创建新的订单。作为路径处理函数，导入刚刚在 handlers 文件夹中创建的 create-order.js 文件。对于选项参数，分别为成功和错误情况传递自定义状态码：201 和 400。使用 success 属性为成功情况添加自定义状态。

POST 请求主体会自动为你解析，并在 request.body 属性中可用，这意味着不需要使用任何额外的中间件来解析接收到的数据，例如 express.js body_解析器。

解析 POST 请求主体

POST 请求主体由 API Gateway 自动解析。Claudia 会检查主体并使其正常化。例如，如果请求的内容类型是 application/json，那么 Claudia 会将空的主体转换为空的 JSON 对象。

添加新路径后，api.js 文件应该如代码清单 2.9 所示。

代码清单 2.9 使用新路径更新主 API 文件

```
'use strict'

const Api = require('claudia-api-builder')
const api = new Api()

const getPizzas = require('./handlers/get-pizzas')
const createOrder = require('./handlers/create-order')   ← 从 handlers 目录导入 create-order 处理程序

api.get('/', () => 'Welcome to Pizza API')

api.get('/pizzas', () => {
return getPizzas()
})

api.get('/pizzas/{id}', (request) => {
  return getPizzas(request.pathParams.id)
}, {
error: 404
})

api.post('/orders', (request) => {   ← 添加 POST /orders 路径以创建订单并将 request.body 传递给处理程序
  return createOrder(request.body)
}, {
  success: 201,   ← 返回状态 201 Created 以获取成功请求
  error: 400   ← 如果发生错误，返回状态 400 Bad Request
})

module.exports = api
```

同样，可通过运行 claudia update 命令来部署 API。

尝试 POST 请求可能比测试 GET 更难。不能通过在浏览器中打开路径 URL 来测试 GET。因此，对于 POST 路径，应该使用免费的 HTTP 测试工具，例如 curl 或 Postman。

注意 从现在开始，你将看到 curl 命令被用于所有应该测试 API 端点的示例。它们不是强制性的，你可以自由使用任何喜欢的工具。

curl 和 Postman

curl 是命令行或脚本中用于传输数据的工具，还可用于汽车、电视机、路由器、打印机、音频设备、手机、平板电脑、机顶盒和媒体播放器，是每天影响数十亿人的数千个软件应用的互联网传输主干。curl 的设计目的是在没有用户交互的情况下工作。

Postman 是一个具有图形用户界面(GUI)的应用，可以帮助你测试 API，还可以加速开发，因为可以通过测试构建 API 请求和文档。Postman 可作为 Mac、Windows 和 Linux 的应用以及 Chrome 插件提供。

下面将使用 curl 命令测试 POST/orders 端点。在这个命令中，将发送空的请求主体，这样就可以检查验证错误。除 POST 主体外，还需要指定方法，提供 header 来告诉 API 正在发送 JSON 请求，并指定要发送请求的完整 URL。

注意 默认情况下，curl 命令不会打印出 HTTP 响应状态码。要检查 API 是否返回正确的状态，请使用-w 标志并在 API 响应之后附加 HTTP 状态。

可以在代码清单 2.10 中看到 curl 命令的格式。curl 命令的正文为空，因此可以测试错误响应。

代码清单 2.10 用于测试 POST /orders 路径的 curl 命令(错误响应)

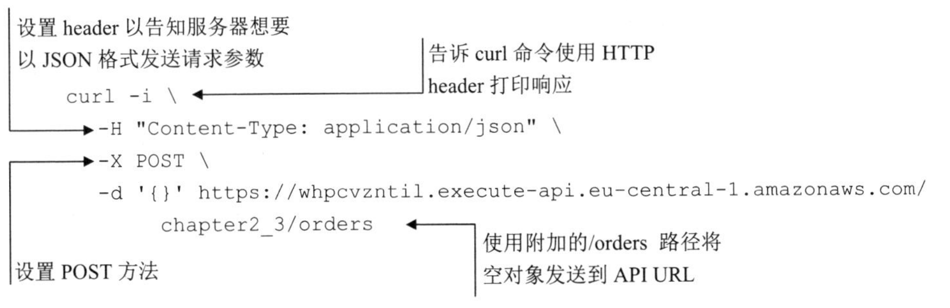

在终端运行代码清单 2.10 中的 curl 命令后，响应应该如下所示，并带有一些额外的头文件：

```
HTTP/1.1 400 Bad Request
Content-Type: application/json
Content-Length: 104
```

```
Date: Mon, 25 Sep 2017 06:53:36 GMT

{"errorMessage":"To order pizza please provide pizza type and address where
    pizza should be delivered"}
```

既然已经验证了没有传递订单数据时返回的错误，那么还应该测试成功的响应。为此，从终端运行类似的 curl 命令；只更改请求主体，因为现在需要包含比萨 ID 和订购地址。代码清单 2.11 显示了更新后的 curl 命令，此命令具有有效的主体，因此可以测试成功的响应。

代码清单 2.11　用于测试 POST /orders 路径的 curl 命令(成功响应)

```
curl -i \
  -H "Content-Type: application/json" \
  -X POST \
  -d '{"pizzaId":1,"address":"221B Baker Street"}' \
  https://whpcvzntil.execute-api.eu-central-1.amazonaws.com/chapter2_3/orders
```

将比萨 ID 和订购地址作为 POST 正文发送

返回以下内容，从而确认 API 工作正常。

```
HTTP/1.1 201 Created
Content-Type: application/json
Content-Length: 2
Date: Mon, 25 Sep 2017 06:53:36 GMT

{}
```

你已经学习了无服务器 API 的基础知识，现在看看 Claudia 在运行 claudia create 命令时做了什么。

2.2　Claudia 如何部署你的 API

前面的示例演示了 Claudia 的主要思想之一：单命令应用部署。这个工具背后的每个命令都可以很容易地解释。

图 2.4 演示了运行 claudia create 命令时发生的事件流。为了便于理解，这张简图集中在过程中最重要的部分。此外，如果为 create 命令提供一些标志，则可以跳过或修改事件流中描述的某些事件。例如，如果提供标志--use-local-dependencies，那么 Claudia 可以跳过第一步，并将代码与所有本地依赖项一起复制。有关选项的完整列表，请参阅 https://github.com/claudiajs/claudia/blob/master/docs/create.md。

当运行 claudia create 命令时，Claudia 所做的第一件事是使用 npm pack 命令压缩代码，而不使用依赖项和隐藏文件。然后，在系统的临时文件夹中创建项目的副本。此操作可确保版本清晰且可重现，从众所周知的角度出发，并防止潜在的本地依赖性导致的问题。在此步骤中，Claudia 会忽略 node_modules 文件夹以及 Git 或 NPM 忽略的所有文件，另外还使用 npm install --production 命令安装了产品和可选依赖项。

由于 Lambda 函数要求将所有依赖项的代码作为 zip 文件上载，因此在将项目压缩为 zip 文件之前，Claudia 会安装所有生产和可选的 NPM 依赖项。

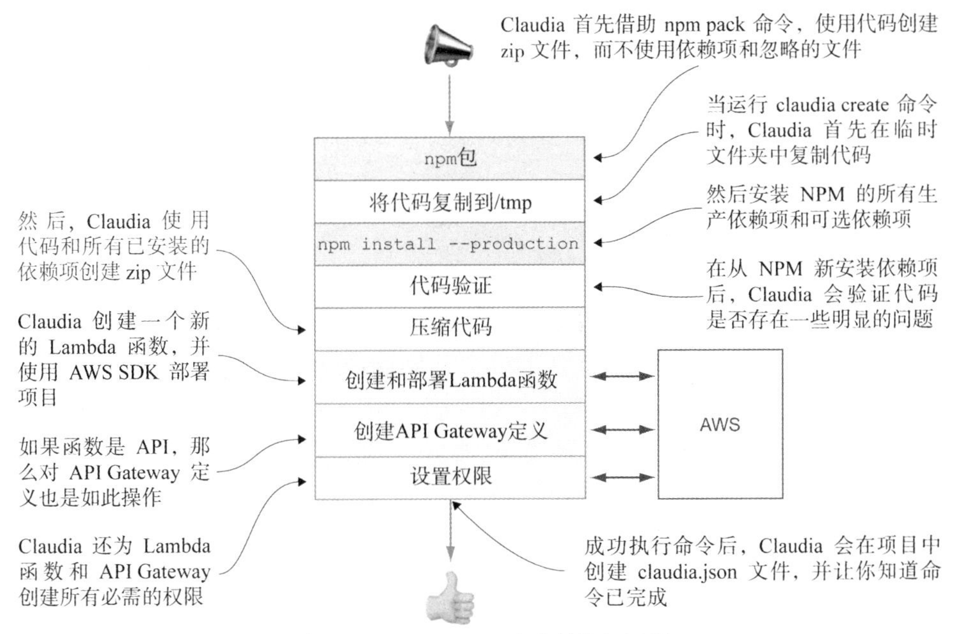

图 2.4　claudia create 命令的执行过程

此外，由于调试 Lambda 函数并不简单，正如你将在第 5 章中看到的那样，Claudia 还会验证项目是否没有任何明显的问题，例如拼写错误或应用调用未定义的模块。你不能完全依赖这一步，因为这只会进行浅层验证。如果在函数或处理程序中有拼写错误或未定义的函数及模块调用，此步骤将无法捕获这种错误。

下一步，Claudia 使用代码创建 zip 文件，并在第一步中安装所有依赖项。

图 2.4 中的最后三个步骤不是顺序执行，而是并行执行。

创建 zip 文件后，Claudia 会调用 AWS API 来创建 Lambda 函数并上传文件。与 AWS 平台的交互是通过适用于 Node.js 的 AWS 开发工具包模块完成的。在上传代码之前，Claudia 会创建新的 IAM 用户，并为 IAM 用户分配某些权限，以允许与 AWS Lambda 和 API Gateway 进行交互。

AWS IAM 用户、角色和权限

通过 AWS 身份和访问管理(IAM)，可以安全地控制对用户的 AWS 服务和资

源的访问。使用 IAM，可以创建、管理 AWS 用户和组，以及使用权限允许或拒绝任何用户或组访问 AWS 资源。

有关 IAM 的更深入解释超出了本书的讨论范围，但我们强烈建议在进入接下来几章之前阅读更多相关内容。可以从官方文档开始，参见 https://aws.amazon.com/iam/。

完全设置 Lambda 函数后，Claudia 会为其设置 API Gateway 实例，以定义所有路径并设置所需的权限。

claudia update 命令流几乎与 claudia create 命令相同，但缺少一些已经完成的步骤，例如角色创建和权限设置。

如果想更深入地了解 Claudia 及其命令，可以查看源代码，详见 https://github.com/claudiajs/claudia。

现在你已经了解了 Claudia 的工作原理，API 难题的最后一部分是了解 API Gateway 如何为比萨店 API 进行转发。

2.3 流量控制：API Gateway 的工作原理

在第 1 章中，你了解到除非触发器唤醒 Lambda 函数，否则用户无法在 AWS 平台之外与 AWS Lambda 交互。AWS Lambda 最重要的触发器之一是 API Gateway。

如图 2.5 所示，API Gateway 的作用类似于路由器或流量控制器。API Gateway 接收 HTTP 请求(例如来自 Web 或移动应用的 Pizza API 请求)，将它们解析为通用格式，并将它们转发到连接的某个 AWS 服务。

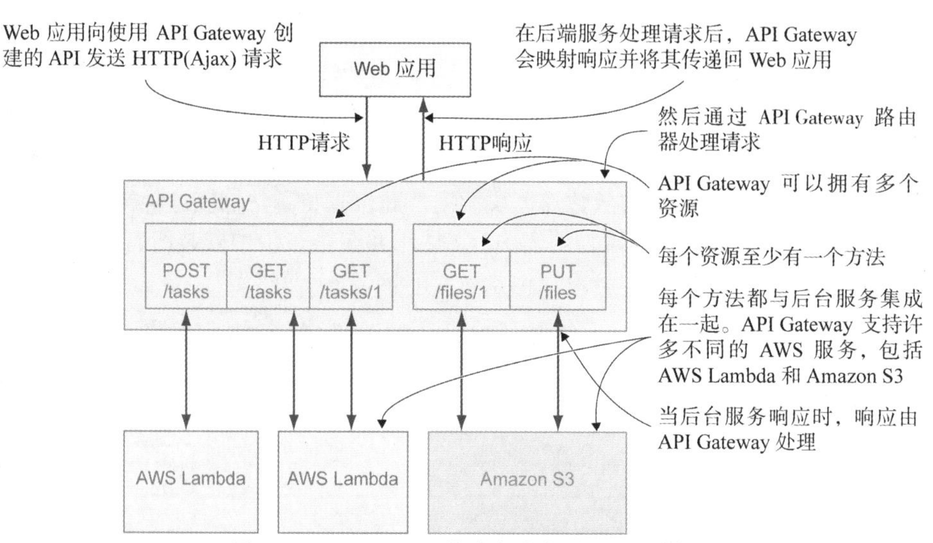

图 2.5 API Gateway 将请求路由到 AWS 服务

API Gateway 可与许多 AWS 服务集成，包括 AWS Lambda 和 Amazon S3。API Gateway 上的每个 API 都可以连接到多个服务。例如，某些路径可以调用 Lambda 函数，而其他路径可以与其他某些服务进行交互。

API Gateway 提供了另一种 HTTP 请求转发方法，称为代理路由器。代理路由器不是创建每个路径，而是将所有请求发送到单个 AWS Lambda 函数。当创建小型 API 或希望加速部署时，这种方法非常有用，因为在 API Gateway 上创建和更新多个路径可能需要花费几分钟时间，具体取决于 Internet 连接速度和路径数量。

2.4 当无服务器 API 不是解决方案时

尽管才刚刚接触，但你已经看到使用 Claudia.js 和 Claudia API Builder 构建无服务器 API 是多么容易。无服务器 API 十分强大且扩展性极强，但在某些情况下，传统 API 是一种更好的解决方案，例如：

- 当请求时间和延迟至关重要时，无法保证无服务器应用的延迟最小。
- 当需要保证一定程度的可用性时，在大多数情况下，AWS 将提供相当好的可用性，但有时这还不够。
- 当应用需要密集和复杂的计算时。
- 当 API 要求符合特定标准时，AWS Lambda 和 API Gateway 可能不够灵活。

2.5 试一试

这部分是动手练习。大多数章都留有特定的练习，你应该尝试自行完成。

2.5.1 练习

在本章中，你实现了 GET /pizzas 和 POST /orders API 路径。为了使 API 更有用，还有两个路径：PUT /orders 和 DELETE /orders。

请执行以下操作：

(1) 创建用于更新比萨订单的处理程序，并为其添加 API 路径。

(2) 创建用于删除比萨订单的处理程序，并为其添加 API 路径。

这里提供一些提示，供你参考：

- 要添加 PUT 路径，请使用 Claudia API Builder 提供的 api.put 方法。
- 要添加 DELETE 路径，请使用 Claudia API Builder 提供的 api.delete 方法。
- 这两个方法都接收三个参数：路径、处理函数和选项对象。

- 这两个路径都需要一个动态参数：订单 ID。
- updateOrder 处理程序还需要具有新订单详细信息的正文。
- 因为还没有数据库，所以只需要返回一个空对象或一条简单的文本消息作为响应。

完成练习后，比萨店 API 的文件结构应如图 2.6 所示。

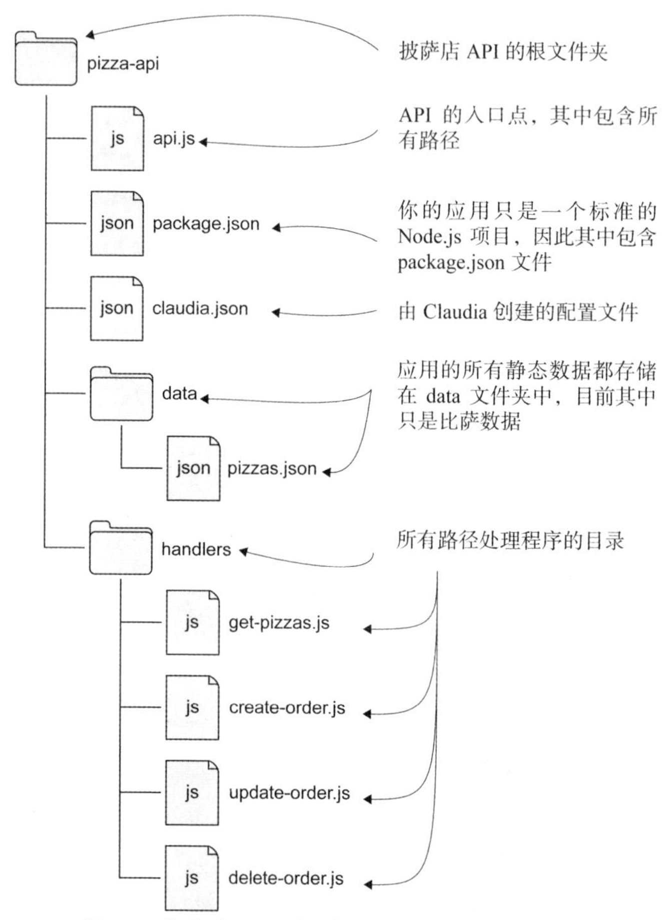

图 2.6　比萨店 API 项目的更新文件和文件夹结构

对你来说如果这个练习太容易了，并且你想要接受额外的挑战，请尝试添加 API 路径以列出比萨订单。2.5.2 节中没有针对此挑战的解决方案，但处理程序存在于本书附带的比萨店 API 的源代码中，因此可随意检查源代码并比较解决方案。

2.5.2　解决方案

我们希望你能够自行完成练习。以下是我们提供的解决方案，可以进行比较。

这个练习的第一部分是创建处理程序来更新订单。首先，需要在 handlers 文件夹中创建一个文件，并命名为 update-order.js。在该文件中，需要创建并导出 updateOrder 函数，该函数接收 ID 和更新的订单详细信息对象。如果未提供订单 ID 或更新的订单详细信息对象，该函数将报错；否则，返回成功消息；详见代码清单 2.12。

代码清单 2.12　更新订单处理程序

```
function updateOrder(id, updates) {      // 处理函数接收订单 ID 和订单更新
  if (!id || !updates)                   // 如果未传递 ID 或更新对象，则报错
    throw new Error('Order ID and updates object are required for updating
      the order')

    return {                             // 否则，返回成功消息
      message: `Order ${id} was successfully updated`
    }
}

module.exports = updateOrder             // 导出处理函数
```

在创建 updateOrder 函数之后，应该为处理程序执行相同的操作以删除订单。首先，需要在 handlers 文件夹中创建 delete-order.js 文件。然后，应该在该文件中创建导出的 deleteOrder 函数。该函数应接收订单 ID。如果未传递订单 ID，那么处理程序应抛出错误；否则，应返回一个空对象；参见代码清单 2.13。

代码清单 2.13　删除订单处理程序

```
function deleteOrder(id) {               // 处理函数接收订单 ID
  if (!id)                               // 如果未传递订单 ID，则报错
    throw new Error('Order ID is required for deleting the order')

  return {}                              // 否则，返回一个空对象
}

module.exports = deleteOrder             // 导出处理函数
```

现在，在实现了处理程序的情况下，下一步是将它们导入 api.js 并创建用于更新和删除订单的路径。

要更新订单，请使用 api.put 方法，并使用/orders/{id} URL 作为路径。然后设置处理函数和 400 选项作为错误的状态码。不能只传递在上一步中创建的处理函数，因为它不接收完整的请求对象；相反，传递一个匿名函数，该函数使用收到的请求体中的订单 ID 调用 updateOrder 处理函数。除以上不同之外，DELETE /orders 路径是相同的：使用 api.delete 方法，并且不会将请求主体传递给 deleteOrder 处理函数。

完成上述步骤后，api.js 文件如代码清单 2.14 所示。

代码清单 2.14 具有 PUT /orders 和 DELETE /orders 路径的比萨店 API

```
'use strict'

const Api = require('claudia-api-builder')
const api = new Api()

const getPizzas = require('./handlers/get-pizzas')
const createOrder = require('./handlers/create-order')
const updateOrder = require('./handlers/update-order')
const deleteOrder = require('./handlers/delete-order')

// Define routes
api.get('/', () => 'Welcome to Pizza API')

api.get('/pizzas', () => {
  return getPizzas()
})

api.get('/pizzas/{id}', (request) => {
}, {
  error: 404
})

api.post('/orders', (request) => {
  return createOrder(request.body)
}, {
  success: 201,
  error: 400
})

api.put('/orders/{id}', (request) => {
  return updateOrder(request.pathParams.id, request.body)
}, {
  error: 400
})
```

从 handlers 目录导入 update-order 处理程序

从 handlers 目录导入 delete-order 处理程序

为 PUT /orders 添加路径并连接处理程序

```
api.delete('/orders/{id}', (request) => {
  return deleteOrder(request.pathParams.id)
}, {
  error: 400
})

module.exports = api
```

为 DELETE /orders 添加路径并连接处理程序

如果发生错误，两个路径都返回状态码 400

与之前一样，打开终端，导航到 pizza-api 文件夹，然后从中执行 claudia update 命令以更新 Lambda 函数和 API Gateway 定义。

当 Claudia 更新比萨店 API 时，可以使用代码清单 2.15 和代码清单 2.16 中的 curl 命令测试新的 API 端点。这些命令与用于 POST 请求的命令几乎相同，但存在以下区别。

- HTTP 方法不同：使用 PUT 更新订单，使用 DELETE 删除订单。
- 更新订单需要通过更新的正文。
- 删除订单不需要请求正文。

这些命令都包含有效的主体，并且应该返回成功的响应。

代码清单 2.15　用于测试 PUT /orders/{id}路径的 curl 命令

```
curl -i \
  -H "Content-Type: application/json" \
  -X PUT \
  -d '{"pizzaId":2}' \
  https://whpcvzntil.execute-api.eu-central-1.amazonaws.com/chapter2_4/
    orders/42
```

为订单添加额外的意大利辣香肠

发送 PUT 请求

添加订单 ID 作为路径参数

代码清单 2.16　用于测试 DELETE /orders/{id}路径的 curl 命令

```
curl -i \
  -H "Content-Type: application/json" \
  -X DELETE \
  https://whpcvzntil.execute-api.eu-central-1.amazonaws.com/chapter2_4/
    orders/42
```

提供订单 ID 作为 URL 参数

发送 DELETE 请求

当在终端执行命令时，它们分别返回状态码为200的响应{"message": "订单42已成功更新"}和{}。

2.6 本章小结

- Claudia 使你可以在单个命令中将 API 部署到 API Gateway 和 AWS Lambda。
- 更新 API 也需要使用 Claudia 命令。
- AWS Lambda 上的无服务器 API 不需要任何特定的文件夹结构或组织。
- API Gateway 可以充当路由器，调用各种服务。
- 为了将更多路径捆绑到单个 AWS Lambda 函数，需要进行内部转发。
- Claudia API Builder 的路由器与其他流行的 Node.js Web API 库中的路由器相同。
- 无服务器 API 十分强大，但它们不是万能的，因此根据情况，传统的 API 可能会更好。

第 3 章

实现异步工作很容易，我们有.promise()方法

本章要点：

- 使用 Claudia 处理异步操作
- JavaScript 约定的基础操作
- 从 Claudia 连接到 DynamoDB 和 AWS Lambda

在第 2 章中，你创建了一个用于处理比萨信息和订单的简单 API。你还了解到，与传统的 Node.js 服务器不同，AWS Lambda 状态将在后续调用之间丢失。因此，需要借助数据库或外部服务来存储 Maria 姨妈的比萨订单或你想要保留的任何其他数据。

当 Node.js 异步执行时，首先需要了解无服务器如何影响异步通信：无服务器如何与 Claudia 一起工作，更重要的是掌握推荐的开发无服务器应用的方法。当掌握这些概念时，你会看到将 AWS Lambda 连接到外部服务是多么容易，还将学习如何使用 AWS DynamoDB 存储比萨订单。

3.1 存储订单

你给 Maria 姨妈打了一个电话。她对你印象深刻，但她仍然无法使用你为她开发的应用，因为没有存储任何比萨订单。她仍然需要使用老方法——借助纸和

笔来记录订单。要完成比萨店 API 的基本版本，需要将订单存储在某处。

在开始开发之前，你应该充分了解要存储的详细信息。在所有的需求中，最基本的比萨订单由选择比萨种类、送货地址和订单状态定义。为了表达更清晰，这种信息通常用图表绘制出来，如图 3.1 所示。

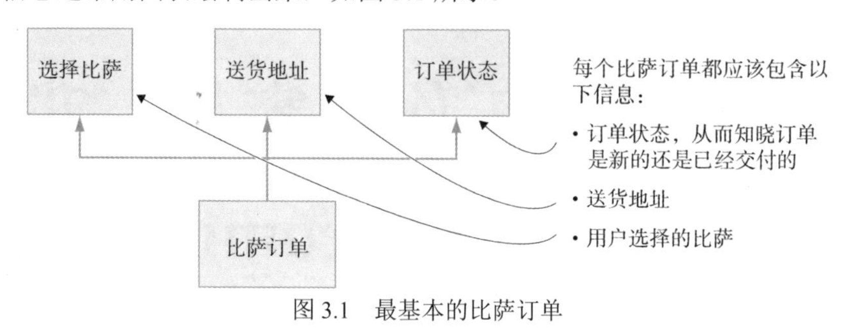

图 3.1 最基本的比萨订单

现在你已经了解了要存储的内容，让我们看看应该如何为数据库构建它们。如前所述，不能依赖 AWS Lambda 存储状态，这意味着在 Lambda 文件系统中存储订单信息将不予讨论。

在传统的 Node.js 应用中，将使用一些流行的数据库，例如 MongoDB、MySQL 或 PostgreSQL。在无服务器的世界中，每个无服务器提供商都具有不同的数据存储系统组合。AWS 没有针对这些数据库的任何开箱即用解决方案。

作为最简单的替代方案，可以使用 Amazon DynamoDB，这是一种流行的 NoSQL 数据库，可以轻松连接到 AWS Lambda。

注意 AWS Lambda 不仅限于 DynamoDB，它还可以与其他数据库一起使用，但这超出了本书的讨论范围。

什么是 DynamoDB

DynamoDB 是亚马逊提供的完全托管的专有 NoSQL 数据库服务，作为 AWS 产品组合的一部分。DynamoDB 向 Dynamo 公开了一种类似的数据模型，Dynamo 是具有不同底层实现的高可用键值结构化存储系统。

简而言之，DynamoDB 只是无服务器应用的数据库构建块。DynamoDB 是 NoSQL 数据库中 AWS Lambda 的计算函数：完全托管、自动调整且相对便宜的云数据库解决方案。

DynamoDB 将数据存储在数据表中。数据表表示数据集合。每个数据表包含多个条目。条目表示由一组属性描述的单个概念。可以将条目视为 JSON 对象，因为条目具有以下类似特征：

- 键是独一无二的。

- 不限制可以拥有的属性数量。
- 值可以是不同类型的数据，包括数字、字符串和对象。

数据表只是之前定义的模型的存储表示，如图 3.1 所示。

现在，需要将先前定义的模型转换为数据库理解的结构：数据表。在执行此操作时，请记住 DynamoDB 几乎是无模式的，这意味着只需要定义主键并稍后添加其他所有内容。作为第一步，将为订单设计最小可行表。

准备好了吗？

与在任何其他数据库中一样，你希望将每个订单存储为数据表中的一个条目。对于比萨订单的存储，将使用单个 DynamoDB 表，里面是订单的集合。你希望通过 API 接收订单并将其存储到 DynamoDB 表中。每个订单都可以通过一系列特征来描述：

- 唯一的订单 ID
- 选择的比萨
- 邮寄地址
- 订单状态

可以将这些特征用作 DynamoDB 表中的键，订单表的结构如表 3.1 所示。

表 3.1　DynamoDB 中订单表的结构

订单 ID	订单状态	比萨种类	送货地址
1	等待	Capricciosa	221B Baker Street
2	等待	Napoletana	29 Acacia Road

下一步是创建名为 pizza-orders 的订单表。与 AWS 中的大多数操作一样，可以通过多种方式执行此操作。我们首选的方法是使用 AWS CLI。要为订单创建表，可以使用 aws dynamodb create-table 命令，如代码清单 3.1 所示。

创建表时，需要提供一些必需的参数。首先，需要定义表名，比如 pizza-orders。然后，需要定义属性。正如我们提到的，DynamoDB 只需要定义主键，因此只能定义 orderId 属性并告诉 DynamoDB 类型是 string，还需要告诉 DynamoDB orderId 将是哈希值。

之后，需要定义预配置的吞吐量，告知 DynamoDB 应为应用保留哪些读写容量。因为这是应用的开发版本，所以将读取和写入容量设置为 1 完全正常，稍后可以通过 AWS CLI 进行更改。DynamoDB 支持自动缩放，但需要定义最小和最大容量。此时，不需要使用自动缩放，但如果想了解更多信息，可访问 http://docs.aws.amazon.com/amazondynamodb/latest/developerguide/AutoScaling.html。

最后，需要选择创建表的区域。选择与 Lambda 函数相同的区域，以减少数据库通信中的延迟。代码清单 3.1 显示了完整的命令。

代码清单 3.1　使用 AWS CLI 创建 DynamoDB 表

使用 AWS CLI 创建 pizza-orders 表

提供属性定义并告诉 DynamoDB 键是 string(S)类型

```
aws dynamodb create-table --table-name pizza-orders \
  --attribute-definitions AttributeName=orderId,AttributeType=S \
  --key-schema AttributeName=orderId,KeyType=HASH \
  --provisioned-throughput ReadCapacityUnits=1,WriteCapacityUnits=1 \
  --region eu-central-1 \
  --query TableDescription.TableArn --output text
```

提供键模式

选择 DynamoDB 表的区域

打印 DynamoDB 表的 Amazon 资源名称(ARN)以确认所有内容都已正确设置

设置 DynamoDB 表的吞吐量(读写容量)

提示　在 AWS CLI 命令中添加--query 属性将过滤输出并仅返回所需的值。例如，-- query TableDescription.TableArn 仅返回表的 ARN。还可以使用--output 属性以及值来定义输出的类型。例如，-output text 将结果作为纯文本返回。

当在代码清单 3.1 中执行 AWS CLI 命令时，会打印 DynamoDB 表的 ARN，看起来类似于：

```
arn:aws:dynamodb:eu-central-1:123456789101:table/pizza-orders
```

就是这样！现在有了 DynamoDB 表 pizza-order。让我们看看如何将它连接到 API 的路径处理程序。

为了能够从 Node.js 连接到 DynamoDB 表，需要安装适用于 Node.js 的 AWS 开发工具包。可以像使用任何其他模块一样从 NPM 获取 aws-sdk。如果不熟悉该过程，请参阅附录 A。

从 Node.js 应用与 DynamoDB 进行通信的最简单方法是使用 DocumentClient 类，这需要异步通信。与 AWS SDK 的任何部分一样，DocumentClient 可与 Claudia 完美配合。

DynamoDB DocumentClient

DocumentClient 是 AWS SDK 的 DynamoDB 子集中的类。目标是通过抽象操作来简化表项的处理。DocumentClient 公开了一个简单的 API，我们将仅涵盖本章稍后需要的部分。如果想查看 API 文档，可访问 http://docs.aws.amazon.com/AWSJavaScriptSDK/latest/AWS/DynamoDB/DocumentClient.html。

将比萨订单 API 连接到新创建的数据库很容易。将订单存储到 DynamoDB 表只需要执行两个步骤：

(1) 导入 AWS 开发工具包，并初始化 DynamoDB DocumentClient。

(2) 更新 POST 方法以保存订单。

因为在第 2 章中已将代码拆分为单独的文件，所以让我们从 handlers 文件夹中的 create-order.js 文件开始。代码清单 3.2 显示了如何更新 create-order.js 以将新订单保存到 DynamoDB 表 pizza-orders。

代码清单 3.2　将订单保存到 DynamoDB 表

```
const AWS = require('aws-sdk')
const docClient = new AWS.DynamoDB.DocumentClient()    ← 导入 AWS SDK 并初始化 DynamoDB DocumentClient

function createOrder(request) {
  if (!request || !request.pizza || !request.address)
    throw new Error('To order pizza please provide pizza type and address
      where pizza should be delivered')
                                                        将新的比萨订单放在 DynamoDB 表中
  return docClient.put({    ←
    TableName: 'pizza-orders',
    Item: {                                             ID 可以是任何硬编码的字符串
      orderId: 'some-id',    ←
      pizza: request.pizza,
      address: request.address,
      orderStatus: 'pending'
    }                                                   DocumentClient 实例有一个能返回 Promise 的.promise()方法
  }).promise()    ←
    .then((res) => {    ← 如果请求已接收，就记录响应并返回数据
      console.log('Order is saved!', res)
      return res
    })
    .catch((saveError) => {    ← 如果请求被拒绝，请记录错误并再次发送，以便可以使用 api.js 文件中的错误
      console.log(`Oops, order is not saved :(`, saveError)
      throw saveError
    })
}
                                                        导出处理函数
module.exports = createOrder    ←
```

完成后，比萨店 API 的 POST /orders 方法应该按照图 3.2 中的方式显示和工作。

让我们解释一下这里发生了什么。导入 AWS 开发工具包后，需要初始化 DynamoDB DocumentClient。然后，可以使用先前导入的 DocumentClient，将 create-order.js 处理程序的第 7 行返回的空对象替换为将订单保存到表中的代码。

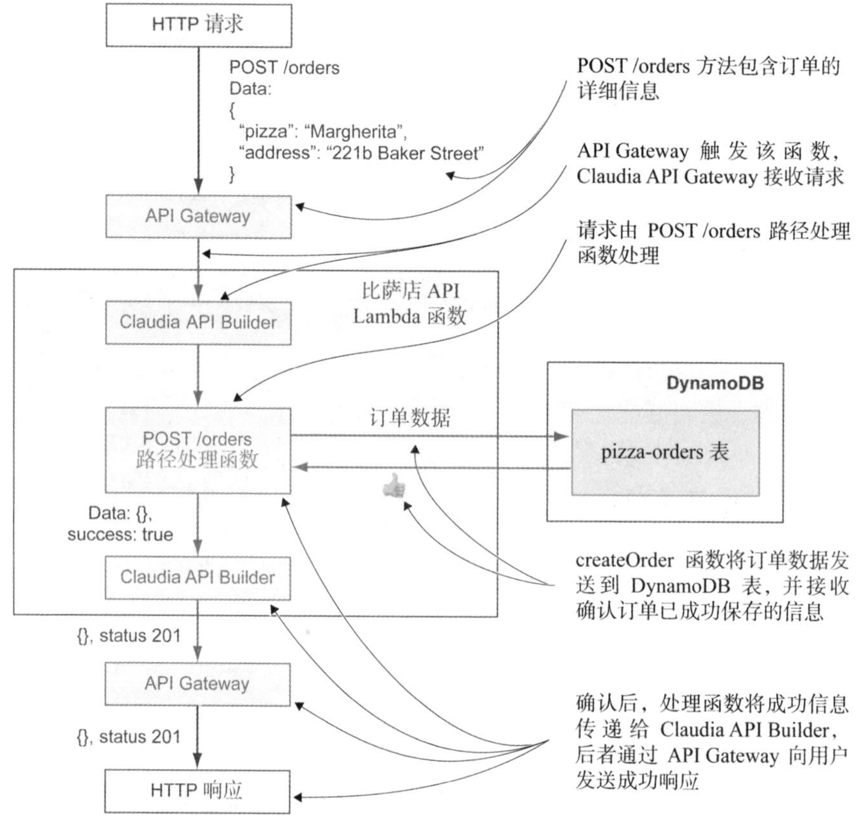

图 3.2　使用 DynamoDB 集成的比萨店 API 的 POST /orders 方法的流程

要将订单保存到 DynamoDB，可以使用 DocumentClient.put 方法将新的条目放入数据库，做法是创建新的条目或替换拥有相同 ID 的现有条目。put 方法需要一个用来描述表的对象，可通过将一些 Item 属性作为对象来提供 TableName 属性和条目。在数据表中，确定条目应具有四个属性——ID、比萨、地址和订单状态——这些正是要添加到传递给 DocumentClient.put 方法的 Item 对象的内容。

由于 Claudia API Builder 期望 Promise 执行异步操作，因此应该使用 DocumentClient.put 的.promise()方法。.promise()方法将回复转换为 JavaScript Promise。一些人可能想知道 Promise 如何在无服务器应用中工作以及 Claudia 如何处理异步通信方面存在的任何差异。3.2 节将简要说明 Promise 以及它们如何与 Claudia 和 Claudia API Builder 一起使用。如果已熟悉这些概念，请跳至 3.3 节。

3.2　承诺在 30 分钟内交付

比萨店的日常事项包括和面、烘焙、比萨订购等，这些是异步操作。如果它们是同步的，Maria 姨妈的比萨店员工将被阻止并停止做其他任何工作，直到正在进行的操作完成，这太浪费时间了。由于大多数 JavaScript 运行时都是单线程的，因此许多执行时间较长的操作(如网络请求)是异步执行的。异步代码的执行由两个已知概念处理：回调和 Promise。在撰写本书时，Promise 是所有 Node.js 应用的推荐方式。我们不再讲解回调，因为你很可能已经熟悉它们。

异步 Promise

Promise 表示异步操作的最终结果。

Promise 就像对合作伙伴、朋友、父母和孩子在现实中的承诺：

“亲爱的，你能带走垃圾吗？”

“是的，亲爱的，我保证！”

几小时后，猜猜是谁拿走了垃圾？

Promise 只是回调的漂亮包装而已。在实际情况中，可以围绕特定操作包装 Promise。Promise 有两种可能的结果：解决(履行)或拒绝(未履行)。

Promise 可以有与之相关的条件，这正是它们的异步能力发挥作用的地方：

“Johnny，写完作业后才可以出去玩！”

这个示例表示仅在完成某个异步操作后某些行为才会发生，参见代码清单 3.3。以相同的方式，某些代码块的执行将等待已定义的 Promise 的完成。

代码清单 3.3　Johnny 的游戏

```
function tellJohhny(homework) {
  return finish(homework)
    .then(finishedHomework => {
      return getOut(finishedHomework);
    })
    .then(result => {
      return play();
    })
    .catch(error => {
      console.log(error);
    });
}
```

finish、getOut 和 play 是异步函数，但它们都会返回可以连接的 Promise

只有在 Johnny 完成作业后才会调用 getOut 函数

从 Promise 链的任何函数中捕获错误

Promise 有以下几个特点。

- Promise 链：如代码清单 3.3 所示，可以轻松地将一个 Promise 连接到另一个 Promise，将结果从一个代码块传递到下一个代码块而不会有任何麻烦。
- 并行执行：可以同时执行两个函数，一次性获得两个结果。

- 正确地拒绝异步操作：如果函数出错或者没有给出好的结果，可以随时拒绝并停止执行。相比之下，通过回调，拒绝 Promise 会阻止整个 Promise 链。
- 错误恢复：Promise catch 块允许轻松、正确地管理错误并将其传递到负责的错误处理程序。

有些客户在一个订单中订购了多张比萨，但这些比萨并非单独递送。如果是这样，客户会对如此低效的流程感到愤怒。相反，比萨店的师傅通常会同时烘烤它们，然后送货人等到所有比萨都完成后才去递送，参见代码清单 3.4。

代码清单 3.4 比萨的并行烘焙

```
function preparePizza(pizzaName) {
  return new Promise((resolve, reject) => {
    // prepare pizza
    resolve(bakedPizza);
  });
}

function processOrder(pizzas) {
  return Promise.all([
    preparePizza('extra-cheese'),
    preparePizza('anchovies')
  ]);
}

return processOrder(pizzas)
  .then((readyPizzas) => {
    console.log(readyPizzas[0]);
    // prints out the result from the extra-cheese pizza
    console.log(readyPizzas[1]); // prints out the result from the anchovies pizza
    return readyPizzas;
  })
```

正如你在代码清单 3.3 和代码清单 3.4 中看到的，Promise 是我们的得力助手。它们允许你处理 Maria 姨妈的比萨店可能遇到的任何情况，并帮助你正确描述所有过程。Claudia 完全支持所有 Promise 函数，因此可以轻松使用它们。

在代码清单 3.5 中，可以看到处理程序在一秒后回复的简单 Claudia 示例。因为 setTimeout 函数没有返回 Promise，所以需要使用新的 Promise 语句来包装它。

代码清单 3.5 使用 Promise 包装不支持 Promise 的异步操作

```
const Api = require('claudia-api-builder')
const api = new Api()
```

```
api.get('/', request => {
  return new Promise(resolve => {
    setTimeout(() => {
      resolve('Hello after 1 second')
    }, 1000)
  })
})

module.exports = api
```

使用 JavaScript Promise 包装异步操作

使用 resolve 方法将响应发送回 Claudia API Builder

在经过一秒的延迟后执行 setTimeout 函数

正如你在代码清单 3.5 中看到的，与一些流行的 Node.js 框架相反，Claudia API Builder 仅在路径处理程序中公开请求。在第 2 章中，为了回复，将返回一个值，但在异步操作中，应该返回一个 JavaScript Promise。Claudia API Builder 接收它，等待它被解析，并使用返回的值作为回复内容。

注意 AWS SDK 提供对 JavaScript Promise 的开箱即用支持。所有 SDK 类都有.promise()方法，该方法可以返回一个 Promise 而不是默认的回调行为。

3.3　试用你的 API

在 Promise 的世界游历一圈之后，再次从 pizza-api 文件夹执行 claudia update 命令并部署代码。在不到一分钟的时间内，你将能够测试自己的 API 并查看它是否有效。

要测试 API，请重用第 2 章中的 curl 命令：

```
curl -i \
  -H "Content-Type: application/json" \
  -X POST \
  -d '{"pizza":4,"address":"221b Baker Street"}'
  https://whpcvzntil.execute-api.eu-central-1.amazonaws.com/chapter3_1/orders
```

注意 不要忘记将 curl 命令中的 URL 替换为从 claudia update 命令获得的 URL。

curl 命令返回如下内容：

```
HTTP/1.1 400 Bad Request
Content-Type: application/json
Content-Length: 219
Date: Mon, 25 Sep 2017 06:53:36 GMT
```

```
{"errorMessage":"User: arn:aws:sts::012345678910:assumed-role/pizza-api
    -executor/book-pizza-api
is not authorized to perform: dynamodb:PutItem on resource:
arn:aws:dynamodb:eu-central-1:012345678910:table/pizza-orders"}
```

哪里出问题了？

以上错误信息指出 Lambda 函数正在使用的角色(arn:aws:sts :: 012345678910: assume-role/pizza-api-executor/book-pizza-api)不允许对 DynamoDB 数据库(arn:aws: dynamodb:eu-central1:012345678910:table/pizza-orders)执行 dynamodb:PutItem 指令。

为了解决此问题，需要添加允许 Lambda 函数与数据库通信的 IAM 策略。可以通过为 claudia create 命令提供--policies 标志来解决。但要小心，该标志不适用于 claudia update 命令，因为 Claudia 从不复制可以使用单个 AWS CLI 命令执行的操作。

注意 在 AWS 中，所有内容都包含在 IAM 策略中，类似于授权策略。IAM 策略类似于护照签证。要进入某个国家/地区，需要持有效签证。

首先，在 JSON 文件中定义角色。在项目的根目录中创建一个新的文件夹，并命名为 roles。然后为 DynamoDB 创建一个角色文件，命名为 dynamodb.json，其中的内容如代码清单 3.6 所示。你希望 Lambda 函数能够获取、删除和放置表中的条目。因为将来可能会有更多表，所以将上述规则应用于所有表，而不仅仅是现在拥有的表。

代码清单 3.6 表示 DynamoDB 角色的 JSON 文件

```
{
  "Version": "2012-10-17",          ← 定义版本
  "Statement": [                    ← 为这个角色定义一条语句
    {
      "Action": [                   ← 定义这个角色允许或拒绝的特定操作
        "dynamodb:Scan",
        "dynamodb:DeleteItem",
        "dynamodb:GetItem",
        "dynamodb:PutItem",
        "dynamodb:UpdateItem"
      ],
      "Effect": "Allow",            ← 启用(允许)定义的操作
      "Resource": "*"               ← 将角色应用于所有 DynamoDB 表而不是特定的表
    }
  ]
}
```

提示 你可能希望在生产应用中拥有更精确的角色，并且绝对不希望 Lambda 函数能够访问所有 DynamoDB 表。要阅读有关角色和策略的更多信息，可访问 http://docs.aws.amazon.com/IAM/latest/UserGuide/access_policies.html。

现在，可以使用 AWS CLI put-role-policy 命令向角色添加策略，如代码清单 3.7 所示。为此，需要提供 Lambda 函数正在使用的用户、策略名称以及 dynamodb.json 文件的绝对路径。在哪里可以找到这个角色？还记得 Claudia 在项目的根文件夹中创建的 claudia.json 文件吗？打开该文件，你将在 lambda 部分看到 role 属性。

代码清单 3.7　向 Lambda 角色添加策略以允许与 DynamoDB 表通信

使用 AWS CLI 的 iam 部分的 put-role-policy 命令添加策略

将策略附加到从 claudia.json 文件获得的 Lambda 角色

```
aws iam put-role-policy \
  --role-name pizza-api-executor \
  --policy-name PizzaApiDynamoDB \
  --policy-document file://./roles/dynamodb.json
```

命名策略

使用 dynamodb.json 文件作为创建策略的源

注意 需要使用 file://前缀提供 dynamodb.json 的路径。如果提供绝对路径，请记住 file:后将有三个斜杠，第三个斜杠来自绝对路径。

当执行代码清单 3.7 中的命令时，将不会得到任何响应。没关系，因为空的响应意味着一切顺利。

现在，重新执行相同的 curl 命令并尝试添加订单：

```
curl -i \
  -H "Content-Type: application/json" \
  -X POST \
  -d '{"pizza":4,"address":"221b Baker Street"}'
  https://whpcvzntil.execute-api.eu-central-1.amazonaws.com/chapter3_1/orders
```

注意 不需要部署代码，因为没有更改它们。更新的唯一内容是 Lambda 函数的角色。

curl 命令应返回状态码为 201 的{}。如果是这样，恭喜！数据库连接正常！但是，如何看待订单是否真的保存在桌面上？

AWS CLI 也可以回答这个问题。要列出表中所有的条目，可以使用 AWS CLI 的 dynamodb 部分的 scan 命令。除非提供过滤器，否则 scan 命令将返回表中所有的条目。要列出表中所有的条目，请从终端执行代码清单 3.8 中的命令。

代码清单 3.8 使用 AWS CLI 命令列出 pizza-orders 表中所有的条目

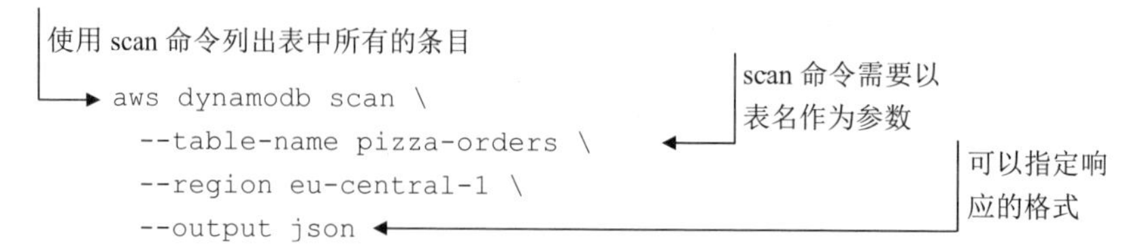
使用 scan 命令列出表中所有的条目
scan 命令需要以表名作为参数
可以指定响应的格式
aws dynamodb scan \
--table-name pizza-orders \
--region eu-central-1 \
--output json

scan 命令会扫描 pizza-orders 表并将结果作为 JSON 对象返回。可以将输出值更改为文本，然后将以文本格式获得结果。还有一些格式可供使用，包括 XML。

scan 命令返回的内容参见代码清单 3.9：带有 count 的 JSON 响应和所有表项的数组。

代码清单 3.9 来自 pizza-orders 表的 scan 命令的响应

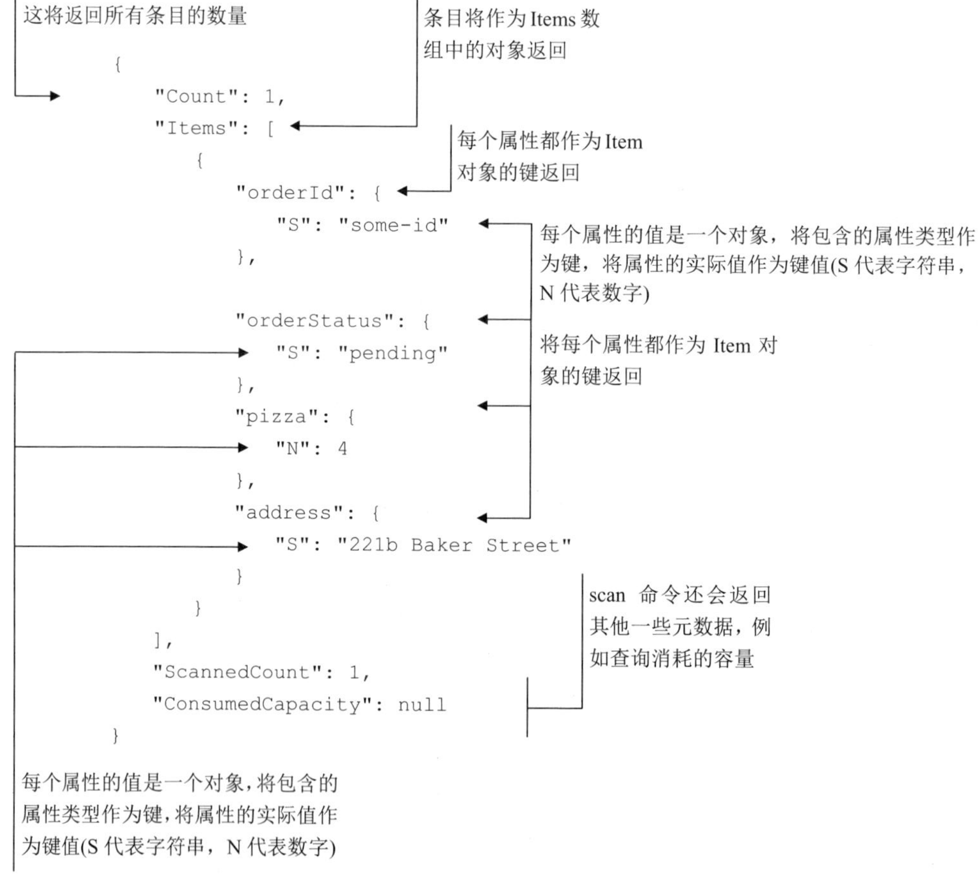
这将返回所有条目的数量
条目将作为 Items 数组中的对象返回
每个属性都作为 Item 对象的键返回
每个属性的值是一个对象，将包含的属性类型作为键，将属性的实际值作为键值(S 代表字符串，N 代表数字)
将每个属性都作为 Item 对象的键返回
scan 命令还会返回其他一些元数据，例如查询消耗的容量
每个属性的值是一个对象，将包含的属性类型作为键，将属性的实际值作为键值(S 代表字符串，N 代表数字)
{
"Count": 1,
"Items": [
{
"orderId": {
"S": "some-id"
},
"orderStatus": {
"S": "pending"
},
"pizza": {
"N": 4
},
"address": {
"S": "221b Baker Street"
}
}
],
"ScannedCount": 1,
"ConsumedCapacity": null
}

太棒了！API 似乎正在按预期工作。

尝试使用相同的 curl 命令添加另一个比萨订单，例如 29 Acacia Road 的

Napoletana。如果再次从代码清单 3.8 执行 AWS CLI 命令来扫描数据库，将只看到表中的一个条目；前一个条目不再存在。

为什么会这样？

请记住，我们在 create-order.js 处理程序中对 orderId 进行了硬编码，如代码清单 3.2 所示。

每个订单都应该有唯一的键，由于使用相同的键，因此新订单将替换前一个订单。

可以通过从 NPM 安装 uuid 模块并另存为依赖项来解决此问题。uuid 是用于生成通用唯一标识符的简单模块。

通用唯一标识符

通用唯一标识符是 128 位的值，用于标识计算机系统中的信息，英文缩写为 UUID，又称为全局唯一标识符(Globally Unique Identifier，GUID)。

UUID 由开放软件基金会(Open Software Foundation，OSF)标准化，作为分布式计算环境(Distributed Computing Environment，DCE)的一部分。要了解有关 UUID 标准的更多信息，可参阅 RFC 4122(用于描述 UUID 的规范)，详见 http://www.ietf.org/rfc/rfc4122.txt。

下载了模块后，更新 create-order.js 处理程序，如代码清单 3.10 所示。只需要导入并调用 uuid 函数即可获得订单的唯一 ID。请记住，代码清单 3.10 仅显示受更改影响的 create-order.js 文件的一部分，文件的其余部分与代码清单 3.2 相同。

代码清单 3.10　在创建订单时添加 UUID

```
const AWS = require('aws-sdk')
const docClient = new AWS.DynamoDB.DocumentClient()
const uuid = require('uuid')        // 从 NPM 导入已安装的 uuid 模块

function createOrder(request) {
  return docClient.put({
    TableName: 'pizza-orders',
    Item: {
      orderId: uuid(),              // 调用 uuid 函数以获取订单的唯一 ID
      pizza: request.pizza,
      address: request.address,
      status: 'pending'
    }
  }).promise()                      // 文件的其余部分保留在代码清单 3.2 中
// Rest of the file stays the same
```

在通过执行 claudia update 命令重新部署代码后，使用相同的 curl 命令再次测试 API，然后使用代码清单 3.8 中的 AWS CLI 命令扫描数据库。如你所见，新订单的 orderId 是如下这样的唯一字符串：8c499027-a2d7-4ad9-8360-a49355021adc。如果添加更多订单，将看到所有订单现在都按预期保存在数据库中。

3.4 从数据库获取订单

在数据库中存储订单后，检索订单应该相当容易。DocumentClient 类提供了 scan 方法，可用来检索订单。

scan 方法的工作方式与 AWS CLI 命令的工作方式相似，差别很小：需要将对象作为参数传递进来，还需要一些选项。在这些选项中，唯一必需的属性是表的名称。

除了扫描数据库之外，get-orders.js 处理程序还可以通过 ID 获取单个条目。可以通过过滤结果进行扫描，但效率很低。一种更有效的方法是使用 get 方法，工作方式几乎相同，但也需要键。

让我们更新 handlers 文件夹中的 get-orders.js 文件以扫描表中的订单，也可在提供订单 ID 时获取单个条目。更新代码后，结果应该类似于代码清单 3.11。完成这些更改后，使用 claudia update 命令部署代码。

代码清单 3.11　使用 get-orders.js 处理程序从 pizza-orders 表中读取数据

```
const AWS = require('aws-sdk')
const docClient = new AWS.DynamoDB.DocumentClient()   ← 导入并初始化 DocumentClient

function getOrders(orderId) {
  if (typeof orderId === 'undefined')
    return docClient.scan({                            ← 扫描 pizza-orders 表
      TableName: 'pizza-orders'
    }).promise()
      .then(result => result.Items)                    ← 由于不关心元数据，因此只返回条目

  return docClient.get({                               ← 如果提供了订单 ID，就使用 get 方法从表中获取一个条目
    TableName: 'pizza-orders',
    Key: {                                             ← get 方法需要键，在本例中为 orderId
      orderId: orderId
    }
  }).promise()
    .then(result => result.Item)                       ← 同样，不需要元数据，只能返回条目
}

module.exports = getOrders
```

下面尝试一下。首先，使用以下 curl 命令扫描所有订单：

```
curl -i \
  -H "Content-Type: application/json" \
  https://whpcvzntil.execute-api.eu-central-1.amazonaws.com/chapter3_2/orders
```

执行后，应该显示如下内容：

```
HTTP/1.1 200 OK

[{
  "address": "29 Acacia Road",
  "orderId": "629d4ab3-f25e-4110-8b76-aa6d458b1fce",
  "pizza": 4,
  "orderStatus":"pending"
}, {
  "address": "29 Acacia Road",
  "orderId": "some-id",
  "pizza": 4,
  "status": "pending"
}]
```

不需要担心订单 ID 不同，它们本来就应该是独一无二的。

现在尝试使用其中一个订单 ID 来获取单个订单。可以通过从终端执行以下 curl 命令来执行此操作：

```
curl -i \
  -H "Content-Type: application/json" \
  https://whpcvzntil.execute-api.eu-central-1.amazonaws.com/chapter3_2/
    orders/629d4ab3-f25e-4110-8b76-aa6d458b1fce
```

结果应如下所示：

```
HTTP/1.1 200 OK

{
  "address": "29 Acacia Road",
  "orderId": "629d4ab3-f25e-4110-8b76-aa6d458b1fce",
  "pizza": 4,
  "status": "pending"
}
```

有用！太棒了，对吧？

3.5 试一试

如你所见，将订单保存到数据库并检索它们很容易。但 Maria 姨妈告诉你，有时客户会犯错误并订购错误的比萨，所以她希望能够更改或取消比萨订单。

3.5.1 练习

为了满足 Maria 姨妈的要求，需要将另外两个 API 端点连接到数据库：

(1) 更新 update-order.js 处理程序以更新 DynamoDB 表 pizza-orders 中的现有订单。

(2) 更新 delete-order.js 处理程序以从 DynamoDB 表 pizza-orders 中删除订单。

完成以上两个 API 端点后，比萨店 API 应具有图 3.3 所示的结构。

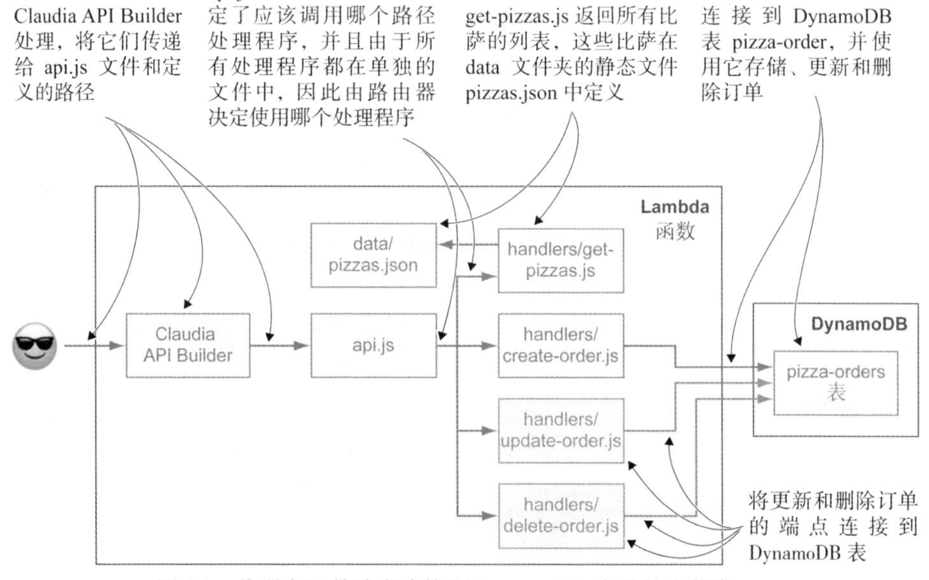

图 3.3 将所有订单端点连接到 DynamoDB 表后的比萨店 API

一些提示：

- 应该使用 DynamoDB 的 DocumentClient 进行更新和删除。
- 要更新现有订单，请使用 DocumentClient.update 方法。除 TableName 外，update 方法还需要提供对象的更多信息，包括 Key、UpdateExpression，等等。请参阅官方文档，网址为 http//docs.aws.amazon.com/AWSJavaScriptSDK/latest/AWS/DynamoDB/DocumentClient.html#update-property。
- 如果 update 方法对你而言过于复杂，请记住 DocumentClient.put 方法将使用新订单替换现有订单，因此可以尝试使用该订单。

- 要删除现有订单，请使用 DocumentClient.delete 方法。为了删除条目，需要提供包含 TableName 和 Key 的对象。更多信息可参阅官方文档，网址为 http://docs.aws.amazon.com/AWSJavaScriptSDK/latest/AWS/DynmoDB/DocumentClient.html#delete-property。
- 不要忘记返回一个 Promise 并传递值。

如果这太容易了，可以做以下几件事：

- 更新 update-order.js 和 delete-order.js，从而仅影响等待中的订单，因为如果比萨准备好并正在交付，那么肯定不希望客户更改订单。
- 更新 get-orders.js 以便能够按订单状态进行筛选，并且默认情况下仅返回等待中的订单。

最终应用的源代码中提供了这些附加任务的解决方案以及注意事项。

3.5.2　解决方案

DynamoDB 与其他流行的 NoSQL 数据库略有不同，可能需要更多时间和练习才能完全理解。

我们来看看解决方案。代码清单 3.12 显示了项目的 handlers 文件夹中 update-order.js 文件发生的更新。

代码清单 3.12　更新 DynamoDB 表 pizza-orders 中的订单

```
const AWS = require('aws-sdk')
const docClient = new AWS.DynamoDB.DocumentClient()    ◄── 导入并初始化 DynamoDB

function updateOrder(orderId, options) {
  if (!options || !options.pizza || !options.address)
    throw new Error('Both pizza and address are required to update an order')

  return docClient.update({    ◄── 使用要更新的属性传递 ID 和对象
    TableName: 'pizza-orders',
    Key: {    ◄── 定义订单的键
      orderId: orderId
    },
    UpdateExpression: 'set pizza = :p, address=:a',    ◄── 描述更新如何修改订单的属性
    ExpressionAttributeValues: {    ◄── 为 UpdateExpression 表达式提供值
      ':p': options.pizza,
      ':a': options.address
    },
    ReturnValues: 'ALL_NEW'    ◄── 告诉 DynamoDB，我们希望返回一个全新的订单
  }).promise()
```

```
    .then((result) => {          ◄── 只需要记录响应或错误
      console.log('Order is updated!', result)    并传递值，你将在第 5
      return result.Attributes                    章中使用它进行调试
    })
    .catch((updateError) => {
      console.log(`Oops, order is not updated :(`, updateError)
      throw updateError
    })
}

module.exports = updateOrder   ◄── 导出处理函数
```

pizza-orders 与 create-order.js 没有什么不同。两个主要的区别是：

- 使用带有 Key 的 DocumentClient.update 方法，此处为 orderId。
- 将更多值传递给函数，因为需要 orderId 以及更新值(比萨和地址)。

提示 由于 UpdateExpression、ExpressionAttributeValues 和 ReturnValues 属性，更新语法可能有点令人困惑，但属性非常简单。代码清单 3.12 提供了基本的解释。有关详细信息，可查看 http://docs.aws.amazon.com/amazondynamodb/latest/developergude/Expressions.UpdateExpressions.html 上的官方文档。

代码清单 3.13 显示了 handlers 文件夹中的 delete-order.js 文件发生的更新。所需要做的更新类似于 create-order.js 和 update-order.js 文件中的更新，唯一的区别是在这里使用了 DocumentClient.delete 方法。

代码清单 3.13 从 DynamoDB 表 pizza-orders 中删除订单

```
使用 DocumentClient.delete 方法删除订单        导入并初始化 DynamoDB DocumentClient

const AWS = require('aws-sdk')
const docClient = new AWS.DynamoDB.DocumentClient()   ◄──

function deleteOrder(orderId) {   ◄── 传递订单 ID
  return docClient.delete({
    TableName: 'pizza-orders',
    Key: {              ◄── 提供 orderId—
      orderId: orderId      表的键
    }
  }).promise()          ◄── 不要忘记使用.promise()方法
    .then((result) => {     返回一个 Promise
```

```
      console.log('Order is deleted!', result)
      return result
    })
    .catch((deleteError) => {
      console.log(`Oops, order is not deleted :(`, deleteError)
      throw deleteError
    })
}

module.exports = deleteOrder
```

导出处理函数

记录响应或错误，并传递值

看起来很简单，对吧？

现在，需要再次从 pizza-api 文件夹执行 claudia update 命令以部署代码。要测试一切是否正常，可以使用第 2 章中的 curl 命令。从代码清单 3.14 和代码清单 3.15 中复制 curl 命令，并将它们粘贴到终端。不要忘记更新 orderId 值。

代码清单 3.14　用于测试 PUT /orders/{orderId}路径的 curl 命令

```
curl -i \
  -H "Content-Type: application/json" \
  -X PUT \
  -d '{"pizza": 3, "address": "221b Baker Street"}'
  https://whpcvzntil.execute-api.eu-central-1.amazonaws.com/chapter3_3/
     orders/some-id
```

请记住将 some-id 替换为订单的真实 ID

执行上述命令后应返回以下内容：

```
HTTP/1.1 200 OK

{
  "address": "221b Baker Street",
  "orderId": "some-id",
  "pizza": 3
  "status": "pending"
}
```

代码清单 3.15　用于测试 DELETE /orders/{orderId}路径的 curl 命令

```
curl -i \
  -H "Content-Type: application/json" \
  -X DELETE \
  https://whpcvzntil.execute-api.eu-central-1.amazonaws.com/chapter3_3/
     orders/some-id
```

请记住将 some-id 替换为订单的真实 ID

执行上述命令后应返回以下内容：

```
HTTP/1.1 200 OK
{}
```

3.6 本章小结

- 为了构建有用的无服务器应用，通常需要使用外部服务：用于保存和检索数据库中的数据，或者从另一个 API 获取所需的信息。
- 与外部服务的通信是异步的。
- Claudia 允许使用 JavaScript Promise 处理异步函数。
- JavaScript Promise 简化了处理异步操作的方式。它们还通过允许连接异步操作、传递值并弹出错误来修复通常称为“回调地狱”的问题。
- 使用 AWS Lambda 存储数据的最简单方法是使用 DynamoDB，DynamoDB 是作为 AWS 生态系统一部分提供的 NoSQL 数据库。
- 可以通过安装 Node 模块 aws-sdk 在 Node.js 中使用 DynamoDB。此外，AWS SDK 还公开了 DynamoDB DocumentClient 类，从而允许你在 DynamoDB 表中保存、查询、编辑和删除条目。
- DynamoDB 表类似于传统 NoSQL 数据库中的集合。遗憾的是，它们只允许通过键进行查询，键可以是哈希和范围的组合。

第4章

比萨递送：外部连接

本章要点：

- 使用 HTTP API 将无服务器功能连接到外部服务
- 使用 Claudia API Builder 处理异步通信中的常见问题

正如你在第3章中了解到的那样，使用 Claudia API Builder 可以轻松处理 AWS Lambda 中的异步操作。在第3章中，你还学习了如何为比萨订单创建数据库，并创建了用于存储、检索、更新和删除它们的函数。

本章介绍如何将无服务器应用连接到外部 HTTP 服务，方法是让 Maria 姨妈的比萨店使用 Some Like It Hot Delivery 公司的 API 并提供更多送货上门服务。你将学习如何从 AWS Lambda 制订 HTTP 请求、处理响应错误以及使用 Claudia API Builder 设置 webhook。你还将了解最常见的问题和陷阱，如何解决它们，以及如何避免首先遇到它们。

4.1 连接外部服务

Maria 姨妈再次打电话过来。听起来她很高兴，她感谢你为她所做的工作，但可以感觉到有些事情仍困扰着她。没过多久，她向你寻求帮助。

问题是关于交付的。每次比萨店想要发送比萨订单时，都需要给 Some Like It Hot Delivery 公司打电话。最近，比萨订单开始增加(这归功于你所做的工作)，这个过程开始占用越来越多的时间，所以 Maria 姨妈希望你想想办法。幸运的是，Some Like It Hot Delivery 公司提供了 API，那么如何连接到它呢？

如前所述，无服务器应用可以连接到以下任何一类服务：

- 数据库(DynamoDB、Amazon RDS)
- 另一个 Lambda 函数
- 另一个 AWS 服务(SQS、S3 和许多其他服务)
- 外部 API

Some Like It Hot Delivery API 属于最后一类。

无服务器应用连接

- 连接到数据库：如第 3 章所述，某些应用需要更结构化的数据库，因此有时 DynamoDB 不适合这项工作。AWS Lambda 为你提供了许多其他选项，可以通过 Amazon Relational Database Service (RDS)连接到几乎任何其他数据库，包括 MySQL 或 PostgreSQL。

  Amazon RDS 是一种 Web 服务，可以更轻松地在云中设置、操作和扩展关系数据库。它为行业标准的关系数据库提供了经济高效、可调整大小的容量，并负责管理常见的数据库管理任务。要了解有关 RDS 的更多信息，请访问 https://aws.amazon.com/rds/。
- 连接到 Lambda 函数：有时你希望将一个 Lambda 函数连接到另一个 Lambda 函数，或者让它调用自身。可以通过 AWS SDK 的异步调用来完成此操作。这种技术有很多用例，例如，Claudia Bot Builder 使用它传递延迟的 Slack 消息。我们已在第 2 章中详细讨论了 Claudia Bot Builder。
- 连接到另一个 AWS 服务：AWS 提供了各种不同的服务，包括简单队列服务(SQS)、简单存储服务(S3)，等等。通常可与其他 AWS 服务(例如 SQS 和 S3)建立连接，但也可以使用 AWS SDK 连接到第三方服务。其中一些服务将在本书后面的章节中介绍。

Claudia 支持所有这些连接，本书将对此进行介绍。

4.2 连接到递送 API

让我们从 createOrder 处理程序开始，该处理程序位于项目的 handlers 文件夹的 create-order.js 文件中。在 createOrder 处理程序将订单保存到数据库之后，你希望连接 Some Like It Hot Delivery API 来安排交付。应用流程应如图 4.1 所示。

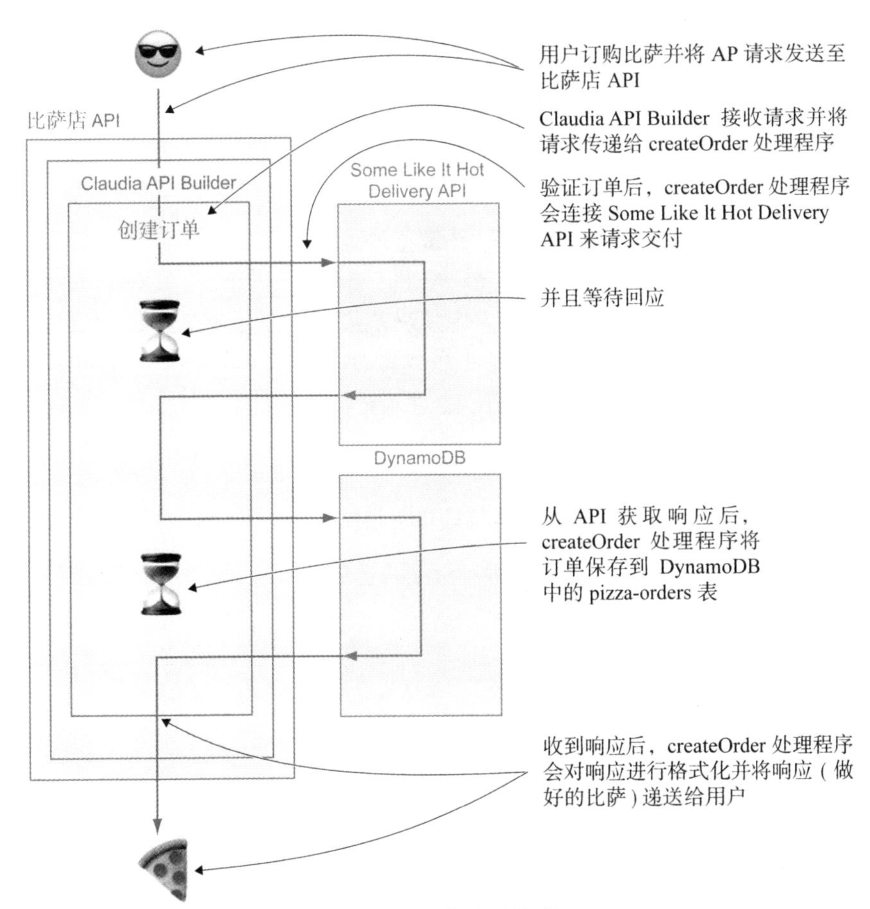
用户订购比萨并将 AP 请求发送至比萨店 API
比萨店 API
Claudia API Builder
Claudia API Builder 接收请求并将请求传递给 createOrder 处理程序
Some Like It Hot Delivery API
创建订单
验证订单后，createOrder 处理程序会连接 Some Like lt Hot Delivery API 来请求交付
并且等待回应
DynamoDB
从 API 获取响应后，createOrder 处理程序将订单保存到 DynamoDB 中的 pizza-orders 表
收到响应后，createOrder 处理程序会对响应进行格式化并将响应（做好的比萨）递送给用户

图 4.1　将比萨店 API 的 createOrder 处理程序连接到 Some Like It Hot Delivery API

在开始连接之前，请快速查看 Some Like It Hot Delivery API，如 4.2.1 节所述。

4.2.1　Some Like It Hot Delivery API

Maria 姨妈对 Some Like It Hot Delivery Company 的专业精神感到满意。以合理的价格，他们在刚做好时拿起并送上比萨。他们的呼叫中心也很好，快递员很有礼貌，很快就接受订单。但是，他们没有足够的快递员，尽管服务速度很快，但是当每天需要递送很多比萨时，就会成为问题。

你决定查看他们的网站，看看是否可以简化工作流程。即使简单的网络形式也比电话好。令人惊讶的是，他们不仅拥有更好的解决方案，而且拥有完全可用的 API！

API 提供了以下端点：

- POST /delivery 创建新的递送请求并返回交货 ID 和时间估算。
- GET /delivery 返回所有的预订送货服务。

- GET /delivery/{id}返回有关所选交货的状态信息。
- DELETE /delivery/{id}取消递送，但只能在创建递送请求后的前 10 分钟内取消。

虽然不是有史以来最好的 API，但却足以自动化递送过程。

Some Like It Hot Delivery API 不是真正的 API

请记住，Some Like It Hot Delivery API 是虚拟的。我们使用 Claudia 和 AWS Lambda 创建了这个虚拟的 API，用于连接测试应用。如你所见，这个虚拟的 API 会返回与输入的地址无关的时间和距离的模拟数据。

这个虚拟的 API 是免费和开源的，要查看文档和源代码，请访问 https://github.com/effortless-serverless/some-like-it-hot-delivery。

我们现在不深入探讨 Some Like It Hot Delivery API 文档。相反，当连接它们时，你将了解每个 API 端点上最重要的内容。

4.2.2　创建第一个交付请求

正如 Maria 姨妈向你描述的那样，在有订单时，她通常会拨打电话来创建递送请求。相反，你想自动创建交付请求。花几秒时间，如果可以的话，拿出一张流程图。

当客户订购比萨时，需要：

(1) 验证订单。

(2) 连接 Some Like It Hot Delivery API，了解 Some Like It Hot Delivery Company 何时可以提供递送服务。

(3) 将订单保存到数据库。

注意　请记住，你正在构建最小可行产品，因此应用逻辑会稍微简化一下。在实际应用中，这种逻辑需要考虑比萨准备时间、工作时间和其他一些事情。

流程如图 4.2 所示。

在实现图 4.2 所示的流程之前，你需要了解有关通过 Some Like It Hot Delivery API 创建交付请求的更多信息。

Some Like It Hot Delivery API 最重要的端点是 POST /delivery，用于创建交付请求。这个 API 端点接收以下参数。

- pickupAddress：订单的提货地址。默认情况下，使用账户中的地址。
- deliveryAddress：订单的送货地址。
- pickupTime：订单的取货时间。如果没有提供取货时间，订单将尽快收到。
- webhookUrl：应调用以更新传递状态的 webhook 的 URL。

Some Like It Hot Delivery API 返回交货 ID、订单的取货时间和初始交货状态("待定")。当订单被取货时，Some Like It Hot Delivery API 需要发出 POST 请求，请求比萨店 API webhook 并发送新的递送状态("正在进行中")以及递送 ID，如图 4.2 所示。

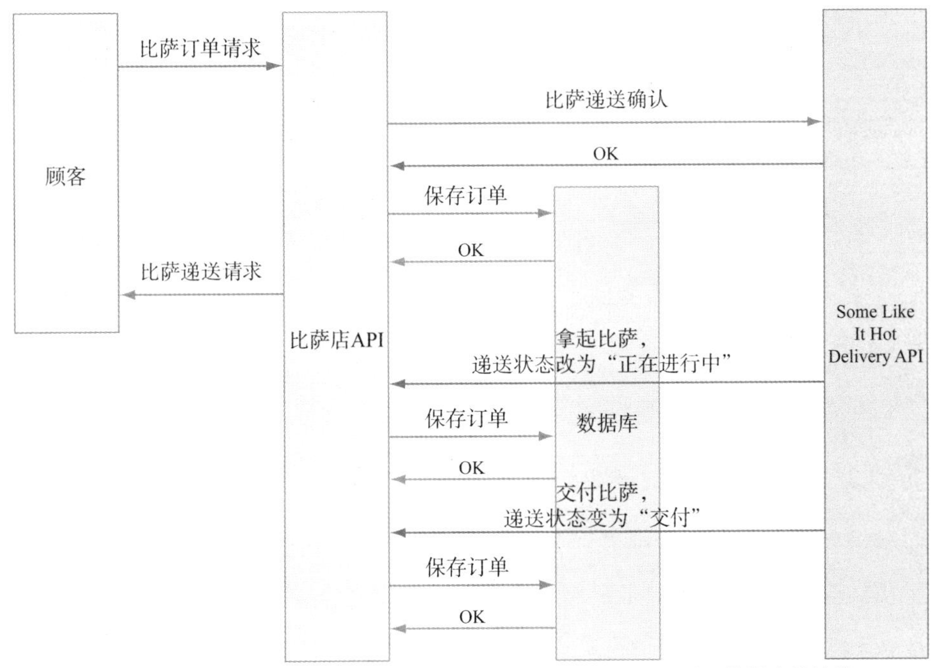

图 4.2　createOrder 处理程序与 Some Like It Hot Delivery API 以及数据库的连接

webhook

webhook 只是 API 的端点。简而言之，webhook 是 HTTP 回调——当发生某些事情时发送给你的 HTTP POST 请求，可以视为通过 HTTP POST 的简单事件通知。实现 webhook 的 Web 应用将在发生特定事件时将消息发布到 URL。

是时候更新 create-order.js 处理程序了。需要向 Some Like It Hot Delivery API 发送 POST 请求，等待响应，然后将比萨订单保存到数据库。还需要向数据库添加交货 ID，以便在 webhook 接收数据时更新订单状态。

带有传递请求的 create-order.js 参见代码清单 4.1。

代码清单 4.1　更新 create-order.js，以便在将交付保存到数据库之前创建交付请求

发送 POST 请求到 Some Like It Hot Delivery API

向请求添加请求头，包括带有授权令牌的 Authorization 标头

```
'use strict'

const AWS = require('aws-sdk')
const docClient = new AWS.DynamoDB.DocumentClient()
const rp = require('minimal-request-promise')

module.exports = function createOrder(request) {
  if (!request || !request.pizza || !request.address)
    throw new Error('To order pizza please provide pizza type and address where
      pizza should be delivered')

  return rp.post('https://some-like-it-hot.effortless-serverless.com/
    delivery', {
    headers: {
      "Authorization": "aunt-marias-pizzeria-1234567890",
      "Content-type": "application/json"
    },
    body: JSON.stringify({
      pickupTime: '15.34pm',
      pickupAddress: 'Aunt Maria Pizzeria',
      deliveryAddress: request.address,
      webhookUrl:'https://whpcvzntil.execute-api.eu-central-1.amazonaws.
        com/chapter4_1/delivery',
    })
  })
    .then(rawResponse => JSON.parse(rawResponse.body))
    .then(response => {
      return docClient.put({
        TableName: 'pizza-orders',
        Item: {
          orderId: response.deliveryId,
          pizza: request.pizza,
          address: request.address,
          orderStatus: 'pending'
        }
      }).promise()
    })
    .then(res => {
      console.log('Order is saved!', res)
      return res
```

对请求正文需要进行字符串化，因为 minimal-request-promise 模块需要一个字符串

在请求中发送和传递 webhook URL

将数据保存到 DynamoDB 表

在正文中发送 pickupTime、pickupAddress 和 deliveryAddress

由于交付 ID 是唯一的，因此可以使用交付 ID 而不是 uuid 模块生成新的交付 ID

解析响应主体，因为响应主体是作为字符串通知 Promise 链返回的

```
    })
    .catch(saveError => {
      console.log(`Oops, order is not saved :(`, saveError)
      throw saveError
    })
}
```

请注意一些新的内容。

- minimal-request-promise：顾名思义，这是基于最小 Promise 的 HTTP 请求 API。可以选择最喜欢的模块。我们建议使用 minimal-request-promise，因为该模块需要的实现最少。有关更多详细信息，可以在 GitHub 上查看源代码：https://github.com/gojko/minimal-request-promise。
- Authorization 标头：向外部服务发出请求通常需要某种授权，但由于 Some Like It Hot Delivery API 不是真正的 API，因此在 Authorization 标头中传递的任何内容都可以使用。
- webhookURL：Some Like It Hot Delivery API 需要一个端点，用于发送传递状态更新。

如前所述，webhook 是能够接收 POST 请求的简单 API 端点。需要做两件事：

(1) 为 webhook 创建路径处理程序。

(2) 创建名为/delivery 的路径以接收 POST 请求。

下面先做第一件事。转到项目根目录中的 handlers 目录，创建一个名为 update-delivery-status.js 的新文件。

webhook 路径处理程序的执行流程应如下所示：

(1) 你的 webhook 应该在请求正文中收到一个 POST 请求，其中包含传递 ID 和传递状态。

(2) 使用从 Some Like It Hot Delivery API 收到的送递 ID 在表格中查找订单。

(3) 使用新的交货状态更新订单。

DynamoDB 包含两个操作：get 和 scan。get 命令允许仅按键列查询数据库，而 scan 命令则可以查询任何列。另一个重要区别是：scan 命令可以加载整个表格，然后应用过滤器；而 get 命令直接查询表格。

这些差异似乎是有限制的，但事实上，只需要做更多的规划即可。除了主键之外，DynamoDB 还支持复合键，复合键由主键(或散列键)和排序键(或范围键)组成，并且要求两者的组合是唯一的。要了解这两种方法的更多信息，请参阅官方文档：http://docs.aws.amazon.com/amazondynamodb/latest/developerguide/ introduction.html。

在这里，有一种更简单的解决方案：交货 ID 是唯一的，可以在将订单存储到 pizza-orders 表之前得到，因此可以使用交货 ID 作为订单 ID。这将允许通过订单和交货 ID 查询数据库，因为它们是相同的，并且还要删除 uuid 模块，因为已不再需要它，详见代码清单 4.2。

代码清单 4.2 更新传递状态处理程序，从 Some Like It Hot Delivery API 接收数据并更新表格中的顺序

```
'use strict'

const AWS = require('aws-sdk')
const docClient = new AWS.DynamoDB.DocumentClient()

module.exports = function updateDeliveryStatus(request) {
  if (!request.deliveryId || !request.status)
    throw new Error('Status and delivery ID are required')

  return docClient.update({
    TableName: 'pizza-orders',
    Key: {
      orderId: request.deliveryId
    },
    AttributeUpdates: {
      deliveryStatus: {
        Action: 'PUT',
        Value: request.status
      }
    }
  }).promise()
    .then(() => {
      return {}
    })
}
```

验证

使用 DynamoDB DocumentClient 更新表格中的值

使用 deliveryId 作为订单的主键，因为它与订单 ID 相同

更新所选订单的 deliveryStatus

将空对象返回到 Some Like It Hot Delivery API

在测试 webhook 之前，需要在项目的根目录中添加 api.js 文件的路径。为此，需要通过添加 const updateDeliveryStatus = require('./handlers/update-delivery-status') 行，在文件顶部添加新的处理程序。然后需要添加另一个 POST 路径，正如你在第 2 章中所做的那样。代码清单 4.3 显示了更新后的 api.js 文件的最后几行。

代码清单 4.3 更新后的 api.js 文件的最后几行，以及用于传递 webhook 的新路径

除导入传递状态处理程序外，文件的其余部分是相同的

添加另一个接收 POST 请求的路径，并使用在文件顶部导入的 updateDeliveryStatus

```
// Rest of the file
api.delete('/orders/{id}', request => deleteOrder(request.pathParams.id), {
  success: 200,
  error: 400
})
```

```
api.post('/delivery', request => updateDeliveryStatus(request.body), {
  success: 200,   ← 设置成功为状态码 200
  error: 400      ← 设置错误为状态码 400
})

// Export a Claudia API Builder instance
module.exports = api
```

现在让我们尝试一下 webhook-pardon，并进行测试。为此，需要使用 claudia update 命令部署 API。更新 API 后，使用在第 2 章和第 3 章中使用的相同 curl 命令测试订单的创建过程：

```
curl -i \
  -H "Content-Type: application/json" \
  -X POST \
  -d '{"pizza":4,"address":"221b Baker Street"}'
  https://whpcvzntil.execute-api.eu-central-1.amazonaws.com/chapter4_1/orders
```

注意 不要忘记将这些 curl 命令中的 URL 替换为从 claudia update 命令获得的 URL。

curl 命令应该返回{}，状态码为 200，所以一切都很顺利。但背后发生了什么？

Some Like It Hot Delivery API 中的时序

为了便于测试，Some Like It Hot Delivery API 在 1 分钟后将每个订单状态设置为“正在进行中”，然后再过一分钟后设置为“交付”，所以整个过程(从“订购”到“送比萨”)需要两分钟。如果在现实世界中也是如此，那将会非常棒，对吗？

如图 4.3 所示，比萨店 API 首先连接 Some Like It Hot Delivery API，然后将订单保存到 pizza-orders 表。稍后，Some Like It Hot Delivery API 会连接 webhook 并将递送状态更新为“正在进行中”。最后，再次连接 webhook，将状态设置为“已交付”。

这就对了！

还有什么需要连接到 Some Like It Hot Delivery API？

因为有 webhook，所以无须连接 Some Like It Hot Delivery API 即可获得递送状态。为了取消递送请求，需要连接 API。这将是一次很好的练习，可以尝试在 4.4 节中实现这一点。但在进行练习之前，先探讨一下使用 Claudia 从 AWS Lambda 发出异步请求时的一些常见问题。

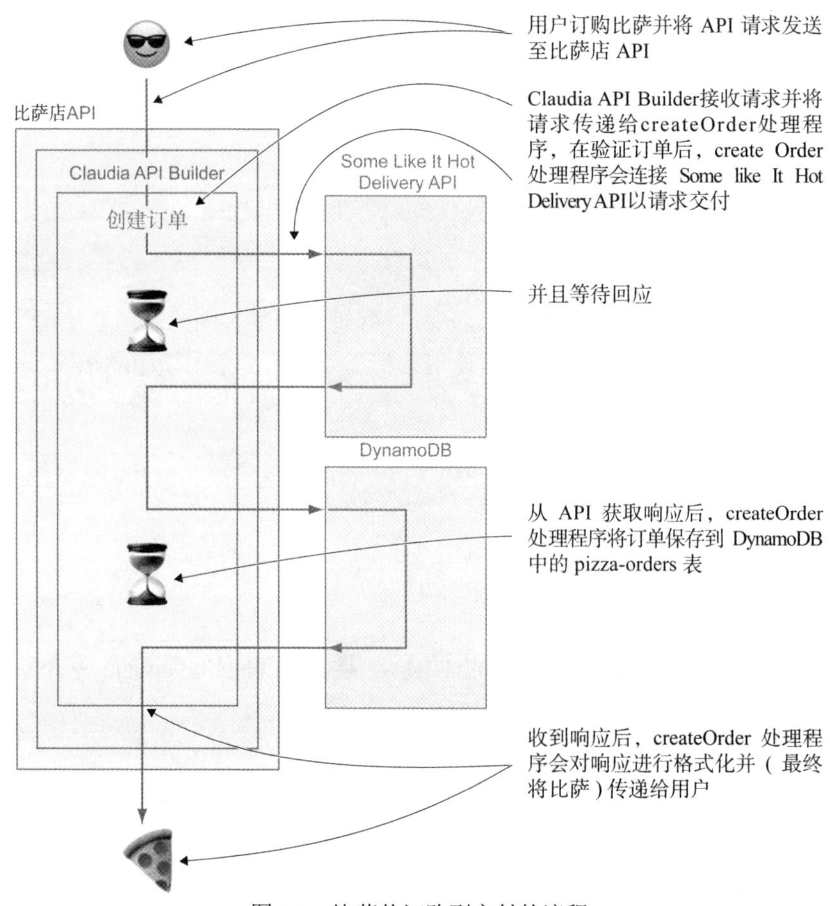
用户订购比萨并将 API 请求发送至比萨店 API
比萨店API
Claudia API Builder
创建订单
Some Like It Hot Delivery API
DynamoDB
Claudia API Builder接收请求并将请求传递给createOrder处理程序，在验证订单后，create Order处理程序会连接 Some like It Hot Delivery API以请求交付
并且等待回应
从 API 获取响应后，createOrder 处理程序将订单保存到 DynamoDB 中的 pizza-orders 表
收到响应后，createOrder 处理程序会对响应进行格式化并（最终将比萨）传递给用户

图 4.3 比萨从订购到交付的流程

4.3 异步通信的潜在问题

如你所见，使用 Claudia 处理 AWS Lambda 的异步请求非常简单。但有时，当想要连接到外部服务或执行异步操作时会出现问题。

很难总结所有潜在的问题，但这是人们最常犯的错误：

- 忘记回复 Promise。
- 不传递.then 或.catch 语句中的值。
- 如果不支持开箱即用的 JavaScript Promise，就不将外部服务包含在 Promise 中。
- 在异步函数完成执行之前超时。

如你所见，大多数问题都与 Promise 相关。现在让我们逐一审视它们。

4.3.1　忘记返回 Promise

集成外部服务或异步操作的最常见问题是省略 return 关键字。代码清单 4.4 显示了此类错误的示例。此类问题很难调试，因为代码将在没有异常的情况下运行，但执行将在异步操作完成之前停止。

代码清单 4.4　通过不返回 Promise 来中断代码

```
module.exports = function(pizza, address) {
  docClient.put({                          这行不再返回 Promise
    TableName: 'pizza-orders',
    Item: {
      orderId: uuid(),
      pizza: pizza,
      address: address,
      status: 'pending'
    }
  }).promise()
```

正如你在图 4.4 中看到的，如果异步操作未返回 Promise，Claudia API Builder 将无法知道操作是异步的，并且会让 AWS Lambda 知道请求已完成。AWS Lambda 还会发送 undefined 作为函数的值，因为从未返回任何有意义的东西。

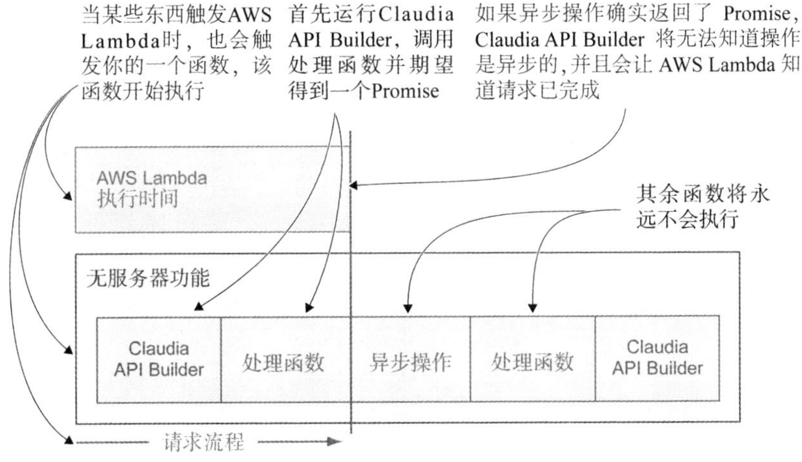
当某些东西触发AWS Lambda时，也会触发你的一个函数，该函数开始执行
首先运行Claudia API Builder，调用处理函数并期望得到一个Promise
如果异步操作确实返回了 Promise，Claudia API Builder 将无法知道操作是异步的，并且会让 AWS Lambda 知道请求已完成
AWS Lambda
执行时间
其余函数将永远不会执行
无服务器功能
Claudia
API Builder
处理函数
异步操作
处理函数
Claudia
API Builder
请求流程

图 4.4　异步操作未返回 Promise 时 AWS Lambda 执行流程的直观表示

解决方法很简单：确保始终返回 Promise，如果代码不起作用，请先检查是否已返回所有 Promise。

4.3.2　不传递 Promise 的值

这个问题几乎与前一个问题相同，参见代码清单 4.5。

代码清单 4.5　通过不从 Promise 返回值来中断代码

```
module.exports = function(pizza, address) {
  return docClient.put({                    ← Promise 原样返回
    TableName: 'pizza-orders',
    Item: {
      orderId: uuid(),
      pizza: pizza,
      address: address,
      status: 'pending'
    }
  }).promise()
  .then(result => {
    console.log('Result', result)           ← 但是，在记录请求后，永远不会返回值，所以下一个.then 语句不能链接任何东西
  })
```

正如你在图 4.5 中看到的，主要区别在于：异步操作在这种情况下执行完了，但结果永远不会传递回处理函数，并且保证 Promise 链被破坏。同样，undefined 作为无服务器函数的结果返回。

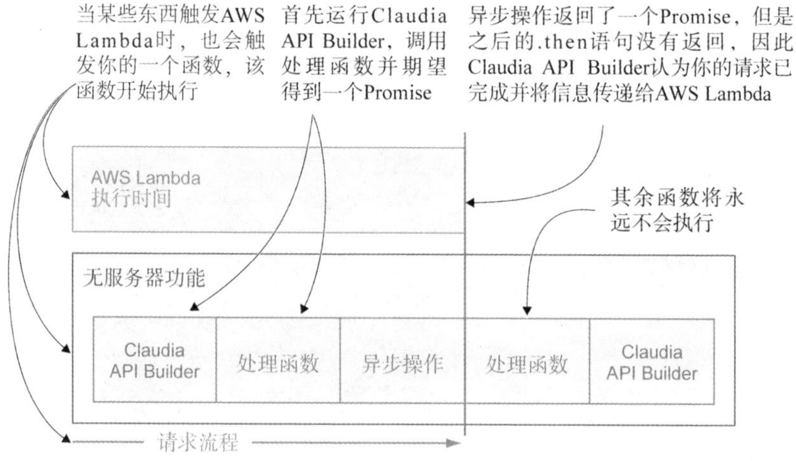
当某些东西触发AWS Lambda时，也会触发你的一个函数，该函数开始执行
首先运行Claudia API Builder，调用处理函数并期望得到一个Promise
异步操作返回了一个Promise，但是之后的.then语句没有返回，因此Claudia API Builder认为你的请求已完成并将信息传递给AWS Lambda
AWS Lambda
执行时间
其余函数将永远不会执行
无服务器功能
Claudia API Builder
处理函数
异步操作
处理函数
Claudia API Builder
请求流程

图 4.5　异步操作未返回值时 AWS Lambda 执行流程的直观表示

此问题的解决方案与前一个问题的解决方案相同，请确保始终返回值。

4.3.3　不将外部服务包装在 Promise 中

有时，外部或异步服务不提供对 Promise 的本机支持。在这种情况下，另一

个常见错误是不将操作包含在 Promise 中，如代码清单 4.6 所示。

代码清单 4.6　通过不封装 Promise 中的非 Promise 异步操作来中断代码

```
module.exports = function(pizza, address) {
  return setTimeout(() => {
    return 'Are we there yet?'
  }, 500)
})
```

setTimeout 包含在 Promise 中，并返回一个值

但超时为 3.5 秒，如果将 AWS Lambda 的执行时间设置为默认值 3 秒，则停止异步操作

如图 4.6 所示，此问题与第一个问题完全相同。

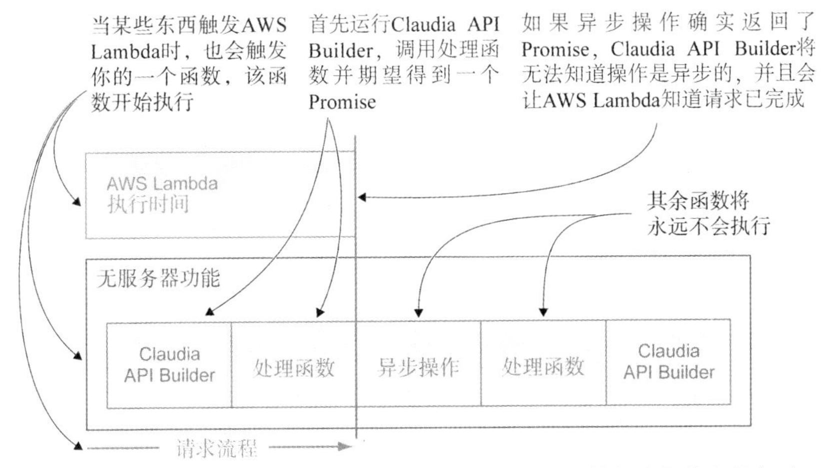

当某些东西触发AWS Lambda时，也会触发你的一个函数，该函数开始执行
首先运行Claudia API Builder，调用处理函数并期望得到一个Promise
如果异步操作确实返回了Promise，Claudia API Builder将无法知道操作是异步的，并且会让AWS Lambda知道请求已完成
AWS Lambda
执行时间
其余函数将永远不会执行
无服务器功能
Claudia API Builder
处理函数
异步操作
处理函数
Claudia API Builder
请求流程

图 4.6　异步操作未包含在 Promise 中时 AWS Lambda 执行流程的直观表示

但解决方案有点不同，如代码清单 4.7 所示，需要返回一个新的空 Promise。然后，在其中执行异步操作，最后在异步操作完成执行时解析这个 Promise。

代码清单 4.7　通过不在 Promise 中包装非 Promise 的异步操作来中断代码

创建并返回一个空 Promise，现在可以在回调中解析和拒绝函数

```
module.exports = function(pizza, address) {
  return new Promise((resolve, reject) => {
    setTimeout(() => {
      resolve('Are we there yet?')
    }, 500)
  })
})
```

执行异步操作，但仅适用于回调

返回值时，使用要传递的值解析 Promise

4.3.4　长异步操作的超时问题

最后一个常见问题是 AWS Lambda 超时问题。你可能还记得在第 1 章，默认执

行时间是 3 秒。那么，当异步操作需要超过 3 秒时会发生什么？参见代码清单 4.8。

代码清单 4.8　通过执行比 AWS Lambda 超时花费更长时间的函数来中断代码

```
module.exports = function(pizza, address) {
  return new Promise((resolve, reject) => {
    setTimeout(() => {
      resolve('Are we there yet?')
    }, 3500)
  })
})
```

setTimeout 包含在 Promise 中，并返回一个值

但超时为 3.5 秒，如果将 AWS Lambda 的执行时间设置为默认值 3 秒，则停止异步操作

如图 4.7 所示，异步操作只是停止了，AWS Lambda 函数永远不会返回任何值。这里的主要区别在于，即使在这种情况下也不会执行 Claudia API Builder。

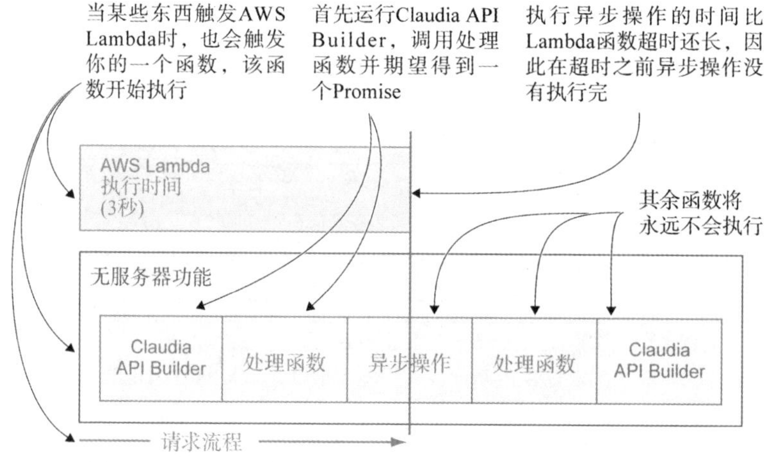
当某些东西触发AWS Lambda时，也会触发你的一个函数，该函数开始执行
首先运行Claudia API Builder，调用处理函数并期望得到一个Promise
执行异步操作的时间比Lambda函数超时还长，因此在超时之前异步操作没有执行完
AWS Lambda
执行时间
(3秒)
其余函数将永远不会执行
无服务器功能
Claudia API Builder
处理函数
异步操作
处理函数
Claudia API Builder
请求流程

图 4.7　由超时停止的 AWS Lambda 执行流程的可视化表示

如何解决这个问题？

除非可以优化异步操作的速度并确保函数在不到 3 秒的时间内执行，否则解决方案是更新函数超时。

Claudia 允许仅在函数创建期间设置超时。为此，使用--timeout 选项调用 create 命令，如下所示：

```
claudia create --region eu-central-1 --api-module api --timeout 10
```

--timeout 选项的值以秒为单位。

如果已有函数，那么更新函数的最佳方法是运行以下 AWS CLI 命令：

```
claudia update --timeout 10
```

有关上述命令的更多信息，请参阅 http://docs.aws.amazon.com/cli/latest/ reference/

lambda/update-function-configuration.html 上的官方文档。

执行上述命令后，应使用 10 秒超时更新函数。再次执行代码清单 4.9，应该没有问题了。

4.4　试一试

如你所见，连接外部服务并不难，所以现在可以尝试自己动手。

4.4.1　练习

请记住，可以使用 Some Like It Hot Delivery API 一起取消递送请求。

下面更新 delete-order.js 处理程序，以便在从数据库中删除订单之前，通过 Some Like It Hot Delivery API 取消递送请求。

在开始之前，这里有一些关于 Some Like It Hot Delivery API 的 DELETE 方法的信息：

- 为了删除递送请求，需要向 Some Like It Hot Delivery API 的/delivery/{deliveryId}路径发送 DELETE 请求。
- 需要在 URL 中提供交付 ID 作为路径参数。
- Some Like It Hot Delivery API 的完整 URL 是 https://some-like-it-hot.effortless-serverless.com/delivery。
- 仅当状态为“待处理”时才能删除订单。

如果觉得信息已经足够，可继续自行尝试。

如果需要其他提示，请参阅以下内容：

- 需要先从 pizza-orders 表中读取订单才能获得订单状态。
- 如果状态不是“待处理”，则抛出错误。
- 如果状态为“待处理”，请连接 Some Like It Hot Delivery API；只有当收到“肯定”回复时才应该从 pizza-orders 表中删除订单。

如果觉得这个练习太简单并且想要接受额外的挑战，请尝试构建 4.2.1 节中使用的 Some Like It Hot Delivery API。解决方案未在本书中显示，可以在 https://github.com/effortless-serverless/some-like-it-hot-delivery 上将解决方案与源代码做比较。

4.4.2　解决方案

首先需要联系 pizza-orders 表以查看订单是否处于“待处理”状态，然后使用 Some Like It Hot Delivery API 的 DELETE 方法取消订单，最后从 pizza-orders 表中删除订单，参见图 4.8。

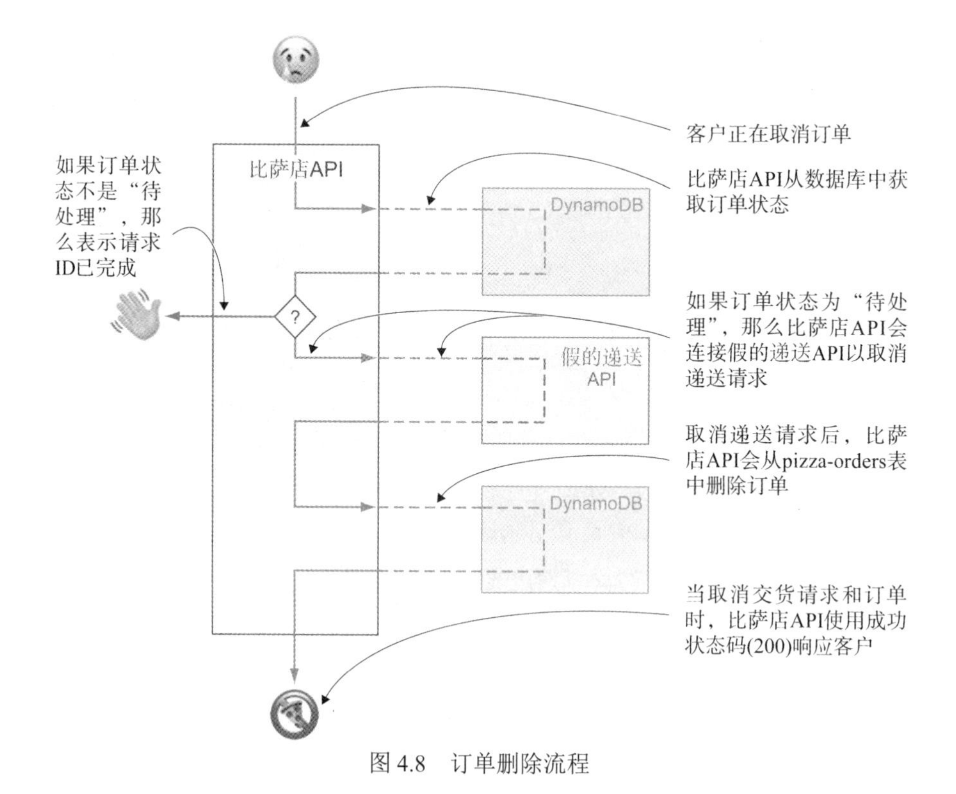

图 4.8　订单删除流程

应该如何更新 delete-order.js 处理程序？

这很简单。首先，导入 minimal-request-promise 模块，因为需要用它来连接 Some Like It Hot Delivery API。

然后更新 deleteOrder 函数以从 DynamoDB 表 pizza-orders 中读取订单。如果不存在具有指定 ID 的订单，那么 deleteOrder 函数会自动抛出错误并将状态码 400 返回给客户。如果订单确实存在，就检查订单的状态是否为“待处理”；如果不是，那么需要手动跳出错误。

如果订单状态为“待处理”，请使用 minimal-request-promise 模块向 Some Like It Hot Delivery API 发送 DELETE 请求。请记住，订单 ID 与交货 ID 相同，因此可以使用订单 ID 删除交货请求。来自 API 的错误将自动在 deleteOrder 函数中引发错误，因此响应状态码为 400。

当 API 成功删除交付请求时，需要从 DynamoDB 表 pizza-orders 中删除订单。

更新后的完整 delete-order.js 可参见代码清单 4.9。

代码清单 4.9　从 DynamoDB 表 pizza-orders 中删除订单

```
const AWS = require('aws-sdk')
const docClient = new AWS.DynamoDB.DocumentClient()
const rp = require('minimal-request-promise')

module.exports = function deleteOrder(orderId) {
  return docClient.get({
    TableName: 'pizza-orders',
    Key: {
      orderId: orderId
    }
  }).promise()
    .then(result => result.Item)
    .then(item => {
      if (item.orderStatus !== 'pending')
        throw new Error('Order status is not pending')

      return rp.delete(`https://some-like-it-hot.effortless-serverless.com/
         delivery/${orderId}`, {
        headers: {
          "Authorization": "aunt-marias-pizzeria-1234567890",
          "Content-type": "application/json"
        }
      })
    })
    .then(() => {
      return docClient.delete({
        TableName: 'pizza-orders',
        Key: {
          orderId: orderId
        }
      }).promise()
    })
}
```

导入 minimal-request-promise 模块

从 pizza-orders 表中获取订单

如果订单状态不是“待处理”，则跳出错误

通过 Some Like It Hot Delivery API 删除递送请求

从 pizza-orders 表中删除订单

删除了.then 和.catch 语句，因为结果将直接作为 API 响应发送

4.5　本章小结

- 使用 AWS Lambda，只要异步操作正确，就可以像使用任何常规 Node.js 应用一样连接到任何外部服务。
- 如果要连接到外部 API，请确保 HTTP 库支持 Promise，也可手动执行封装操作。

- 连接外部服务时存在一些潜在问题；大多数时候，它们与破坏的 Promise 链相关。
- 另一个常见问题是超时。如果 Lambda 函数需要超过 3 秒才能完成，请增加函数的超时时间。

第 5 章

程序出错

本章要点：
- 使用 CloudWatch 读取控制台日志
- 调试无服务器应用的挑战
- 调试无服务器 API

就本性而言，人类并不完美。无论我们做什么，总是有可能犯错误，即使我们尽力不犯错。在开发软件或与软件交互时尤其如此。你还记得使用的移动应用最近一次崩溃或网站停止响应吗？如果最近有过这样的经历，那么必须刷新浏览器或重新启动应用。

我们都会犯错误，应用每天都会崩溃。虽然通常无害，但应用错误有时会导致巨大的损失。以比萨店应用中发生的一个错误为例，它会阻止你创建订单。如何在第一时间找到这个错误？调试如何在无服务器应用中工作？

本章将帮助你了解如何在无服务器应用中查找错误，如何调试它们以及可以使用的调试工具。

5.1 调试无服务器应用

因为比萨店应用进展很快，Maria 姨妈给你发了一条消息，告知你她聘请了一位移动开发人员 Pierre。她想增加对顾客的影响力，制作比萨订单的移动应用似乎是不错的开端。Pierre 想要试用你的无服务器应用。遗憾的是，当他尝试创建比萨订单时，应用返回了无效的响应。Pierre 向 Maria 姨妈抱怨。你可能会想，

“我怎么可能出错？”“我该如何调试呢？”

在传统的 Node.js 服务器应用中，只需要在行之间输入 console.log("*some text*")命令即可将某些文本或对象记录到控制台，甚至可以在调试器中键入以激活断点，用于调试应用的代码。之后，可以在本地启动并进行测试，或者登录到服务器并拖尾应用日志以进行调试。

与传统应用相比，登录无服务器应用是完全不同的。虽然你的无服务器应用由完全独立的模块(API Gateway 和 Lambda 函数)组成，但却无法在本地运行并正确调试整个应用流。此外，由于你的应用是无服务器的，因此没有可以登录的服务器来拖尾日志。是的，这可能听起来很奇怪且令人沮丧，但不要担心。

每个无服务器提供程序都有一个工具，用来帮助监视和调试无服务器函数。对于 AWS，这个工具是 CloudWatch。

CloudWatch 是专为跟踪、记录和监控 AWS 资源而设计的 AWS 服务，可以视为旧服务器尾部日志的无服务器版本，但功能更强大。与其他 AWS 服务一样，CloudWatch 在 AWS CLI 中可用，可在终端使用。

由于这里使用的是 AWS，因此 CloudWatch 是默认选择。

注意 可以在本地运行无服务器函数，但这并不意味着将以与无服务器提供商运行时相同的方式执行。虽然 Azure 可以选择在 Visual Studio 中运行无服务器函数，并且 Google Cloud Platform 具有用于本地调试的本地模拟器，但无服务器提供商不建议将函数模拟器用于生产用途，因为两者尚处于开发的 alpha 阶段。

可以通过以下几种方式使用 AWS CloudWatch：

- 通过浏览器中的 AWS Web 控制台。
- 使用终端的 AWS CLI。
- 使用 AWS API。
- 使用 AWS SDK(取决于编程语言)。

可以使用自己喜欢的任何一种方式，但在本书中，将主要使用 AWS CLI，因为它对开发人员友好，可以从本地终端调用。

CloudWatch 是一种简单的服务，可以捕获无服务器函数的日志和错误。每当在函数中记录某些内容时(例如，使用 Node.js 中的 console.log)，这些日志将被自动发送到 AWS CloudWatch。AWS CloudWatch 负责存储和分组。可以通过终端的 AWS CLI 或使用 AWS Web 控制台 UI 访问这些日志，参见图 5.1。

注意 在 CloudWatch 中捕获日志不会影响 Lambda 响应时间，但是日志无法立即获得，函数调用与 CloudWatch 中日志的可用时间之间至少有几秒的延迟。

默认情况下，CloudWatch 日志会无限期保留，但可以为每个日志组配置保留多长时间。

CloudWatch 具有免费套餐，但日志数量和保留期可能会影响每月的使用价格。有关详细信息，请参阅 https://aws.amazon.com/cloudwatch/pricing/。

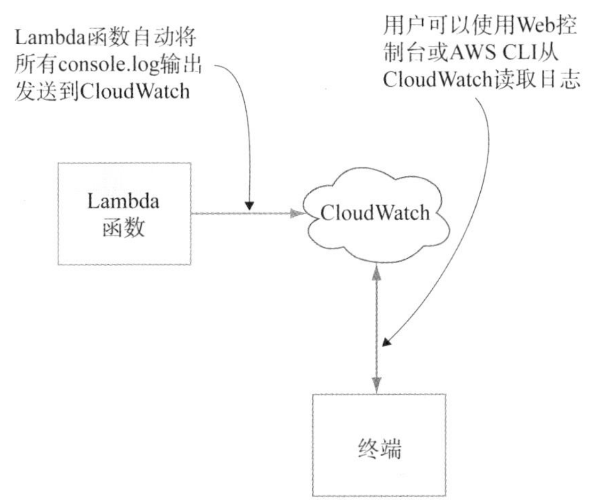
Lambda函数自动将
所有console.log输出
发送到CloudWatch
用户可以使用Web控
制台或AWS CLI从
CloudWatch读取日志
Lambda
函数
CloudWatch
终端

图 5.1　AWS Lambda 将 console.log 输出直接发送到 CloudWatch

5.2　调试 Lambda 函数

既然已经知道 CloudWatch 是什么，现在用它来查找 Pierre 问题的来源。Pierre 告诉你，当他尝试使用比萨类型和送货地址创建比萨订单时会发生错误。可尝试使用 CloudWatch 监控日志以重现该问题。可在 create-order.js 处理程序的开头放置一条日志语句，重新部署 API，并要求 Pierre 再试一次。

在 createOrder 函数的第一行，你应该使用一些前缀文本记录请求，例如“保存订单”，如代码清单 5.1 所示。在请求日志中添加前缀文本将有助于搜索日志，但这不是必需的。

代码清单 5.1　更新后的 create-order.js 处理程序

```
'use strict'

const AWS = require('aws-sdk')
const docClient = new AWS.DynamoDB.DocumentClient()
const rp = require('minimal-request-promise')

module.exports = function createOrder(request) {
  console.log('保存订单', request)
```

将请求记录到控制台并添加“保存订单”作为前缀文本

```
if (!request || !request.pizza || !request.address)
  throw new Error('To order pizza please provide pizza type and address
    where pizza should be delivered')

// ...  ← 文件的其余部分保持不变
```

Pierre 再次尝试，但收到同样的错误。现在，应该在日志中搜索文本“保存订单”。为 Lambda 函数循环 CloudWatch 日志可能很困难，因为可能有许多条目包含大量的元数据。幸运的是，可以使用 AWS CLI 和 logs filter-log-events 命令更快地完成此操作以过滤日志。

由于 CloudWatch 将日志存储在日志组中，因此在执行 logs filter-log-events 命令之前，需要找到日志组的名称。为此，将再次使用 AWS CLI 的日志服务。更确切地说，是使用 describe-log-groups 命令，如代码清单 5.2 所示。

代码清单 5.2 执行 describe-logs-groups 命令

```
aws logs describe-log-groups --region eu-central-1
```

上述命令将返回包含 logGroupName 的响应，如下所示：

```
{
  "logGroups": [
    {
      "arn": "arn:aws:logs:eu-central-1:123456789101:log-group:/aws/
        lambda/pizza-api:*",
      "creationTime": 1524828117184,
      "metricFilterCount": 0,
      "logGroupName": "/aws/lambda/pizza-api",
      "storedBytes": 1024
    }
  ]
}
```

注意 除了 filter-log-events，AWS CLI 的日志服务还提供了其他一些有用的命令。要查看可用命令的完整列表，可从终端执行 aws logs help 命令。

从终端执行 logs filter-log-events 命令，并提供“保存订单”文本作为过滤器，如代码清单 5.3 所示。还需要指定输出格式，完整的代码如代码清单 5.3 所示。

代码清单 5.3　使用选定的日志组和“保存订单”文本过滤 CloudWatch 日志

```
aws logs \                                  ← 使用 AWS CLI 中的日志服务
  filter-log-events \                       ← filter-log-events 命令用来过滤日志事件
  --filter='保存订单' \                      ← 提供过滤文字本
  --log-group-name=/aws/lambda/pizza-api \  ← 仅显示/aws/lambda/pizza-api 日志组的筛选日志
  --region=eu-central-1 \
  --output=json                             ← 将 JSON 设置为输出格式
```

在代码清单 5.3 中执行的命令最终将允许从 Lambda 函数中读取 console.log。但是，正如你在代码清单 5.4 中看到的，日志将作为 JSON 返回，其中包含许多与用例无关的元数据。关注的唯一信息是来自每个事件的“消息”。响应中的其他所有内容都是有关搜索的日志流的元数据以及有关日志消息的其他信息。

代码清单 5.4　来自 CloudWatch 的比萨店 API 日志中包含元数据

```
{
  "searchedLogStreams": [          ← 告诉 AWS CLI 只需要最新事件的消息
    {
      "searchedCompletely": true,
      "logStreamName": "2017/06/18/
[$LATEST]353ce211793946dba5bb276b0bde3e0e"
    }
  ],
  "events": [                      ← 将响应格式更改为文本
    {
      "ingestionTime": 1497802509940,
      "timestamp": 1497802509920,
      "message": "2017-06-18T16:15:09.860Z\t4cc844ea-5441-11e7-8919-
29f1e77e006c\t 保存订单
      { pizza: 1,\n    adress: '420 Paper St.' }\n",
      "eventId": "33402112131445556039184566359053029477419337484906135552",
      "logStreamName": "2017/06/18/
[$LATEST]e24e0cab3d6f47f2b03005ba4ca16b8b"
    }
  ]
}
```

此外，当 JSON 输出被格式化为单行文本时，可读性不是很高。可以通过将输出类型更改为文本并更新过滤器以仅返回消息来提高可读性，如代码清单 5.5 所示。

代码清单 5.5 使用选定的日志组和“保存订单”文本更新 Cloudwatch 日志

```
aws logs \
  filter-log-events \
  --filter='保存订单' \
  --log-group-name=/aws/lambda/pizza-api \
  --query='events[0].message' \
  --region=eu-central-1 \
  --output=text
```

告诉 AWS CLI 只需要最新事件的消息

将响应格式更改为文本

从终端执行上述命令后，输出如代码清单 5.6 所示。

代码清单 5.6 记录的比萨店 API 消息中没有任何元数据

```
2017-06-18T16:15:09.860Z  4cc844ea-5441-11e7-8919-29f1e77e006c
   Save an order { pizza: 1, adress: '420 Paper St.' }
```

日志只返回消息

上述输出看起来更简洁、更有用。你看到 Pierre 写错了一个字！他错误地发送了 adress 而不是 address。

5.3 剖析应用

调试无服务器应用有时很难，因为可视化数据流并不容易。为此，AWS 提供了一个工具来帮助你。这个工具就是 AWS X-Ray 服务，它能够近乎实时地显示应用及其所有相关服务的数据流。可以将 AWS X-Ray 与在 EC2、ECS、Lambda 和 Elastic Beanstalk 上运行的应用一起使用。此外，AWS X-Ray SDK 会自动捕获使用 AWS SDK 对 AWS 服务进行的所有 API 调用的元数据。图 5.2 和图 5.3 显示了使用 AWS X-Ray 创建的比萨店 API 的可视化表示。

要为 Lambda 函数启用 AWS X-Ray，需要添加允许 AWS X-Ray 与之交互的策略，并且需要在函数配置中将跟踪模式设置为 Active。

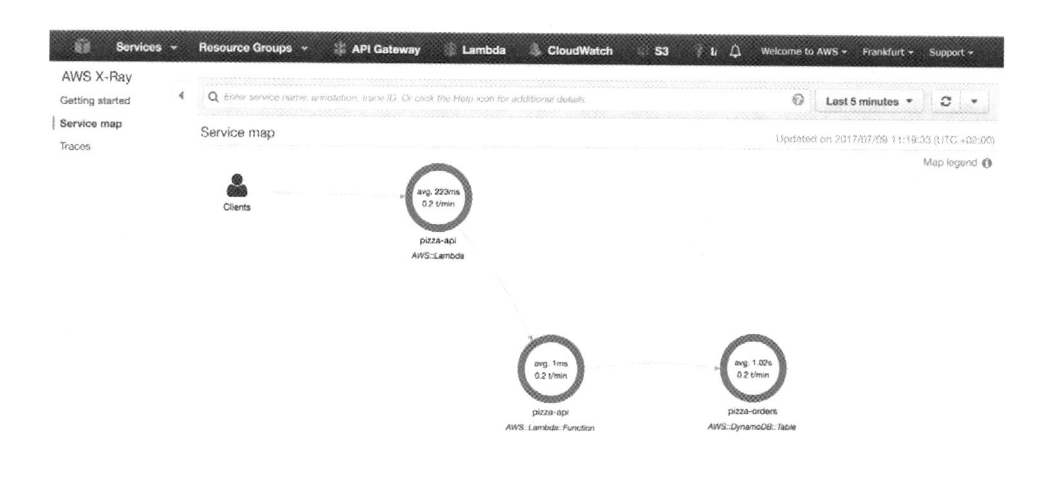

图 5.2　比萨店 API 的“创建订单”流程的直观表示

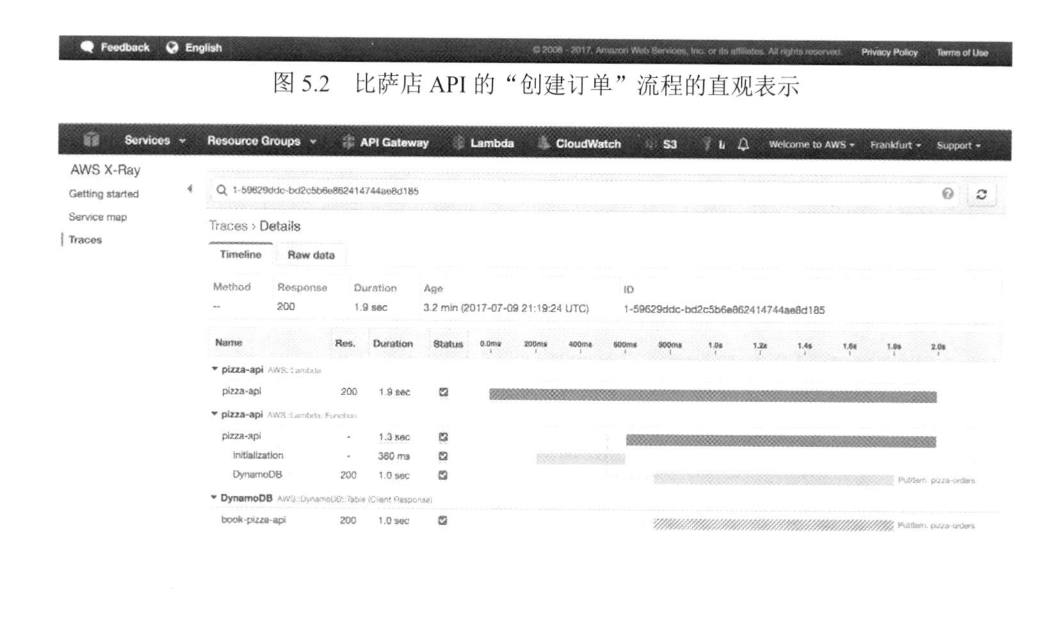

图 5.3　比萨店 API 的“创建订单”流程的详细视图

AWS X-Ray 和 AWS Lambda

AWS Lambda 使用 Amazon CloudWatch 为所有函数调用自动发出指标和日志。但是这种机制可能不方便跟踪调用 Lambda 函数的事件源或为跟踪函数所做的上游调用。这正是 AWS X-Ray 的用武之地。AWS Lambda 的 AWS X-Ray 集成是无缝的，因为 AWS Lambda 运行时已经运行了 AWS X-Ray 守护程序。

本节仅展示 AWS X-Ray 和 AWS Lambda 函数的基本集成。要想了解更多信息，可访问 http://docs.aws.amazon.com/lambda/latest/dg/lambda-x-ray.html 上的官方指南。

注意 可以使用适用于 AWS X-Ray 的 AWS Web 控制台，因为无法从终端看到应用的可视化表示。

下面介绍如何添加策略并使用终端的 AWS CLI 将跟踪模式设置为 Active。为了附加策略，需要再次使用 iam attach-role-policy 命令，但现在使用 arn:aws:iam::aws:policy/AWSXrayWriteOnlyAccess，如代码清单 5.7 所示。

代码清单 5.7 将 AWS X-Ray 托管的只读策略附加到 Lambda 角色

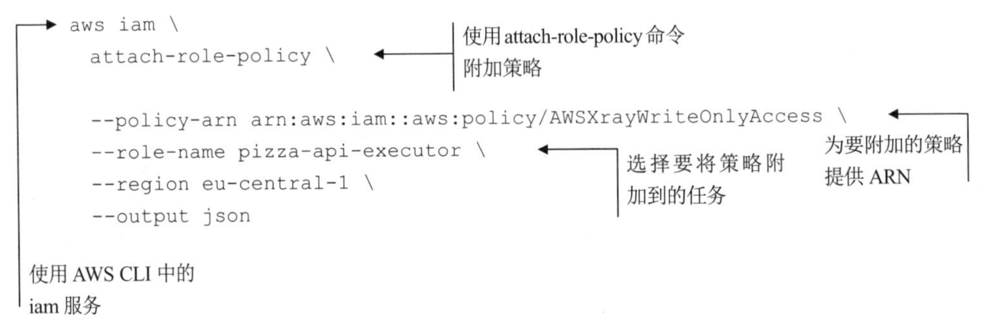

如你所知，上述命令在执行成功时会返回空的结果。

下一步是更新函数配置。可以使用 lambda update-function-configuration AWS CLI 命令执行此操作。该命令需要函数名称和选项，在这种情况下，可通过将模式设置为 Active 来更新 tracing-config。代码清单 5.8 显示了完整的命令。

代码清单 5.8 使用 AWS X-Ray 启用主动跟踪

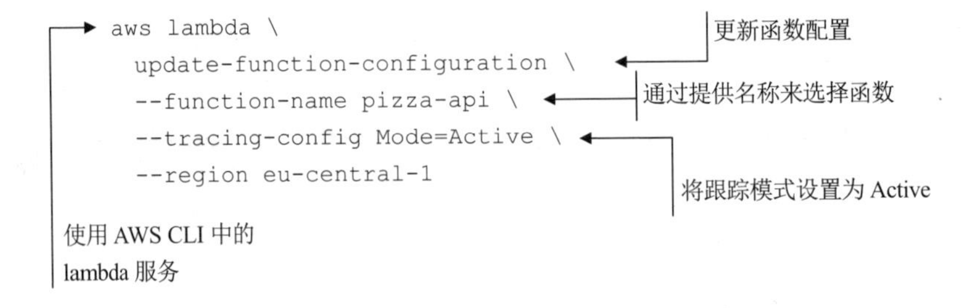

上述命令将 Lambda 函数配置作为 JSON 输出返回，如代码清单 5.9 所示。此时，AWS X-Ray 会显示 Lambda 函数流，但默认情况下，无法看到函数正在使用的其他 AWS 服务，例如 DynamoDB。

代码清单 5.9　激活 AWS X-Ray 跟踪后的响应

```
{
  "TracingConfig": {        ← 将跟踪模式设置为 Active
    "Mode": "Active"
  },
  "CodeSha256": "HwV+/VdUztZ782NBEqY9Dvzj3nxF6tigLOZPt8yyCoU=",
  "FunctionName": "pizza-api",      有关函数的信息，包括名称、ARN、版
  // ...                            本和其他函数元数据
}
```

为了能够看到 AWS X-Ray 支持的其他 AWS 服务，需要将针对 Node.js 的 AWS SDK 封装在 aws-xray-sdk-core 模块中。从 NPM 安装 aws-xray-sdk-core 模块后，更新 create-order.js 处理程序，如代码清单 5.10 所示。

代码清单 5.10　更新 create-order.js 处理程序以将 AWS SDK 封装在 AWS X-Ray 函数中

```
'use strict'

const AWSXRay = require('aws-xray-sdk-core')      ← 导入 aws-xray-sdk-core 模块
const AWS = AWSXRay.captureAWS(require('aws-sdk'))   ← 在 AWSXRay.captureAWS
const docClient = new AWS.DynamoDB.DocumentClient()     命令中封装 aws-sdk 模块

module.exports = function updateDeliveryStatus(request) {
  console.log('Save an order', request)

  if (!request.deliveryId || !request.status)
    throw new Error('Status and delivery ID are required')

// ...  ← 文件的其余部分保持不变
```

执行 claudia update 命令，重新部署 API 后，将完全设置 AWS X-Ray。

要查看函数的可视化表示，请转到 AWS Web 控制台的 AWS X-Ray 部分。在这种情况下，URL 为 https://eucentral-1.console.aws.amazon.com/xray/home?region=eucentral-1#/service-map。如果使用其他区域来部署函数，那么 URL 可能会有所不同。

5.4　试一试

本章的练习非常简单，但第 6 章将介绍一些更为严肃的主题。

5.4.1 练习

你已经学会了如何调试无服务器应用，现在可以重新阅读第 3 章和第 4 章中的代码清单，并尝试阅读它们的日志。

下面尝试从 create-order.js 处理程序中读取所有成功和错误的 CloudWatch 日志消息。

因为只是调试练习，所以这次没有提示。

5.4.2 解决方案

在第 3 章中，你更新了 create-order.js 处理程序以记录成功消息和错误。要使用 CloudWatch 读取这些日志，请使用 aws logs filter-log-events 命令。正如你在本章中了解到的，上述命令需要一个过滤器。作为提示，成功消息被记录为“订单已保存！”前缀。对于错误，使用“糟糕，订单未保存：(”前缀。可使用这两个前缀过滤日志。

使用“订单已保存！”前缀进行过滤的命令显示在代码清单 5.11 中。

代码清单 5.11 从 CloudWatch 中过滤包含“订单已保存！”文本的日志

```
aws logs \
  filter-log-events \
  --filter='订单已保存！' \
  --log-group-name=/aws/lambda/pizza-api \
  --query='events[0].message' \
  --output=text
```

通过“订单已保存！”文本从 CloudWatch 中过滤日志

注意 可以使用相同的命令为“哎呀，订单未保存：(”文本过滤日志和读取错误。但因为消息中包含逗号和冒号，所以它们被认为是特殊字符，可以更安全地仅使用文本的一部分作为过滤器，例如“订单未保存”。

以上两个命令的响应将根据系统中成功和失败订单的数量而有所不同。如果没有任何错误，输出将显示 None。

5.5 本章小结

- 需要使用 CloudWatch 从 Lambda 函数中读取日志。
- 可以使用 AWS CLI 中的各种命令，而不是手动过滤日志。
- 要可视化函数流，可以使用 AWS X-Ray 服务。

第 6 章

升级你的API

本章要点：

- 身份验证和授权如何在无服务器应用中工作
- 在无服务器应用中实现身份验证和授权
- 通过社交身份提供商识别用户

身份验证和授权是开发分布式应用时遇到的众多挑战之一。你面临的挑战在于要在应用的所有分布式服务中分发授权用户及其权限，另外还要正确集成第三方身份验证。

本章介绍如何在无服务器应用中实现身份验证和授权，方法是为 Maria 姨妈的客户及其比萨订单启用身份验证和授权。你将了解无服务器环境中的身份验证和授权之间的区别，以及如何使用 AWS Cognito 实现 Web 授权机制。然后，你将学习如何使用社交身份提供商(特别是 Facebook)识别用户。

6.1 无服务器认证和授权

Pierre 是 Maria 姨妈聘请的移动开发人员，他告诉你，比萨订单的 API 调用会显示所有比萨订单。但是，应该只有员工才能看到所有订单，客户应该只能看到自己的订单，非客户和非员工不应该看到任何订单。

以下是两种解决途径：

(1) 使用户能够以两种方式进行身份验证：

- 通过电子邮件

- 通过 Facebook

(2) 为 API 创建用户列表，并限制每个用户只能查看自己的订单。

身份认证(authentication)与授权(authorization)

你可能已经注意，认证和授权看起来相似，但它们却是两个不同的概念。结合用户身份和权限等其他概念，它们可能会引起麻烦。

下面用一个例子来解释它们。

将应用视为拥有或租赁办公楼的公司。通常，这些办公楼包括不允许除公司员工外的任何人进入的安保人员。由于安保人员需要知道允许谁进入，因此公司通常会向安保人员提供员工名单及相关信息，例如照片。

如果某人试图进入建筑物，安保人员会阻止他并要求提供身份信息。如果此人没有提供任何可识别信息，安保人员会拒绝他进入。如果此人能够提供适当的身份信息，那么安保人员会对这些信息进行检查以确认身份，此过程称为身份验证。

如果提供的身份信息可信，则此人身份被认证。但现在，还要检查是否有人试图进入公司员工名单。如果此人不在名单中，则不允许进入。如果此人在名单中，则允许进入，此过程称为授权。

但公司的每个员工都可以花公司银行账户中的钱吗？除非用户是公司的CEO，否则答案可能是否定的(有时甚至 CEO 也不可以)。花费公司资金或执行限制性事项的权利称为授权。

总结一下。

- 身份验证：检查用户是否是他们所声称的用户。
- 授权：检查是否允许用户访问。
- 身份信息：表示用户是谁。
- 权限：给予用户执行某项操作的权利。

根据 Express.js 或其他更传统应用的使用经验，你可能希望将身份验证作为 API 的一部分实现，并将用户保留在数据库表中。虽然这是可行的，但我们建议使用另一种无服务器方法。

大多数应用需要授权，通常是电子邮件/密码组合。每个授权都以类似(如果不相同的话)的方式实现。因此，无服务器提供商已经启用几乎文字形式的即插即用身份验证和授权服务来处理庞大的无服务器资源。亚马逊拥有 AWS Cognito——一种用户管理和同步服务，负责跨服务进行用户身份验证、授权、访问管理以及同步用户和数据。

Amazon Cognito 有如下两个主要概念。

- 用户池：负责身份管理的服务，此外还具有开箱即用授权的可能性。简而言之，用户池是用户的一组目录，并且具有提供授权机制的能力。对于前端 Web 和移动应用，可以使用 AWS Cognito SDK 实施 Cognito 用户池授权机制。用户池表示单个用户集合或用户目录。

- 联合身份(也称为身份池)：负责处理身份验证提供程序并为 AWS 资源提供临时授权的服务。联合身份能够
  - 与社交身份提供商(如 Facebook、Google 和 OpenId)以及 AWS Cognito 用户池的身份验证身份提供商集成。
  - 为经过身份验证的用户临时访问应用的 AWS 资源。

  联合身份是单个用户身份的目录。这些标识池跟踪每个用户，他们使用不同的身份提供商登录。要存储实际的用户数据，标识池需要 AWS Cognito 用户池。

AWS Cognito 的主要优势之一在于可以在请求到达无服务器应用之前进行授权，可通过在 API Gateway 级别设置授权来实现。如果用户未获得授权，可在请求到达 Lambda 函数和 DynamoDB 表之前停止请求，这会节省大量的时间和金钱。尽管 AWS Lambda 价格低廉，但削减些成本也并非坏事。

对于 Maria 姨妈的比萨店，需要让客户通过 Facebook 进行身份验证。如图 6.1 所示，Facebook 身份验证流程应该包含以下步骤：

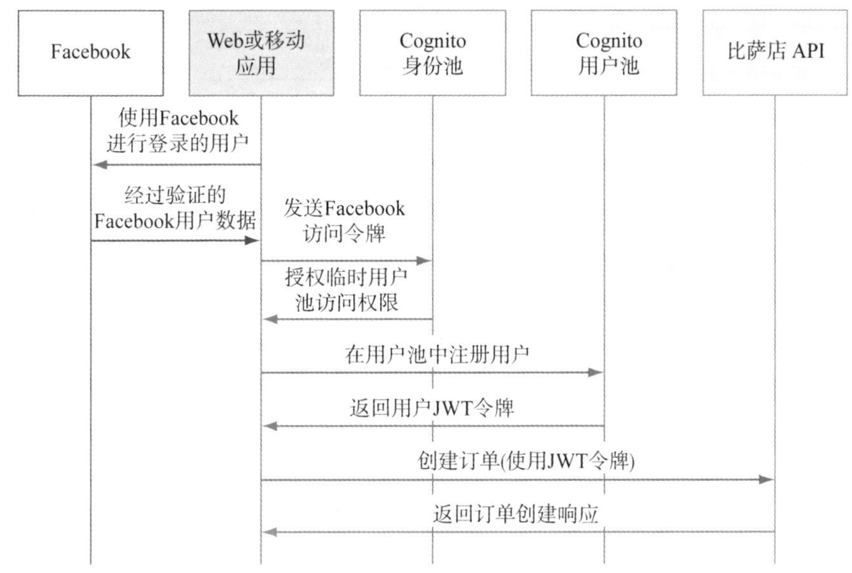

图 6.1　用户池和标识池的职责

(1) 要求用户通过 Facebook 在 Web 或移动应用中登录。

(2) 收到 Facebook 访问令牌后，将令牌发送到 Cognito 身份池，在浏览器中

授予用户临时 Cognito 用户池访问权限。

(3) 使用 Cognito 用户池登录或注册用户。成功登录或注册后，Cognito 用户池将返回 JWT 令牌。

(4) 如果要创建订单或列出现有订单，请使用 JWT 令牌联系比萨店 API。

如图 6.2 所示，使用电子邮件和密码进行身份验证的步骤如下：

(1) 要求 Cognito 身份池临时访问 Cognito 用户池。

(2) 使用电子邮件和密码登录或注册到 Cognito 用户池。成功登录或注册后，Cognito 用户池将返回 JWT 令牌。

(3) 如果要创建订单或列出现有订单，请使用 JWT 令牌联系比萨店 API。

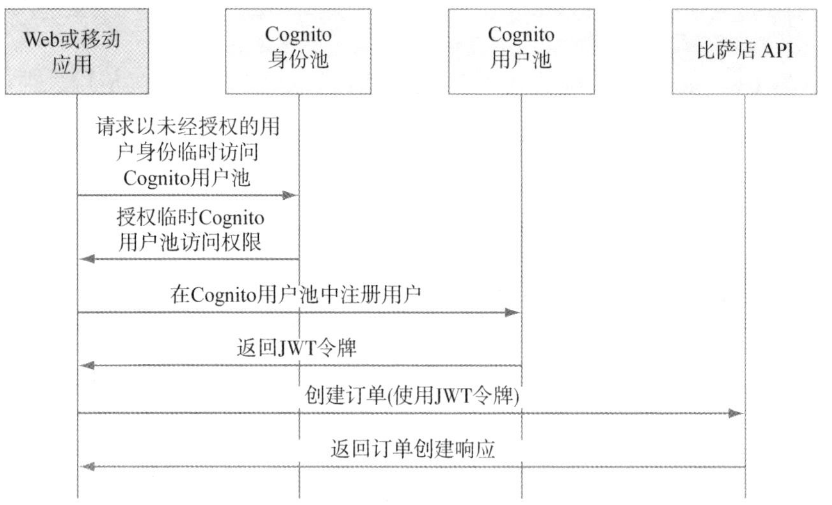

图 6.2 使用无服务器比萨店 API 的标识池和用户池进行 Facebook 授权的直观表示

授权的其他途径

在 AWS 中，除 Amazon Cognito 外，还可以使用其他方法来保护 API，例如:

- 使用 IAM 角色和策略——最基本的授权机制。为了允许 API 调用者调用 API，需要创建 IAM 策略，以允许指定的 API 调用者调用启用了 IAM 用户身份验证的 API 方法。在这里，这不是最佳解决方案，因为在 Gateway API 上只有一个 API，并且需要保护的路径有限。
- 使用自定义授权程序——Amazon API Gateway 自定义授权程序是 Lambda 函数，可以使用令牌身份验证策略(如 OAuth 或 SAML)控制对 API 的访问。实际上，每次调用 API Gateway 上的 API 时，也会调用授权 Lambda 函数。授权 Lambda 使用令牌确认访问权限时，将调用 Lambda 函数。

6.2　创建用户池和标识池

为了实现身份验证流程，需要同时创建用户池和身份池。

下面从创建用户池开始。请从终端执行 aws cognito-idp create-user-pool 命令，唯一必需的选项是用户池的名称。除名称外，添加--username-attributes 选项，从而将电子邮件指定为用户池的唯一 ID。你可能还希望通过指定--policies 选项来自定义密码策略。默认的密码策略需要混合使用小写字母、大写字母、数字和特殊字符。创建用户池的完整命令显示在代码清单 6.1 中。

代码清单 6.1　创建用户池

```
aws cognito-idp create-user-pool \
    --pool-name Pizzeria \
    --policies "PasswordPolicy={MinimumLength=8,RequireUppercase=false,
     RequireLowercase=false,
    RequireNumbers=false,RequireSymbols=false}" \
    --username-attributes email \
    --query UserPool.Id \
    --output text
```

创建用户池

设置用户池的名称

将电子邮件地址定义为唯一的用户池 ID

将用户池 ID 作为文本打印

设置密码策略

输出的是用户池 ID，因为提供了查询标志。保留用户池 ID，因为以后还需要用到。

注意 为降低难度，此例仅使用 Cognito 函数的一小部分。可以为用户池设置更多选项，例如自动电子邮件或电话验证以及强制属性列表。有关更多信息，请访问 https://console.aws.amazon.com/cognito/home 上的官方文档。

用户池至少需要一个客户端，以便用来连接。可以通过 aws cognito-idp create-user-pool-client 命令创建客户端，如代码清单 6.2 所示。为了创建客户端，需要传递从上一个命令收到的用户池 ID 和客户端名称。下面使用简单的 Web 应用测试设置，为此，创建没有客户端密钥的客户端(这意味着将来需要为 Pierre 的移动应用创建另一个客户端)。

代码清单 6.2　为用户池创建客户端

```
aws cognito-idp create-user-pool-client \
  --user-pool-id eu-central-1_userPoolId \
```

创建用户池客户端

指定从上一个命令收到的用户池 ID

```
    --client-name PizzeriaClient \
    --no-generate-secret \
    --query UserPoolClient.ClientId \
    --output text
```

指定客户名称

仅将客户端 ID 打印为文本

不要生成客户端密钥

上述命令会打印出客户端 ID；保存客户端 ID，因为后面需要用到。

在应用中实现 Facebook 身份验证和权限之前，需要访问 Facebook 开发人员门户以创建应用并获取其 ID。

注意 如果不熟悉 Facebook 应用的工作方式，可以在 Facebook 开发人员文档中找到循序渐进的教程，网址为 https://developers.facebook.com/docs/apps/register。

如果不使用 Facebook 并且不想为应用实现 Facebook 登录，那么应用将通过电子邮件和密码进行登录，并进行微小修改。

接下来创建标识池，可以使用 AWS CLI 中的 aws cognito-identity create-identity-pool 命令执行此操作，如代码清单 6.3 所示。为此，请提供标识池名称、任何支持的登录提供程序(比如 Facebook)和 Cognito 身份提供程序。对于 cognito-identity-providers 标志，需要提供程序名称和客户端 ID，并指示是否需要执行服务器端令牌验证。提供者名称采用以下格式：cognito-idp.<REGION>.amazonaws.com/<USER_POOL_ID>。客户端 ID 是从上一个命令收到的，并且不需要执行服务器端令牌验证，因此将值设置为 false。

代码清单 6.3 创建标识池

```
aws cognito-identity create-identity-pool \
  --identity-pool-name Pizzeria \
  --allow-unauthenticated-identities \
  --supported-login-providers graph.facebook.com=266094173886660 \
  --cognito-identity-providers ProviderName=cognito-idp.eu-central-1.
     amazonaws.com/
  eu-central-1_qpPMn1Tip,ClientId=4q14u0qalmkangdkhieekqbjma,
     ServerSideTokenCheck=false \
  --query IdentityPoolId \
  --output text
```

成功创建标识池后，需要创建两个角色并将它们分配给经过身份验证和未经身份验证的用户。如果需要有关角色创建的帮助，请参阅 https://aws.amazon.com/blogs/mobile/understanding-amazon-cognito-authentication-part-3-roles-and-policies/。

提示 如果难以从 AWS CLI 创建角色，那么可以在 Web 控制台进行角色的创建和分配。转到标识池，单击 Edit identity pool 按钮，然后单击用于“经过身份验证的角色”和“未经身份验证的角色”的 Create New Role 链接。

要设置角色，可使用 aws cognito-identity set-identity-pool-roles 命令，该命令需要经过身份验证和未经身份验证的用户的身份池 ID 和角色，如代码清单 6.4 所示。确保将<ROLE1_ARN>和<ROLE2_ARN>的值替换为刚刚创建的两个角色的 ARN。

代码清单 6.4　向身份池添加角色

```
aws cognito-identity set-identity-pool-roles \
  --identity-pool-id eu-central-1:2a3b45c6-1234-123d-1234-1e23fg45hij6 \

  --roles authenticated=<ROLE1_ARN>,unauthenticated=<ROLE2_ARN>
```

设置标识池的角色

提供标识池 ID

为经过身份验证和未经身份验证的用户添加角色

成功执行后，将返回空的响应。

6.2.1　使用 Cognito 控制 API 访问

现在已拥有用户池和标识池，可以在代码中连接身份验证流了。

Claudia 与 Claudia API Builder 可结合使用，以支持前面提到的所有三种授权方法：IAM 角色、自定义授权器和 Cognito 用户池。本书侧重于最后一种，但其他两种也以类似的方式工作。有关它们的更多信息，请参阅 Claudia API Builder 的官方文档：https://github.com/claudiajs/claudia-api-builder/blob/master/docs/api.md#require-authorization。

注意 Claudia 或 Lambda 函数不使用 Cognito 身份池。但前端应用使用 Cognito 身份池来临时访问 Cognito 用户池，无须对 AWS 配置文件和密钥进行硬编码。

要启用 Cognito 用户池授权，需要使用 Claudia API Builder 实例的 registerAuthorizer 方法注册授权程序。该方法需要两个属性：授权程序的名称和具有 Cognito 用户池 ARN 数组的对象。示例用法如下：

```
api.registerAuthorizer('MyCognitoAuth', {
  providerARNs: ['<COGNITO_USER_POOL_ARN>']
});
```

注册授权程序后，添加带有 cognitoAuthorizer 密钥的对象和用于将 授权程序注册为值的名称，作为路径定义的第三个参数。路径定义应如下所示：

```
api.post('/protectedRoute', request => {
  return doSomething(request)
}, { cognitoAuthorizer: 'MyCognitoAuth' })
```

将以上定义应用于 api.js 文件中的路径。路径看起来与代码清单 6.5 中列出的路径类似。所有与订单相关的路径都将受到 Cognito 授权人的保护，但比萨的路径将保持公开状态。

代码清单 6.5 带有自定义授权器的 API

```
'use strict'

const Api = require('claudia-api-builder')
const api = new Api()

const getPizzas = require('./handlers/get-pizzas')
const createOrder = require('./handlers/create-order')
const updateOrder = require('./handlers/update-order')
const deleteOrder = require('./handlers/delete-order')

api.registerAuthorizer('userAuthentication', {      ← 注册自定义授权器
  providerARNs: [process.env.userPoolArn]      ← 从环境变量中获取用户池 ARN，并设置为提供者 ARN
})

// Define routes
api.get('/', () => 'Welcome to Pizza API')

api.get('/pizzas', () => {
  return getPizzas()
})
api.get('/pizzas/{id}', (request) => {
  return getPizzas(request.pathParams.id)
}, {
  error: 404
})

api.post('/orders', (request) => {
  return createOrder(request)      ← 传递整个请求对象，包括正文和授权数据
```

```
}, {
  success: 201,
  error: 400,
  cognitoAuthorizer: 'userAuthentication'     ◄── 仅在特定路径上启用授权
})
api.put('/orders/{id}', (request) => {
  return updateOrder(request.pathParams.id, request.body)
}, {
  error: 400,
  cognitoAuthorizer: 'userAuthentication'
})
api.delete('/orders/{id}', (request) => {
  return deleteOrder(request.pathParams.id)
}, {
  error: 400,
  cognitoAuthorizer: 'userAuthentication'
})
api.post('delivery', (request) => {
  return updateDeliveryStatus(request.body)
}, {
  success: 200,
  error: 400,
  cognitoAuthorizer: 'userAuthentication'
})

module.exports = api
```

授权难题的最后一部分是更新路径处理程序以使用授权程序。

例如，为了更新 create-order.js 处理程序，需要执行以下操作：

- 更新处理程序以接收完整的请求对象而不仅仅是正文。你希望能够从 Cognito 用户池中读取用户数据，这些信息在请求对象中提供，但在正文之外。
- 从授权人那里获取用户数据。它们可以在请求上下文中、在授权程序对象中或在名为 claims 的密钥下使用。
- 更新代码以从请求正文中获取用户的地址(如果提供的话)，如果请求正文中未提供地址，则更新授权用户的默认地址。
- 将 Cognito 用户名保存在 DynamoDB 订单表中。

图 6.3 展示了 API Gateway 和 Amazon Cognito 用户池如何限制 API。

更新后的 create-order.js 处理程序参见代码清单 6.6。

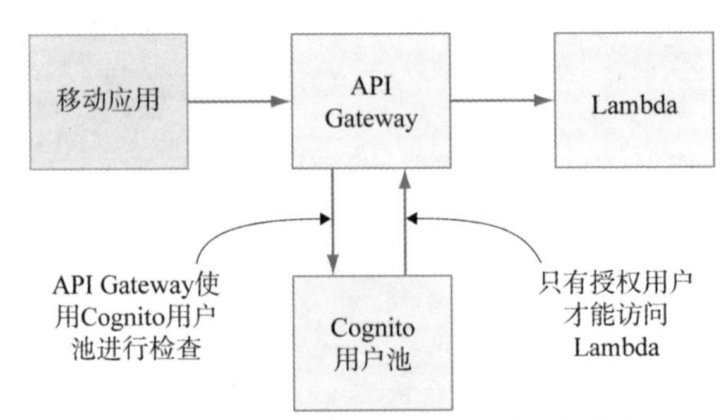

图 6.3　API Gateway 和 Amazon Cognito 用户池如何控制对 API 的访问

代码清单 6.6　带有授权的 create-order.js 处理程序

```
'use strict'

const AWS = require('aws-sdk')
const docClient = new AWS.DynamoDB.DocumentClient()
const rp = require('minimal-request-promise')

function createOrder(request) {
  console.log('Save an order', request.body)
  const userData = request.context.authorizer.claims
  console.log('User data', userData)

  let userAddress = request.body && request.body.address
  if (!userAddress) {
    userAddress = JSON.parse(userData.address).formatted
  }

  if (!request.body || !request.body.pizza || userAddress)
    throw new Error('To order pizza please provide pizza type and address
      where pizza should be delivered')

  return rp.post('https://fake-delivery-api.effortlessserverless.com/
    delivery', {
    headers: {
      Authorization: 'aunt-marias-pizzeria-1234567890',
      'Content-type': 'application/json'
    },
    body: JSON.stringify({
      pickupTime: '15.34pm',
      pickupAddress: 'Aunt Maria Pizzeria',
      deliveryAddress: userAddress,
      webhookUrl: 'https://g8fhlgccof.execute-api.eu-central-1.amazonaws.com/
     latest/delivery',
    })
  })
    .then(rawResponse => JSON.parse(rawResponse.body))
    .then(response => {
      return docClient.put({
        TableName: 'pizza-orders',
        Item: {
          cognitoUsername: userAddress['cognito:username'],
```

- createOrder 函数接收完整的请求对象
- 从上下文对象中获取授权程序添加的用户数据，然后进行记录
- 默认情况下，使用请求正文中的地址
- 如果未提供地址，请使用用户的默认地址
- 将正确的地址传递给 Some Like It Hot Delivery API
- 将用户名从 Cognito 保存到数据库中

```
        orderId: response.deliveryId,
        pizza: request.body.pizza,
        address: userAddress,          ←  将正确的地址保存到数据库中
        orderStatus: 'pending'
      }
    }).promise()
  })
  .then(res => {
    console.log('Order is saved!', res)

    return res
  })
  .catch(saveError => {
    console.log(`Oops, order is not saved :(`, saveError)

    throw saveError
  })
}

module.exports = createOrder
```

更新代码后，执行 claudia update 命令以部署 API。为了测试授权，需要实现登录/注册流程。添加授权的后端部分很容易。但是大部分工作，包括用户和身份池的集成，都应该在前端完成。这部分应用超出了本书的讨论范围，但可以在 https://github.com/effortless-serverless/pizzeria-web-app 上查看有关操作的示例代码。

但是，在从 GitHub 存储库运行代码之前，可以通过执行以下 curl 命令来确认已拒绝未经授权的用户：

```
curl -o - -s -w ", status: %{http_code}\n" \
  -H "Content-Type: application/json" \
  -X POST \
  -d '{"pizzaId":1,"address":"221B Baker Street"}' \   ←  接收 userData 作为附加参数
  https://21cioselv9.execute-api.us-east-1.amazonaws.com/latest/orders
```

上述命令应返回错误和 HTTP 状态码 401。

6.3　试一试

既然已知道授权的工作方式，现在是时候自行尝试了。

6.3.1　练习

更新 delete-order.js 处理程序，以允许用户删除他们的订单。以下是一些提示：

- 授权已添加到代码清单 6.5 所示的路径中。
- 虽然 deleteOrder 函数目前只接收 orderId，但还需要扩展该函数以接收授

权的用户详细信息。

- deleteOrder 函数应该使用来自请求的 cognito:username.context.authorizer.claims 对象，用于检查当前用户是否为订单所有者。
- 如果用户不是订单所有者，则返回错误。

从 Claudia 返回自定义错误

当抛出错误时，Claudia 会向客户发送 400 Bad Request 状态码。但是，如果用户想要删除不属于他们的订单，那么可能希望返回 HTTP 错误，例如 403 Forbidden 或 401 Unauthorized。

为此，需要动态设置状态码和响应。Claudia API Builder 允许通过在 API Builder 实例中公开 ApiResponse 方法来实现此目的。例如，要返回 403 状态码，应该使用以下内容：

```
return new api.ApiResponse({ message: 'Action is forbidden' },
{ 'Content-Type': 'application/json' }, 403)
```

可以在 Claudia API Builder 官方文档中找到有关动态响应的更多信息，网址为 https://github.com/claudiajs/claudia-api-builder/blob/master/docs/api.md#dynamic-responses。

下面是两个额外的挑战：

- 将订单的主键更新为订单 ID 和所有者的 Cognito 用户名的组合，这样做将允许直接搜索和删除授权用户拥有的订单。
- 修改 update-order.js 处理程序，以允许用户更新自己的订单。

6.3.2　解决方案

首先，需要更新 delete-order.js 处理程序以接收 orderId 和授权用户数据。你还希望从数据库获取订单并检查是否属于授权用户。代码清单 6.7 显示了更新后的 delete-order.js 处理程序。

代码清单 6.7　带有授权的 delete-order.js 处理程序

```
'use strict'

const AWS = require('aws-sdk')
const docClient = new AWS.DynamoDB.DocumentClient()
const rp = require('minimal-request-promise')

function deleteOrder(orderId, userData) {    ← 接收 userData 作为附加参数
  return docClient.get({
    TableName: 'pizza-orders',
    Key: {
```

```
        orderId: orderId
      }
    }).promise()
      .then(result => result.Item)
      .then(item => {
        if (item.cognitoUsername !== userData['cognito:username'])
          throw new Error('Order is not owned by your user')

        if (item.orderStatus !== 'pending')
          throw new Error('Order status is not pending')

        return rp.delete(`https://fake-delivery-api.effortlessserverless.com/
      delivery/${orderId}`, {
          headers: {
            Authorization: 'aunt-marias-pizzeria-1234567890',
            'Content-type': 'application/json'
          }
        })
      })
      .then(() => {
        return docClient.delete({
          TableName: 'pizza-orders',
          Key: {
            orderId: orderId
          }
        }).promise()
      })
  }

  module.exports = deleteOrder
```

检查订单是否归授权用户所有

如果订单不属于授权用户，则抛出错误

其次，更新处理程序后，需要更新路径以将正确的数据传递给处理程序。代码清单 6.8 摘自 api.js，其中订单 ID 和用户数据被传递给 delete-order.js 处理程序。如前所述，request.context.authorizer 对象中的用户数据可用作声明。

代码清单 6.8　更新删除顺序以将用户数据传递给处理程序

```
api.delete('/orders/{id}', (request) => {
  return deleteOrder(request.pathParams.id, request.context.authorizer.claims)
}, {
  error: 400,
  cognitoAuthorizer: 'userAuthentication'
})
```

将 orderId 和声明从 authorizer 对象传递给处理程序

现在代码已更新，只需要执行 claudia update 命令即可进行部署。完成后，可以使用 https://github.com/effortless-serverless/pizzeria-web-app 存储库中的前端代码在前端应用上检索授权令牌或进行测试。如果尝试使用授权令牌删除旧订单，授权令牌将无法使用。另外，Cognito 用户名并不匹配。

6.4 本章小结

- 可以使用 Amazon Cognito 对无服务器应用的用户进行身份验证。
- 对于具有不同权限的许多用户组，请使用 Amazon Cognito 标识池。
- 设置不同的认证方法很容易; 请记住, 每种身份验证方法都有自己的用户池。
- 使用 Claudia，可以加快整个 AWS Cognito 身份验证的设置过程。

第 7 章

处理文件

本章要点：

- 在无服务器应用中存储媒体文件和其他静态内容
- 使用无服务器 API 维护和访问文件
- 使用无服务器函数处理静态文件

除了需要处理和存储数据库之外，应用通常还需要存储静态文件。静态文件是媒体(如照片、音频或视频文件)以及文本文件(如 HTML、CSS 和 JavaScript 文件)。

无服务器应用也需要存储静态文件。保持整个应用无服务器意味着需要遵循相同原则的存储解决方案。本章将介绍无服务器文件存储的可能性，并探讨如何创建单独的文件处理函数，从而使用存储并将请求的文件提供给无服务器 API。

7.1 在无服务器应用中存储静态文件

如果比萨店应用没有美味的比萨的图片，那它将是不完整的。你的堂兄 Mike 已经为所有比萨拍摄了好看的照片，因此只需要存储和提供这些静态文件。AWS 为此提供了简单存储服务(S3)，允许以无服务器方式存储最多 5 TB 文件。

Amazon S3 将文件存储在 AWS 账户拥有的桶(bucket)类文件夹结构中。存储在存储桶中的每个文件或对象都具有唯一的标识密钥。S3 存储桶支持 Lambda 函数的触发器，允许在存储桶中发生某些事件时调用某个 Lambda 函数。

注意 建议在阅读本章之前了解 Amazon S3 的基础知识，学习的很好起点是 http://docs.aws.amazon.com/AmazonS3/latest/dev/Welcome.html 上提供的官方文档。

在 S3 服务中，一切都从存储桶开始，因此将使用 AWS Web 控制台、API 或 AWS CLI 创建存储桶，这是我们首选的方法。mb 命令需要 S3 URI 作为参数。S3 URI 是前缀为 s3://的 S3 存储桶的名称。要指定区域，可以使用--region 标志执行上述操作。在我们的示例中，我们将命名 S3 存储桶为 aunt-marias-pizzeria 并指定区域。

在 CLI 提示符下执行以下命令：

```
aws s3 mb s3://aunt-marias-pizzeria --region eu-central-1
```

注意 存储桶的名称在 Amazon S3 所有现有的存储桶中必须是唯一的。如果使用相同的名称，命令将失败。要成功执行命令，请将存储桶更改为唯一的名称。有关 S3 存储桶命名约定和规则的更多信息，可访问 https://docs.aws.amazon.com/AmazonS3/latest/dev/BucketRestrictions.html。

执行命令后的响应应该是 make_bucket:aunt-marias-pizzeria。如果存储桶的名称不唯一，将收到以下错误，并且必须使用其他名称重新执行命令：

```
    make_bucket failed: s3://bucket-name An error occurred
   (BucketAlreadyExists) when calling the CreateBucket operation: The
requested bucket name is not available. The bucket namespace is shared by all
users of the system. Please select a different name and try again.
```

现在有了存储桶，但只想允许某些用户上传文件。你应该先考虑一下存储桶的文件夹结构。

注意 Amazon S3 存储桶实际上不支持文件夹，存储桶中的所有东西都是对象。但为了简化与 S3 的交互，Amazon 在 Web 控制台中将类似文件夹的对象名称显示为真实文件夹。例如，名为/images/large/pizza.jpg 的对象将在名为 large 的文件夹中显示为 pizza.jpg 图片，large 文件夹位于 images 文件夹中。

如图 7.1 所示，应该将图片上传到 images 文件夹。有时原始图片对于移动应用来说可能太大，因此还应该有 thumbnails 文件夹，其中包含较小版本的图片。此外，因为只有单个 menu.pdf 文件，所以不需要将它存储到文件夹中。

现在已经有了文件夹结构，需要允许某些用户将图片上传到存储桶。最简单的方法是生成预先指定的 URL，用于图片上传。

默认情况下，所有对象和存储桶都是私有的：只有创建它们的用户才能访问它们。预签名 URL 允许没有访问权限的用户将文件上传到存储桶。这种 URL 由有权访问存储桶的用户生成，并且将向知道存储桶的任何人授予临时权限。

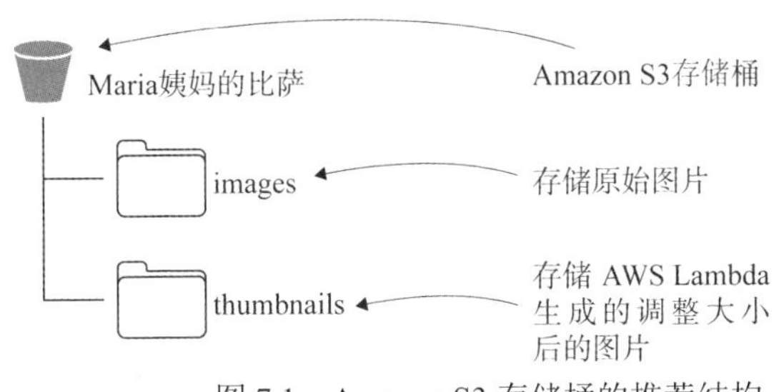

图 7.1　Amazon S3 存储桶的推荐结构

由于这种 URL 需要保密，因此我们将在比萨店 API 中创建一个新的路径，该路径将生成并返回 URL。这个路径也应该受到保护，在此例中，将允许所有授权用户使用此 API 端点，但在实际应用中，你应该拥有可以访问某些 API 端点的特殊用户组，例如管理员组。

注意　此处提到的用户组是 Cognito 用户池中的 Cognito 用户组。如果想了解有关 Cognito 用户池中的组的更多信息，请参阅 http://docs.aws.amazon.com/cognito/latest/developerguide/cognito-user-pools-user-groups.html。

为了生成 URL，需要创建一个新的处理程序。为此，请使用 S3 类的 getSignedUrl 方法。该方法接收两个参数：第一个是将通过签名 URL(putObject)使用的方法的名称，第二个是选项对象。选项对象需要以下参数：

- 签名 URL 正在访问的存储桶的名称。
- 用于签名 URL 的唯一密钥。因为自己生成唯一的密钥并不容易，所以应该使用 uuid 模块，前面的第 3 章使用过这个模块。如果已从 package.json 文件中删除 uuid 模块，请记得重新安装(由于只需要第 4 版的 UUID，因此可直接要求 uuid/v4)。
- 访问控制列表(Access Control List，ACL)，用于定义公众如何与存储桶中的对象进行交互。你希望每个人都能够看到对象，因此可设置为 public-read。
- 生成的 URL 的到期时间(以秒为单位)。两分钟应该足够了，所以可设置为 120 秒。

生成选项对象后，使用 getSignedUrl 方法对 URL 进行签名，然后将 URL 作为 JSON 对象返回。在比萨店 API 的 handlers 文件夹中创建名为 generate-presigned-url.js 的文件，如代码清单 7.1 所示。

代码清单 7.1　为预签名 URL 生成的比萨店 API 处理程序

```
'use strict'

const uuidv4 = require('uuid/v4')      ← 需要 uuid 模块
const AWS = require('aws-sdk')
const s3 = new AWS.S3()                ← 需要 AWS SDK 并初始化 S3 类

function generatePresignedUrl() {      ← 创建处理函数
  const params = {
    Bucket: process.env.bucketName,    ← 从名为 bucketName 的环境变量中获取存储桶的名称
    Key: uuidv4(),                     ← 创建唯一的 ID
    ACL: 'public-read',                ← 将对象设置为可供公共阅读
    Expires: 120                       ← 设置 URL 到期时间(以秒为单位)
  }

  s3.getSignedUrl('putObject', params).promise()   ← 获取 putObject 方法的签名 URL
    .then(url => {
      return {                         ← 返回 JSON 对象并返回签名的 URL
        url: url
      }
    })
}

module.exports = generatePresignedUrl
```

既然处理程序已准备就绪，为了获取签名 URL，需要在 api.js 文件中添加新路径，可以将新路径命名为/upload-url。如前所述，应该像保护/orders 路径一样保护这个路径：通过名为 userAuthentication 的 Cognito 授权器授权的用户应该能够获取这个 URL。代码清单 7.2 显示了 api.js 文件的末尾部分。其余内容没有变化，只需要记住，可通过添加 const getSignedUrl = require('./handlers/generate-presigned-url.js')行来要求 api.js 文件顶部的 getSignedUrl 处理程序。

代码清单 7.2　api.js 文件中的 new/delivery 和/upload-url 路径

```
api.post('delivery', (request) => {
  return updateDeliveryStatus(request.body)
}, {
  success: 200,
  error: 400
}, {
  cognitoAuthorizer: 'userAuthentication'
})

api.get('upload-url', (request) => {   ← 添加新的 GET 路径
  return getSignedUrl()                ← 调用 getSignedURL 处理程序
},
```

```
  { error: 400 },
  { cognitoAuthorizer: 'userAuthentication' })   ← 需要新路径的授权

module.exports = api
```

如果出现错误，请返回状态码 400

如果现在使用 claudia update 命令更新 API，然后使用授权令牌(从 Web 应用收到，如上一章所述)访问新路径，将收到可用于为存储桶上载文件的签名 URL。

7.2　生成缩略图

由于上传的每个图片都非常大，而且 Maria 姨妈也有移动应用，因此需要调整所有照片的大小并创建缩略图。由于不希望缩略图的创建以任何方式阻止 API，因此图片处理是独立微服务的理想选择。

在这种情况下，独立服务表示单独的 Lambda 函数，会在将新照片上传到 Amazon S3 时自动触发。事件流程(参见图 7.2)如下：

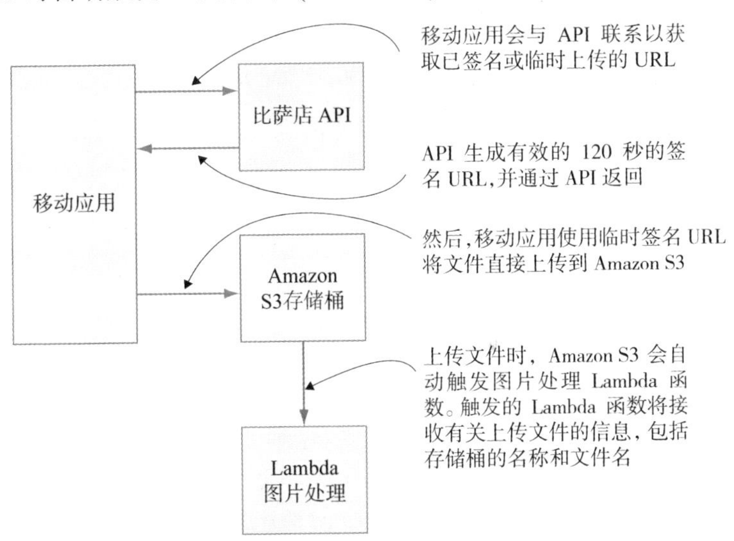
移动应用会与 API 联系以获取已签名或临时上传的 URL
比萨店 API
API 生成有效的 120 秒的签名 URL,并通过 API 返回
移动应用
然后,移动应用使用临时签名 URL 将文件直接上传到 Amazon S3
Amazon S3存储桶
上传文件时，Amazon S3 会自动触发图片处理 Lambda 函数。触发的 Lambda 函数将接收有关上传文件的信息，包括存储桶的名称和文件名
Lambda 图片处理

图 7.2　图片上传和处理流程

(1) 用户通过比萨店 API 的/upload-url 路径请求新签名的 URL。

(2) 将新照片上传到生成的网址。

(3) Amazon S3 会触发新的 Lambda 函数。

(4) Lambda 函数调整图片大小并将缩略图存储在 thumbnails 文件夹中。

新的 Lambda 函数不会通过 HTTP 请求触发，因此不需要 Claudia API Builder。相反，需要导出一个简单的处理函数，该函数将从 S3 获取新对象，然后使用

ImageMagick 调整图片的大小。默认情况下，AWS Lambda 提供了 ImageMagick，在使用之前不需要安装。

ImageMagick

ImageMagick 是免费的开源软件套件，用于显示、转换和编辑光栅图片和矢量图片。ImageMagick 由多个命令行界面组成，可以读取和写入 200 多种不同的图片文件格式。

ImageMagick 提供的功能包括文件格式转换、图片缩放和转换、颜色处理、合成等。

要了解有关 ImageMagick 的更多信息，可访问 http://imagemagick.org。

创建单独服务的第一步是创建新项目。需要执行以下操作：

- 在 pizza-api 文件夹之外创建一个新的文件夹，命名为 pizza-image-processor。
- 在这个新的文件夹中，初始化新的 NPM 包(npm init)。

下一步是创建用于导出服务处理函数的文件。因为这只是图片处理器而不是 API，所以不需要使用 Claudia API Builder。

注意 如果不使用 Claudia API Builder，则无法使用初始文件中的 module.exports 导出处理函数。相反，Lambda 要求从文件中执行 exports.handler。

这项服务很小，可以放在单个文件中，但为了便于维护和测试，可以将它分成两个文件：第一个是初始文件，只是从 Lambda 事件中提取数据；第二个是实际的转换器。初始文件需要一个处理函数，它接收三个参数：

- 由 Lambda 函数触发的事件。
- Lambda 函数的上下文。
- 允许从 Lambda 函数回复的回调。

在初始文件中，将首先检查是否存在有效的事件记录。如果存在，就检查是否来自 Amazon S3。由于多个服务可以触发相同的 Lambda 函数，因此还需要检查是否来自 S3 存储。然后，需要使用正确的 S3 查询从路径或对象键中提取 Amazon S3 存储桶的名称和文件名。响应将是需要传递给 convert 函数的图片。

注意 convert 函数的实现基于 Promise，因为 Claudia API Builder 默认是基于 Promise 的。应该在所有服务中保持相同的编码风格，但如果更喜欢回调，那么 convert 函数也可以使用它们。

初始代码显示在代码清单 7.3 中。

代码清单 7.3　新的图片处理 Lambda 函数的初始文件

```
'use strict'

const convert = require('./convert')                          ← 从单独的文件导入 convert 函数

function handlerFunction(event, context, callback) {           ← 创建一个接收事件、Lambda 上下文和回调的处理函数
  const eventRecord = event.Records && event.Records[0]        ← 将事件记录提取到单独的变量中

  if (eventRecord) {                                           ← 检查是否存在事件记录
    if (eventRecord.eventSource === 'aws:s3' && eventRecord.s3) {   ← 还要检查是否来自 S3，并转换新文件
      return convert(eventRecord.s3.bucket.name, eventRecord.s3.object.key)
        .then(response => {                                    ← 如果转换成功，就通过回调返回成功响应
          callback(null, response)
        })
        .catch(callback)                                       ← 否则，返回错误
    }

    return callback('unsupported event source')                ← 如果事件记录不来自 S3，则返回错误
  }

  callback('no records in the event')                          ← 如果事件记录不存在，也会返回错误
}

exports.handler = handlerFunction                              ← 导出处理函数
```

现在有了初始文件，是时候创建 convert 函数了。由于这项服务很小，因此不需要复杂的文件夹结构：只需要在同一文件夹中创建 convert.js 文件即可。如图 7.3 所示，convert 函数的执行流程如下：

(1) S3 触发 AWS Lambda，初始文件将调用 convert 函数。

(2) convert 函数从 S3 下载图片并存储在/tmp 文件夹中。

(3) 使用 ImageMagick 中的 convert 命令转换图片，并将缩略图保存在/tmp 文件夹中。

(4) convert 函数将新的缩略图上传到 Amazon S3 存储桶。

(5) convert 函数解析用于告知初始文件操作成功的 Promise。

如图 7.3 所示，convert 函数首先需要使用 S3 类的 getObject 方法从 S3 下载文件。getObject 方法接收存储桶的名称和 S3 文件路径作为参数，并返回一个 Promise，当解析时，将返回包含文件主体作为缓冲区的响应。

从 convert.js 文件应该能导出 convert 函数，这是一个 Node 函数，它接收存储桶的名称和 S3 文件路径作为参数并返回一个 Promise。对于实际函数，需要导入三个核心 Node.js 模块：

- fs，用于操作文件系统。
- path，用于文件路径操作。
- child_process，用于调用 ImageMagick 命令。

除以上三个模块外，还需要从 NPM 安装另外两个软件包：mime(用于确定要上传文件的 MIME 类型)和 awssdk。AWS SDK 是程序化使用 S3 服务所必需的。

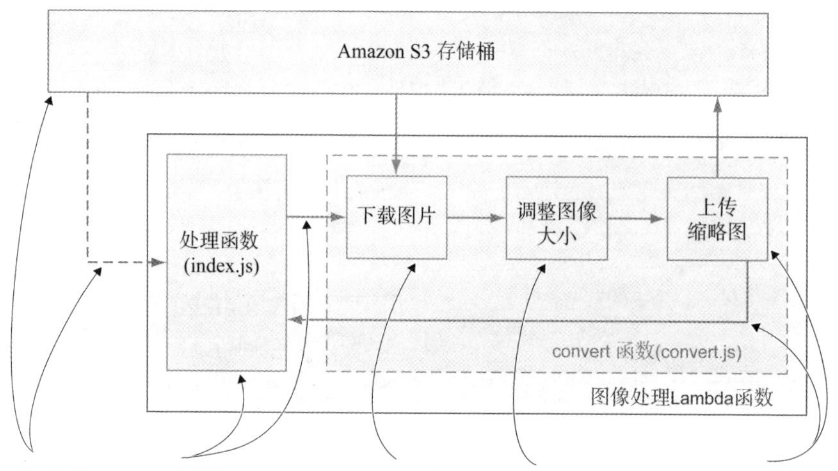

Amazon S3 存储桶
处理函数
(index.js)
下载图片
调整图像
大小
上传
缩略图
convert 函数(convert.js)
图像处理Lambda函数
(1) 上传文件后，Amazon S3 存储桶将自动触发图片处理 Lambda 函数并传递有关文件的信息，包括存储桶的名称和文件名。
(2) 触发函数时，如果事件来自 Amazon S3，那么处理事件并使用存储桶和映像名称调用 convert 函数，否则停止执行。
(3) convert 函数将首先使用 AWS SDK 以及主处理程序传递的存储桶和 filname 从 Amazon S3 下载文件，并将下载的文件保存到本地的 /tmp 文件夹中。
(4) 下载文件后，convert 函数将使用 Node.js 的 child_process.exec 执行 ImageMagick 的 convert 命令，创建图片的缩略图版本并存储到 local/tmp 文件夹中。
(5) 生成缩略图时，Lambda函数将使用AWS SDK将缩略图从/tmp上传到Amazon S3存储桶的/thumbnails文件夹，并解析Promise，告知主处理函数转换已成功完成。处理程序只会发送回调来确认Lambda函数是否成功执行。

图 7.3 convert 函数的执行流程

下一步是保存下载的文件。在 Lambda 函数中，只有/tmp 文件夹是可写的。因此，应该在/tmp 文件夹中创建两个子文件夹：一个名为 images，用于存储下载的图片；另一个名为 thumbnails，将在其中存储生成的缩略图。

注意 在创建这些文件夹之前，请检查它们是否已存在。AWS 可以复用单个 Lambda 函数，并且文件夹可能已经创建。

当确定/tmp 文件夹中存在/images 文件夹时，请使用 fs.writeFile 命令将相同的下载文件作为参数保存到/images 文件夹中。这种方法是异步的，但不返回 Promise，因此应封装在 Promise 中。

现在文件已保存到本地，可以使用 ImageMagick 创建缩略图。为此，需要使用 convert 命令，该命令允许调整图片文件的大小或执行格式转换。目前，将保持相同的文件格式，因此要做的唯一事情就是调整给定图片的大小。为此，使用以下命令行参数调用 convert 命令：

- 完整图片的路径。
- -resize 标志，用于告诉命令调整图片大小。
- 值 120x120 \>，这意味着应缩放图片，使较大尺寸最大为 120 像素。请注意值后面的\>，用于告诉命令仅在图片的较大尺寸大于 120 像素时调整图片大小。
- 目的路径。

用于创建名为 image.png 的图片大小为 120 像素×120 像素的缩略图的完整命令如下：

```
convert /tmp/images/image.png -resize 120x120\> /tmp/thumbnails/image.png
```

要从 Lambda 执行命令，需要使用在文件顶部导入的 child_process 模块的 exec 方法。exec 方法虽然是异步的，但却并不是基于 Promise 的，所以需要在 Promise 中包含这个方法调用。

exec 与 spawn

Node.js 核心模块 child_process 提供了执行外部命令的两个方法：exec 和 spawn。虽然两者可以做同样的工作，但它们之间存在细微差别。

spawn 方法返回一个包含 stdout 和 stderr 流的对象。该方法更适于返回较大输出的命令，或者返回在命令完成之前应处理的输出。

exec 方法需要一个回调函数，该回调函数在命令执行后立即触发。如果发生错误，将返回错误，还会返回 stdout 和 stderr 输出。默认情况下，exec 方法的输出被限制为 200KB，因此更适于不返回较大输出且最终输出很重要而命令进度不佳的命令。

有关这两个命令的更多信息，请参阅 https://nodejs.org/api/child_process.html#child_process_asynchronous_process_creation。

作为 convert 函数的最后一部分，将文件上传到 Amazon S3 存储桶。可以使用 S3 类的 putObject 方法执行此操作。该方法返回一个 Promise 并要求以下内容：

- 带有存储桶名称的选项对象
- S3 文件路径
- 以文件正文作为缓冲区

- ACL
- 文件的内容类型

由于图片处理服务可以使用多种文件类型，因此需要文件顶部的 mime 包来获取原始图片的 MIME 类型，并将 MIME 设置为缩略图的内容类型。如果不提供这个值，S3 将假定文件类型为 binary/octet-stream。

代码清单 7.4 显示了 convert.js 文件的完整代码。

代码清单 7.4　将图片转换为缩略图

```
'use strict'

const fs = require('fs')
const path = require('path')
const exec = require('child_process').exec
const mime = require('mime')
const aws = require('aws-sdk')
const s3 = new aws.S3()

function convert(bucket, filePath) {
  const fileName = path.basename(filePath)

  return s3.getObject({
    Bucket: bucket,
    Key: filePath
  }).promise()
    .then(response => {
      return new Promise((resolve, reject) => {
        if (!fs.existsSync('/tmp/images/'))
          fs.mkdirSync('/tmp/images/')

        if (!fs.existsSync('/tmp/thumbnails/'))
          fs.mkdirSync('/tmp/thumbnails/')

        const localFilePath = path.join('/tmp/images/', fileName)

        fs.writeFile(localFilePath, response.Body, (err, fileName) => {
          if (err)
            return reject(err)

          resolve(filePath)
        })
      })
    })
    .then(filePath => {
      return new Promise((resolve, reject) => {
        const localFilePath = path.join('/tmp/images/', fileName)
        const localThumbnailPath = path.join('/tmp/thumbnails/', fileName)

        exec(`convert ${localFilePath} -resize 120x120\\> ${localThumbnailPath}`,
            (err, stdout, stderr) => {
          if (err)
            return reject(err)
```

创建一个处理函数，用于接收存储桶的名称和 S3 文件路径

在 JavaScript Promise 中封装非 Promise 函数

在/tmp 中创建 images 和 thumbnials 文件夹(假定它们尚不存在)

将 S3 文件保存到本地路径

在 JavaScript Promise 中封装非 Promise 函数

使用 ImageMagick 调整图片大小

```
      resolve(fileName)
    })
  })
})
.then(fileName => {
  const localThumbnailPath = path.join('/tmp/thumbnails/', fileName)

  return s3.putObject({
    Bucket: bucket,
    Key: `thumbnails/${fileName}`,
    Body: fs.readFileSync(localThumbnailPath),
    ContentType: mime.getType(localThumbnailPath)
    ACL: 'public-read'
  }).promise()
})
}

module.exports = convert
```

从/tmp 文件夹中读取文件内容

获取文件的 MIME 类型

设置缩略图 ACL

将对象放回 S3

7.2.1　部署 S3 函数

现在已经实现了服务，需要使用 Claudia 来部署服务。有趣的是，在这种情况下，没有 API。可使用--region 标志触发 claudia create 命令，就像在第 2 章中为 API 所做的那样，但是对于没有 API 的函数，使用的不是--api-module 标志，而是--handler 标志，参见代码清单 7.5。--handler 标志期望处理程序的路径带有.handler 后缀。例如，如果在 index.js 文件中使用处理程序导出，那么路径将是 index.handler；如果处理程序是在 lambda.js 文件中导出的，可将路径指定为 lambda.handler。

注意　--handler 命令需要<insert-your-file-name>.handler 标志，遗憾的是，--handler 命令无法捕获任何其他选项。

如果在主文件中执行了 exports.somethingElse 或 module.exports 命令，然后使用--handler index 和--handler index.default 标志运行命令，命令将失效，因为需要主文件以导出 handler 属性。因此，--handler 标志仅适用于 exports.handler。

代码清单 7.5　使用 Claudia 部署图片处理服务

```
claudia create \
  --region eu-central-1 \
  --handler index.handler
```

选择区域

创建一个新的函数

指定处理函数的路径

代码清单 7.5 的执行结果参见代码清单 7.6。

代码清单 7.6　成功执行时 claudia create 命令的响应

```
{
  "lambda": {
    "role": "pizza-image-processor-executor",
    "name": "pizza-image-processor",
    "region": "eu-central-1"
  }
}
```

由 Claudia 创建的函数的名称

部署 Lambda 函数的区域

Lambda 函数的名称

在尝试新服务之前，需要从 Amazon S3 存储桶为 Lambda 函数设置触发器。Claudia 提供了命令 claudia add-s3-event-source。该命令有多个标志，但我们将使用以下两个。

- --bucket：必需标志，指定存储桶的名称。
- --prefix：可选标志，允许指定文件夹。

注意　在这里，标志的完整列表可参阅 https://github.com/claudiajs/claudia/blob/master/docs/add-s3-event-source.md。

如代码清单 7.7 所示，应该指定 images/作为前缀，因为命令仅接收来自 images 文件夹的触发器。

代码清单 7.7　将 S3 触发器添加到 Lambda 函数

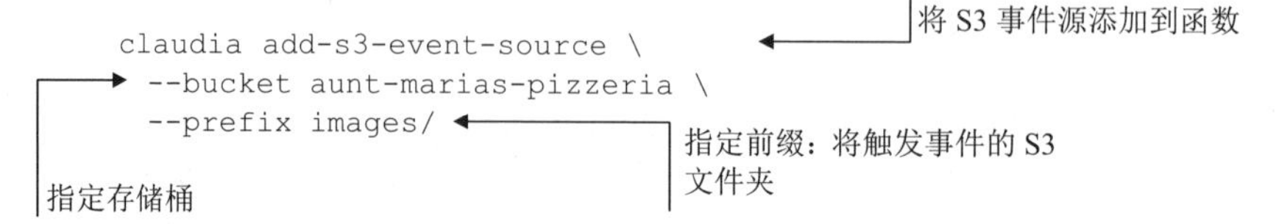


```
claudia add-s3-event-source \
  --bucket aunt-marias-pizzeria \
  --prefix images/
```

成功添加的触发器将返回一个空对象作为响应，否则显示错误。

查看新服务是否正常工作的最简单方法之一是手动将文件上传到 S3 存储桶的 images 文件夹。可尝试这样做，然后等待几秒的时间，检查 S3 存储桶中的 thumbnails 文件夹。

如果想试用 API 和图片处理服务的完整流程，可以使用 https://github.com/effortless-serverless/pizzeria-web-app 中的前端应用。

7.3　试一试

本章内容非常简单，但由于是本书第 I 部分的结尾，此处的练习显得更加复杂。

7.3.1 练习

Mike 准备的一些图片很大，甚至超过 1000 万像素。由于文件太大会导致 Web 应用和移动应用的加载速度变慢，因此需要调整高度或宽度以缩小图片的大小。

以下是一些提示：

- 再次使用 convert 函数调整文件大小。
- 在调整大小期间要小心，因为正在修改用于生成缩略图的文件，也许不应该同时执行这两个操作。
- 最后将这两个文件上传到 S3。

7.3.2 解决方案

如代码清单 7.8 所示，大多数代码保持不变，但仍然需要从 S3 下载图片并存储在/tmp 文件夹中，然后需要生成缩略图，最后需要将图片上传到 S3。

但是也有一些不同之处。从 S3 下载图片并存储到本地文件系统后，需要在创建缩略图之前调整图片大小。从技术上讲，可以在创建缩略图后调整图片大小，但最好从较小的图片创建缩略图，而不是使用原始大小。

调整图片大小并生成缩略图后，需要将这两个文件上载到 Amazon S3。可以并行执行这两个操作，因此应该使用 Promise.all 并行化上传过程。

为清楚起见，代码清单 7.8 显示了完整的代码示例。执行 claudia upload 命令并尝试手动将大图片上传到存储桶以测试解决方案。

提示 缘于 AWS SDK 的大小，claudia update 命令的执行速度会变慢。默认情况下，该命令在 AWS Lambda 上可用，因此为了加快部署，应该将其重新安装为可选依赖项，并使用--no-optional-dependencies 标志运行 claudia update 命令。这样做会从部署到 Lambda 函数的 zip 文件中删除可选的依赖项。

代码清单 7.8　将图片转换为缩略图并将大图片调整为合理的大小

```
'use strict'

const fs = require('fs')
const path = require('path')
const exec = require('child_process').exec
const mime = require('mime')
const aws = require('aws-sdk')
const s3 = new aws.S3()

function convert(bucket, filePath) {
  const fileName = path.basename(filePath)

  return s3.getObject({   ← 从 S3 中下载文件
    Bucket: bucket,
```

```
      Key: filePath
    }).promise()
      .then(response => {
        return new Promise((resolve, reject) => {
          if (!fs.existsSync('/tmp/images/'))
            fs.mkdirSync('/tmp/images/')

          if (!fs.existsSync('/tmp/thumbnails/'))
            fs.mkdirSync('/tmp/thumbnails/')

          const localFilePath = path.join('/tmp/images/', fileName)

          fs.writeFile(localFilePath, response.Body, (err, fileName) => {
            if (err)
              return reject(err)

            resolve(filePath)
          })
        })
      })
      .then(filePath => {
        return new Promise((resolve, reject) => {
          const localFilePath = path.join('/tmp/images/', fileName)

          exec(`convert ${localFilePath} -resize 1024x1024\\>
${localFilePath}`, (err, stdout, stderr) => {
            if (err)
              return reject(err)

            resolve(fileName)
          })
        })
      })
      .then(filePath => {
        return new Promise((resolve, reject) => {
          const localFilePath = path.join('/tmp/images/', fileName)
          const localThumbnailPath = path.join('/tmp/thumbnails/', fileName)

          exec(`convert ${localFilePath} -resize 120x120\\> ${localThumbnailPath}`,
         (err, stdout, stderr) => {
            if (err)
              return reject(err)

            resolve(fileName)
          })
        })
      })
      .then(fileName => {
        const localThumbnailPath = path.join('/tmp/thumbnails/', fileName)
        const localImagePath = path.join('/tmp/images/', fileName)

        return Promise.all([
          s3.putObject({
            Bucket: bucket,
            Key: `thumbnails/${fileName}`,
```

调整原始图片的大小（.then(response => {）

将文件保存到本地/tmp 文件夹（.then(filePath => {）

将 convert 命令封装到 JavaScript Promise 中（return new Promise((resolve, reject) => {）

执行 convert 命令（exec(...)）

生成缩略图并保存到本地文件系统中（.then(filePath => {）

将文件上传到 S3（.then(fileName => {）

上传缩略图（s3.putObject({）

返回 Promise.all，将两个文件上传到 S3（return Promise.all([）

```
        Body: fs.readFileSync(localThumbnailPath),
        ContentType: mime.getType(localThumbnailPath),
        ACL: 'public-read'
      }).promise(),
      s3.putObject({   ◄──── 上传图片
        Bucket: bucket,
        Key: `images/${fileName}`,
        Body: fs.readFileSync(localImagePath),
        ContentType: mime.getType(localImagePath),
        ACL: 'public-read'
      }).promise()
    ])
  })
}

module.exports = convert
```

7.4　本书第 I 部分结束：特殊练习

你已经学习了创建无服务器 API 的基础知识，现在是时候对它们进行测试了。本书的每一部分都以特殊练习结束，你将在特殊练习中测试自己学到的技能。每个特殊练习都会极大地挑战你已获得的知识，并且会为需要额外挑战的人员提供进阶任务。

本章的特殊练习建立在前面所有内容的基础上，目标是创建一个新的 DynamoDB pizza 表，它将保留原有的比萨，在那里添加静态比萨列表，然后添加一个新的 API 调用，以更好地处理比萨图片。与本章前面介绍的实现相反，这个新的 API 调用应该将上传的比萨图片保存到 S3，然后将生成的 URL 发送到 DynamoDB 数据库，作为 pizza 表中的额外列保留。这意味着每个比萨都会有相应的图片网址。

注意　特殊练习没有任何提示，由你测试和验证解决方案。

进阶任务

如果这对你来说太容易了，那么进阶任务会带来另一层复杂性，这在许多应用中很常见。进阶任务是扩展比萨对象以分配多个图片，并允许将其中一张图片设置为默认值。

7.5　本章小结

- 无服务器应用不需要无服务器存储，但需要完全无服务器化。

- 使用 AWS 时，需要 S3 无服务器存储服务。
- 应坚持尝试将无服务器应用分离为更小的微服务。例如，对于图片处理，应始终具有单独的无服务器功能。
- Claudia.js 可帮助你轻松将 Lambda 连接到 S3 存储事件。
- 可以在无服务器函数中使用 ImageMagick 处理图片，然后将它们存储到 S3 中。

第Ⅱ部分

来聊天吧

现在 Maria 姨妈有了自己的比萨店应用，是时候通过聊天机器人和语音助手带来一些乐趣了，让比萨店更接近年轻人。如果可以让 Alexa 帮你订一份比萨，那么为什么还要使用应用？

首先，我们将构建简单的 Facebook Messenger 聊天机器人(见第 8 章)，将其连接到当前的数据库和交付服务(见第 9 章)。然后，为不那么精通技术的客户构建 SMS 聊天机器人，例如你的 Frank 叔叔，他们想要通过简单的信息订购比萨(见第 10 章)。最后，因为你的表弟 Julia 为 Maria 姨妈买了亚马逊 Echo Dot 作为圣诞礼物，你将建立 Alexa skill，从而让每个人都可以用语音命令订购比萨。

第 8 章

订购比萨只需要一条信息：聊天机器人

本章要点：

- 构建无服务器聊天机器人
- 无服务器聊天机器人如何工作，Claudia Bot Builder 如何提供帮助
- 使用第三方聊天机器人平台(Facebook Messenger)

无服务器应用并不总是 API 或简单的微服务。软件在不断发展，人们正在寻找不同的方式来使用它们。从孤立的桌面应用到 Web 应用和移动应用，我们已经走了很长一段路，最近我们开始关注聊天机器人和语音助理。

本章介绍如何通过在 Facebook Messenger 上构建无服务器聊天机器人并与比萨店 API 集成，来进一步与用户进行交互。你还将了解聊天机器人的工作方式以及如何使用 Claudia 以无服务器方式轻松实现它们。

8.1　浏览器之外的比萨订购

当致力于开发 Maria 姨妈的比萨店 API 时，她的侄女 Julia 有好几次在比萨店旁边跟你打招呼。Julia 正在读高中，当然，她在手机上也花了很多时间。她很高兴

你帮助为 Maria 姨妈的比萨店设立了在线订购服务，但她们抱怨这不够酷。你的比萨店应用已经落后于 Maria 姨妈的主要竞争对手，他们现在有了 Facebook Messenger 聊天机器人，能够帮助他们的客户在不离开 Facebook 的情况下订购比萨。因为 Julia 的同学总是在 Facebook Messenger 上聊天，所以他们一直都在使用。聊天机器人肯定能帮助 Maria 姨妈接触更多的年轻客户，所以她问你是否可以提供帮助。

什么是聊天机器人

聊天机器人是一种计算机程序，旨在通过基于文本或听觉的方法模拟与一个或多个用户的智能对话。

聊天机器人简史

对于许多人来说，聊天机器人听起来像是新的炒作，虽然这个想法由来已久。由于试图让用户以更加人性化的方式使用计算机，因此 20 世纪中期出现了聊天机器人。

在 1950 年，著名的图灵测试中提到了聊天机器人。然后是 1966 年的 ELIZA——Rogerian 心理治疗和原始自然语言处理(NLP)的早期例子。在那之后，PARRY 在 1972 年模拟了患有偏执型精神分裂症的人，详情可参阅 https://tools.ietf.org/html/rfc439。

1983 年，一本名为 *The Policeman's Beard Half Constructed* 的书由 Racter 编写，Racter 是人工智能计算机程序，可以产生随机的英语散文。Racter 后来作为聊天机器人发布。

著名的聊天机器人之一是 1995 年发布的 Alice。虽然无法通过图灵测试，但 Alice 赢得了三次 Loebner 奖。Loebner 奖是一项年度人工智能竞赛，旨在奖励最类似人类的计算机程序。在 2005 年和 2006 年，两名 Jabberwocky 机器人角色赢得了相同的奖项。

2014 年，Slackbot 让聊天机器人枯木逢春。2015 年，Telegram 和 Facebook Messenger 发布了 chatbot 支持；2016 年，Skype 做了同样的事情，苹果和其他一些公司发布了更多的聊天机器人平台。

如今，构建聊天机器人通常更像是一种营销活动，目标是在主要的社交平台上覆盖更多潜在客户，而无须他们访问其他网站或者安装移动应用或桌面程序。

8.2 来自 Facebook Messenger 的问候

因为需要在 Facebook Messenger 上构建比萨聊天机器人，所以了解用户如何向聊天机器人发送消息以及 Facebook 聊天机器人如何工作非常重要。

Facebook 聊天机器人是 Facebook 页面的支持应用，这意味着它们不是独立的应用，如游戏。构建 Facebook 聊天机器人分四步：

(1) 为聊天机器人设置 Facebook 页面。

(2) 创建一个 Facebook 应用，用于为聊天机器人提供服务并将其连接到页面。

(3) 实施聊天机器人并进行部署。

(4) 将聊天机器人连接到 Facebook 应用。

为了开始与聊天机器人进行交互，用户需要打开 Facebook 页面并向其发送消息。页面上的 Facebook 应用接收消息并使用用户的消息向聊天机器人发送请求。聊天机器人接收并处理消息，并向 Facebook 应用返回响应，响应将展示在 Facebook 页面的消息框中。

消息传递过程的详细概述如图 8.1 所示。

在开始考虑如何实施聊天机器人服务之前，有一些好消息。除 Claudia API Builder 外，还有 Claudia Bot Builder。

Claudia Bot Builder 是封装了 Claudia API Builder 的瘦库，用于抽象出各种消息传递平台 API，并提供简单、统一的 API 来构建聊天机器人。Claudia Bot Builder 的目的是帮助你在各种消息平台上构建聊天机器人，例如 Facebook、Slack、Viber，等等。

首先，需要在与 pizza-api 和 pizza-image-processing 文件夹相同的目录级别创建一个新的文件夹，命名为 pizza-fb-chatbot。创建之后，打开这个新的文件夹并启动新的 NPM 项目。然后，需要将 Claudia Bot Builder 安装为项目依赖项。为此，请参阅附录 A。

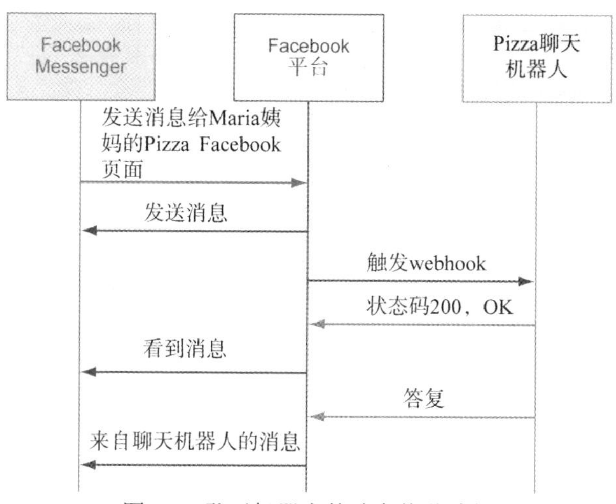

图 8.1　聊天机器人的消息传递过程

安装 Claudia Bot Builder 后，需要设置 Facebook 页面及 Facebook 应用并连接它们。有关如何执行此操作的说明，请参阅附录 B。

现在已经设置了项目，可以从实际需求开始。需要为聊天机器人创建初始文件，因此在 pizza-fb-bot 文件夹的根目录中创建 bot.js 文件，并在自己喜欢的代码编辑器中打开新创建的文件。

在 bot.js 文件的顶部，需要 Claudia Bot Builder。

提示 与 Claudia API Builder 不同，Claudia Bot Builder 是模块而不是类，因此无须实例化。

Claudia Bot Builder 需要将消息处理函数作为第一个参数，并返回一个 Claudia API Builder 实例。消息处理函数是聊天机器人收到消息时将要调用的函数。从聊天机器人回复的最简单方法是返回短信。Claudia Bot Builder 将在聊天平台所需的模板中格式化文本消息。

由于 Claudia Bot Builder 返回的是 Claudia API Builder 实例，因此最后一步需要导出 Claudia Bot Builder 函数返回的 Claudia API Builder 实例。

bot.js 文件的内容可参见代码清单 8.1。

代码清单 8.1 一个简单的聊天机器人，打招呼

```
'use strict'

const botBuilder = require('claudia-bot-builder')

const api = botBuilder(() => {
  return `Hello from Aunt Maria's pizzeria!`
})

module.exports = api
```

需要 Claudia Bot Builder 模块

设置 Claudia Bot Builder 消息处理函数并保存 Claudia API Builder 实例

聊天机器人回复的简单文字

部署聊天机器人与部署比萨店 API 类似。如代码清单 8.2 所示，需要执行 claudia create 命令并为区域和--api-module 选项提供初始文件的路径(不带扩展名)。初始文件是 bot.js 文件，因此需要提供 bot 作为 API 的模块路径。除区域和 API 模块外，还需要提供--configure-fbbot 选项，用于设置 Facebook Messenger 聊天机器人的配置。让我们先看看运行情况，再解释当在本章后面使用这个选项时后台会发生什么。

代码清单 8.2 部署聊天机器人并设置 Facebook Messenger 的配置

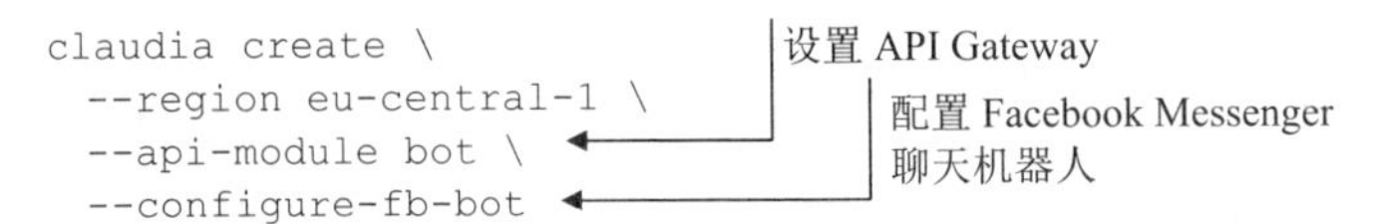

使用--configure-fb-bot 选项执行 claudia create 命令将使该命令具有交互性。如果 API 部署成功了，该命令将要求提供 Facebook 页面的访问令牌，然后使用验证令牌打印出 webhook URL(有关 Facebook 设置过程的详细说明，可参阅附录 B)。

注意 部署聊天机器人时，只有添加到 Facebook 页面和 Facebook 应用的用户才能与之通信。要使聊天机器人公开，需要提交以供审核。有关审核流程的详细信息，可参阅 https://developers.facebook.com/docs/messenger-platform/app-review/。

当提供 Facebook 页面的访问令牌时，聊天机器人将准备好并立即可用于测试。要测试聊天机器人，请转到 Facebook 页面并向其发送消息。聊天机器人目前总是回复静态文本 Hello from Aunt Maria's pizzeria!，如图 8.2 所示。

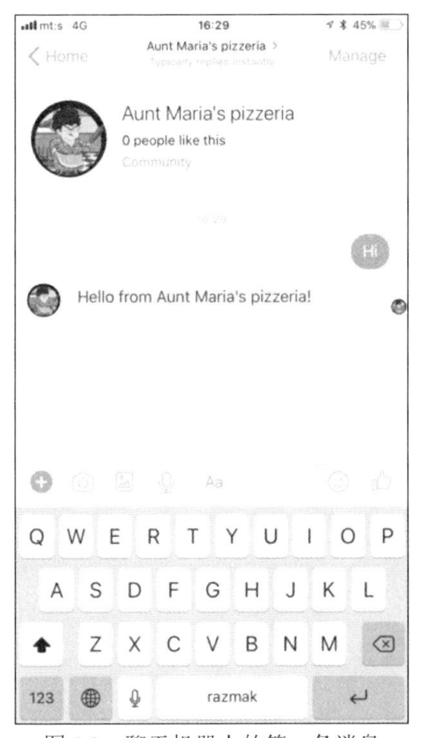

图 8.2　聊天机器人的第一条消息

8.3　你们有什么比萨

能在几分钟内就建立聊天机器人是令人满意的，但现在的聊天机器还没什么用。为了使聊天机器人有用，应该允许客户查看所有可用的比萨并下订单。让我们首先向客户展示比萨列表。

如果还记得第 2 章，那么当前可用的比萨存储在静态 JSON 文件中。作为临时解决方案，将该 JSON 文件复制到新项目中。首先创建 data 文件夹，然后将 pizza-api 文件夹中的 pizzas.json 文件复制到已创建的 pizza-fb-chatbot 项目的 data 文件夹中。

需要做的下一件事是将比萨列表显示为聊天回复。为聊天机器人定义适当的态度和语气超出了本书的讨论范围，所以现在尝试在列出比萨之前提出一些友好的信息，比如“你好，这是我们的比萨菜单”，然后问用户他们想要订购哪个。为此，需要更新 bot.js 文件。

首先，从 pizzas.json 文件中导入比萨列表，该文件位于 data 文件夹中。然后更新 botBuilder 消息处理函数以返回比萨列表并要求用户选择订购哪个比萨。

使用 Claudia Bot Builder，可以发送多条消息作为对用户的响应。为了启用此功能，需要返回消息数组而不是单个静态文本。数组中的每条消息都将单独发送，顺序由数组中消息的顺序决定。

现在，我们想要从 JSON 文件中获取比萨列表，并将每个比萨的名称转换为字符串。为此，可以映射比萨数组，获取每个比萨的名称，然后使用 Array.join 函数将数组转换为字符串。

更新后的 bot.js 如代码清单 8.3 所示。

代码清单 8.3 聊天机器人回复比萨列表

```
'use strict'

const pizzas = require('./data/pizzas.json')   ← 从 JSON 文件导入比萨列表

const botBuilder = require('claudia-bot-builder')

const api = botBuilder(() => {
  return [   ← 将多个消息作为数组返回
    `Hello, here's our pizza menu: ` + pizzas.map(pizza => pizza.name).
    join(', '),   ← 在第一条消息中列出所有比萨
    'Which one do you want?'   ← 在第二条消息中询问用户想要订购的比萨
  ]
})

module.exports = api
```

使用 claudia update 命令部署更新的聊天机器人。大约一分钟后，更新命令完成并返回代码清单 8.4 所示的输出。

代码清单 8.4　claudia update 命令的响应

Lambda 函数的 ARN

Node.js 运行时用于执行函数

Lambda 函数的名称

```
{
  "FunctionName": "pizza-fb-bot",
  "FunctionArn": "arn:aws:lambda:eu-central-1:721177882564:function:pizza-fb-
     bot:2",
  "Runtime": "nodejs6.10",
  "Role": "arn:aws:iam::721177882564:role/pizza-fb-bot-executor",
  "url": "https://wvztkdiz8c.execute-api.eu-central-1.amazonaws.com/latest",
  "deploy": {
    "facebook": "https://wvztkdiz8c.execute-api.eu-central-1.amazonaws.com/
     latest/facebook",
    "slackSlashCommand": "https://wvztkdiz8c.execute-api.eu-central-1.
     amazonaws.com/latest/slack/slash-command",
    "telegram": "https://wvztkdiz8c.execute-api.eu-central-1.amazonaws.com/
     latest/telegram",
    ...
  }
}
```

函数的角色

所有支持平台的 webhook URL

API Gateway URL

尝试向聊天机器人发送新的消息，你将看到更新后的答案，如图 8.3 所示。

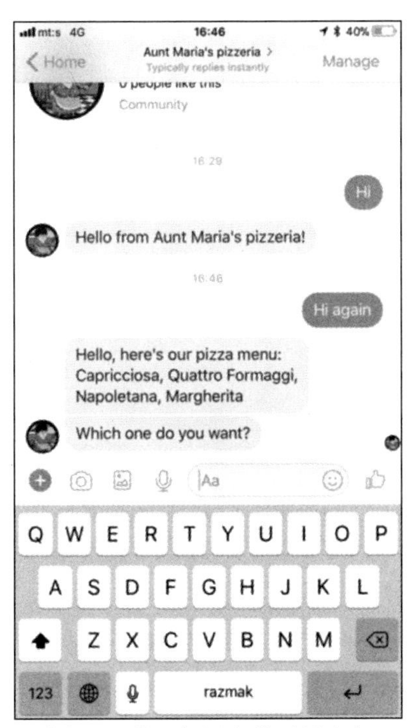

图 8.3　聊天机器人的更新响应

8.4 加快部署速度

你可能已经注意到，更新聊天机器人比更新 API 需要更长的时间。那是因为 Claudia Bot Builder 不知道是否更改了 API 配置，因此会重建所有支持平台的 webhook 路径。关于 Claudia Bot Builder 如何工作的详细解释参见 8.6 节。

幸运的是，有一种方法可以跳过重建步骤并加快部署过程。为此，可以使用 --cache-api-config 选项，该选项需要 stage 变量名称。提供该选项后，Claudia 将创建 API Gateway 配置的哈希值，存储在 stage 变量中，并使用你在 update 命令中作为下一个参数提供的名称。后续部署都将检查 stage 变量是否存在，并比较哈希值以查看是否应更新 API Gateway 配置。除非添加新的 API 路径，否则此过程会加快部署速度。

我们建议将 claudia update 命令与--cache-api-config 选项一起添加为 package.json 文件中的 NPM 脚本。如果选择这样做，那么还应该将 Claudia 安装为 dev 依赖项，如附录 A 所述。package.json 文件的内容现在如代码清单 8.5 所示。

代码清单 8.5 带有更新脚本的 package.json 文件

```
{
  "name": "pizza-fb-chatbot",
  "version": "1.0.0",
  "description": "A pizzeria chatbot",
  "main": "bot.js",
  "scripts": {
    "update": "claudia update --cache-api-config apiConfig"    ← 将 claudia update 命令添加为 NPM 脚本
  },
  "license": "MIT",
  "dependencies": {
    "claudia-bot-builder": "^2.15.0"
  },
  "devDependencies": {
    "claudia": "^2.13.0"    ← 将 Claudia 安装为 dev 依赖项
  }
}
```

当不经常更新 API 定义时，--cache-api-config 选项很有用，并且可以显著加快部署速度。但 Claudia Bot Builder 为所有平台创建了 webhook，如果只为单个平台构建聊天机器人，则不需要为其他平台提供 webhook。从版本 2.7.0 开始，Claudia Bot Builder 允许仅启用正在使用的平台。为此，需要提供选项作为 botBuilder 函数的第二个参数。Claudia Bot Builder 期望这些选项(如果提供的话)是对象。为了仅启用 Facebook Messenger 平台，需要在选项对象中添加 Flatforms 键，并使用字符串"facebook"作为值，如代码清单 8.6 所示。

有关选择平台的更多信息，可参阅 https://github.com/claudiajs/claudia-botbuilder/blob/master/docs/API.md。

代码清单 8.6 将 Facebook Messenger 作为唯一启用平台的聊天机器人

```
'use strict'

const pizzas = require('./data/pizzas.json')

const botBuilder = require('claudia-bot-builder')

const api = botBuilder(() => {
  return [
    'Hello, here's our pizza menu: ' + pizzas.map(pizza => pizza.name).join(', '),
    'Which one do you want?'
  ]
}, {
  platforms: ['facebook']
})

module.exports = api
```

提供选项对象作为 botBuilder 函数的第二个参数

提供一系列想要启用的平台，在这里，只需要 Facebook

如果现在从项目目录执行 npm run update 命令，你将看到部署速度明显加快。

8.5 Messenger 模板

Maria 姨妈的聊天机器人现在能够向顾客展示可用的比萨列表。但即使完成了这项工作，客户也可能不明白下一步该做什么。

建立良好的聊天机器人体验会很难。大多数用户不习惯文本界面，聊天机器人通常需要一些自然语言处理和人工智能，两者都很难正确设置。对于某些口语，目前几乎是不可能的。许多聊天机器人平台已经承认这些问题，并通过添加对某些类似应用的界面(如按钮和列表)的支持来简化开发并改善用户体验。

Facebook Messenger 是其中一个平台，其用户界面元素被称为模板。Facebook Messenger 提供了几种不同的模板，例如：

- 通用模板——以旋转或水平滚动列表的形式发送消息，其中的卡片可以包含标题、副标题/描述、图片和最多三个按钮。
- 按钮模板——使用文本下方的简单按钮(最多三个)发送消息。
- 列表模板——以垂直项目列表的形式发送包含名称、描述、图片以及号召性用语按钮的消息。
- 收货模板——在交易后向订户发送订单确认或收据。

有关支持的模板的完整列表，可访问 https://developers.facebook.com/docs/messenger-platform/send-messages/templates/。

在这里，通用或列表模板似乎是潜在的解决方案。但列表模板对列表大小有限制：至少需要两个项目，最多可以显示四个项目。通用模板更灵活，可以显示一个项目，但最多显示十个项目。因为想要显示四个以上的比萨，所以应该使用通用模板。

要通过比萨列表返回模板而不是文本，需要使用具有特定结构的 JSON 对象进行回复。这样做听起来很简单，但是这些 JSON 对象可能非常大，而且由于要显示多达十个比萨，因此代码的可读性将受到影响。

为了提高可读性并简化模板的使用，Claudia Bot Builder 将一些支持的平台(包括 Facebook、Telegram 和 Viber)的模板封装到了模板消息构建器类中。对于 Facebook，模板消息构建器可通过 botBuilder.fbTemplate 对象获得，该对象是每个受支持模板的类的集合。

注意 要查看 Claudia Bot Builder 的模板消息构建器类的完整列表，可参阅 https://github.com/claudiajs/claudia-bot-builder/blob/master/docs/FB_TEMPLATE_MESSAGE_BUILDER.md。

如前所述，通用模板显示项目或元素的水平可滚动轮播效果。每个元素由图片附件、标题、可选描述和请求用户输入的按钮组成。通用模板按钮可以有不同的操作，例如打开 URL 或者将回传发送到 webhook。有关按钮操作的完整列表以及通用模板的更多详细信息，可访问 https://developers.facebook.com/docs/messenger-platform/send-messages/template/generic。

在 Claudia Bot Builder 中，通用模板通过 botBuilder.fbTemplate.Generic 类公开。首先，需要在没有参数的情况下初始化类，并将实例保存到 message 常量中。

然后，应该为每个比萨添加轮播条目，也称为气泡。为此，遍历比萨数组，并使用 fbTemplate.Generic 类的 message.addButton 方法为每个比萨添加按钮，该方法需要将气泡标题作为参数。

接下来，为每个比萨添加图片和按钮，可以分别通过 addImage 和 addButton 方法来实现。对于 addImage 方法，需要提供有效的图像 URL，并且 addButton 方法需要按钮名称和值，值将在单击按钮时传递。现在，添加 Details 按钮并将比萨 ID 作为值发送。第 9 章将实现按钮逻辑。

所有类方法都允许链接，因此可以按如下方式链接它们：

```
message.addBubble(pizza.name).addImage(pizza.image).addButton('Details',
   pizza.id)
```

在链的末尾，需要使用 message.get 方法将按钮转换为 Facebook 期望的 JSON 响应。因为用户将使用模板按钮来订购比萨(将在第 9 章中实现此功能)，可以将标签替换为 Which one do you want？消息与 message.get。

更新后的 bot.js 文件如代码清单 8.7 所示。

代码清单 8.7　使用通用模板回答的 Claudia Bot Builder 功能

```
'use strict'

const pizzas = require('./data/pizzas.json')

const botBuilder = require('claudia-bot-builder')
const fbTemplate = botBuilder.fbTemplate          // 创建新的 fbTemplate 常量，用于公开 Facebook 模板消息构建器

const api = botBuilder(() => {
  const message = new fbTemplate.Generic()        // 创建 Generic 模板类的新实例

  pizzas.forEach(pizza => {                       // 循环比萨列表
    message.addBubble(pizza.name)                 // 为每个比萨添加气泡
      .addImage(pizza.image)                      // 为每个比萨添加图片
      .addButton('Details', pizza.id)             // 为每个比萨添加按钮，并且在用户单击按钮时将比萨 ID 作为值传递
  })

  return [
    'Hello, here's our pizza menu:',
    message.get()
  ]
}, {
  platforms: ['facebook']
})

module.exports = api
```

更新 bot.js 文件后，执行 npm run update 命令。一旦完成，就可以向聊天机器人发送新消息，参见图 8.4 中的回复。

图 8.4　使用通用模板的聊天机器人

8.6 Claudia Bot Builder 的工作方式

有了漂亮的聊天机器人，现在看看 Claudia Bot Builder 做了什么。

大多数流行的聊天机器人平台都使用 webhook 来通知服务器收到了新消息，但是每个平台都会以不同的结构发送数据，并且希望你以特定于平台的方式进行回答。

Claudia Bot Builder 的主要目标是将接收和发送消息的特定于平台的结构抽象为简单的 API。它使用 Claudia API Builder 为每个支持的平台创建 webhook。在撰写本书时，Claudia Bot Builder 支持 10 个平台(包括 Facebook Messenger、Slack、Amazon Alexa 和 Telegram)。

如图 8.5 所示，Claudia Bot Builder 的消息-回复生命周期如下：

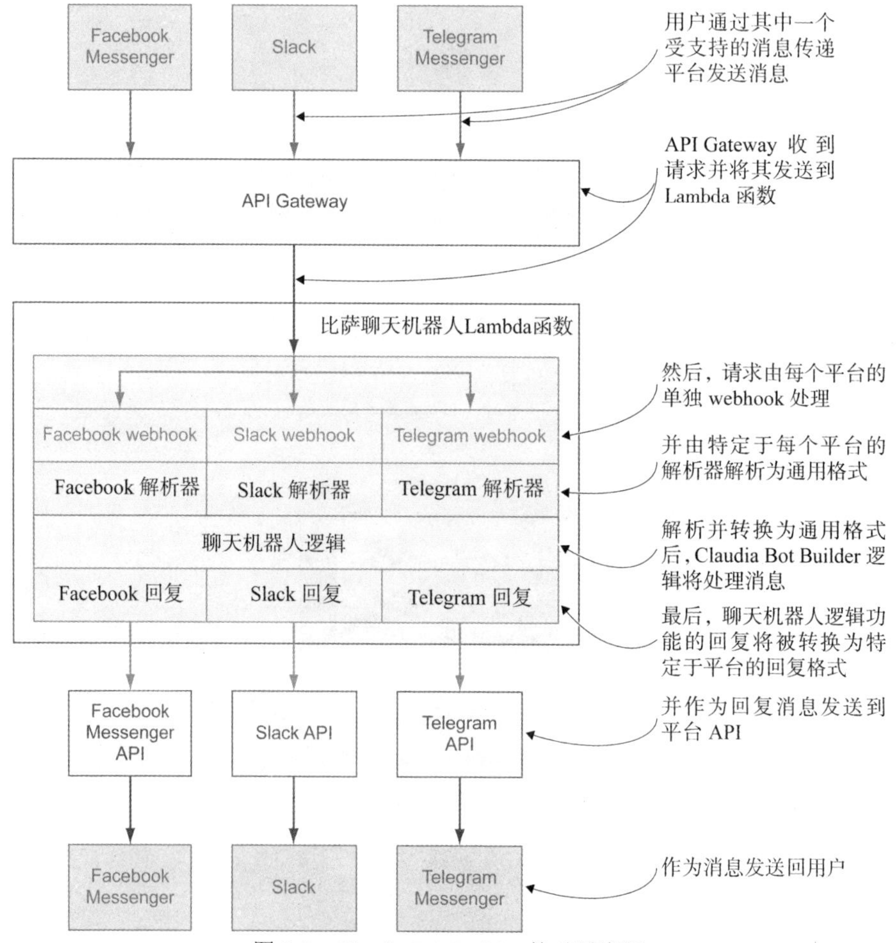

图 8.5 Claudia Bot Builder 的对话流程

(1) 用户通过信使平台发送消息。

(2) 平台 API 通过平台设置中提供的 webhook 访问 API Gateway。

(3) API Gateway 触发 Lambda 函数，其中请求被转发到特定于平台的 API 端点。

(4) 使用特定于平台的消息解析器将请求解析为通用格式。

(5) 已解析的消息将被传递给聊天机器人逻辑。

(6) 聊天机器人逻辑的答案包含在特定于平台的格式中。

(7) Claudia Bot Builder 通过已封装的回复来调用平台 API。

(8) 平台 API 将回复发送回用户的信使应用。

可以看到，botBuilder 函数需要一个消息处理函数，可以将一个带有选项的对象作为额外参数传递给它。该消息处理函数是聊天机器人逻辑，而选项对象仅用于指定使用的平台，以加快部署速度。

可以使用两个参数调用消息处理函数：消息对象和原始的 Claudia API Builder 请求对象。

已解析的消息对象包含以下属性。

- text：从特定于平台的消息格式中提取的已接收消息的文本。在大多数情况下，如果希望回复文本消息，这是需要的唯一信息。
- type：接收消息的平台。有关平台列表，请参阅 https://github.com/claudiajs/claudia-bot-builder/blob/master/docs/API.md。
- sender：发件人的标识符，取决于平台，但在大多数情况下为用户 ID。
- postback：布尔属性。如果消息是 Facebook 回传的结果(例如，单击通用模板按钮)，就会出现这种情况。对于不支持回传的全新消息或平台，postback 将是未定义的(假的)。
- originalRequest：webhook 收到的原始邮件对象。如果想要执行 Claudia Bot Builder 未提供的某些特定于平台的操作，这将非常有用。

最后，回复来自 Claudia Bot Builder 的消息就像回复 Claudia API Builder 一样简单。要回复文本消息，需要返回字符串。还可以使用消息模板构建器或返回 JSON 对象来回复特定于平台的模板。要异步回复，请在 Promise 链的末尾返回文本或对象。

8.7 试一试

你已经学习了使用 AWS Lambda 实现 Facebook Messenger 聊天机器人的基础知识。仅仅赢得 Loebner 奖还不够，但它足以给你带来一些乐趣。和前几章一样，我们为你准备了一个练习。

8.7.1 练习

第一个聊天机器人练习旨在展示创建聊天机器人是多么容易。

使用相同的 Facebook 页面和应用，创建一个聊天机器人，回显收到的消息文本。

以下是两个提示：

- 检查 message 参数，获取所有属性并返回用户发送的相同文本消息。
- 使用内置方法反转字符串。

8.7.2 解决方案

代码清单 8.8 所示的解决方案简单明了。

代码清单 8.8 一个简单的反向回显聊天机器人

```
'use strict'

const botBuilder = require('claudia-bot-builder')

const api = botBuilder((message) => {
  return message.text.split('').reverse().join('')
}, {
  platforms: ['facebook']
})

module.exports = api
```

使用需要 message 属性的处理函数调用 botBuilder 函数

引入 Claudia Bot Builder

返回收到的文本消息

提供选项对象，仅将筛选的平台过滤为 Facebook Messenger

导出 Claudia API Builder 的返回实例，其中 Claudia API Builder 由 botBuilder 实例化

这个聊天机器人很简单，但不要认为所有聊天机器人都如此！

8.8 本章小结

- Claudia 使你能够在单个命令中为多个不同的平台部署聊天机器人。
- Claudia Bot Builder 是 Claudia API Builder 的封装器，它会返回一个 API 实例。
- Claudia Bot Builder 以需要回答的平台所需的格式封装文本回复。
- 可以使用 Claudia Bot Builder 模板构建特定于平台的模板消息。

第 9 章

异步和延迟响应

本章要点：

- 将无服务器聊天机器人连接到 AWS DynamoDB
- 当比萨准备好时，向用户发送延迟消息
- 集成简单自然语言处理(Natural Language Processing，NLP)

能够快速构建和部署不同的应用非常有用。如你所见，使用 Claudia Bot Builder 构建聊天机器人非常简单，在几分钟内就可以构建一个简单的请求/回复聊天机器人。

但在现实世界中，聊天机器人需要执行更复杂的操作，而不仅仅回复静态数据。你可能需要存储客户信息并请求数据，还可能需要进行一些计算，甚至回答一些不相关的问题。本章将涵盖所有这些内容，你将学习如何从用户请求生成比萨订单，在订单准备好时发送消息，并集成一些基本的自然语言处理(NLP)来处理文本格式的用户输入。

9.1 使聊天机器人具有交互性

你的表妹 Julia 正在跟踪比萨店 API 的进度，当看到可滚动的可用比萨列表时，她很兴奋。她已经开始在学校里传播关于神奇的比萨聊天机器人的消息——比其他比萨店的要好得多。这让你陷入尴尬的境地，但 Maria 姨妈很高兴，因为比萨店

API 的访问流量增加了。

为了不让他们失望，你的聊天机器人需要提供比萨订购服务，并进行一些改进，从而更优秀。

单击订购：响应回复

在聊天机器人的回复中显示带有比萨图片的列表非常棒，因为比起简单的文本回复，客户更喜欢视觉界面。在第 8 章中，每个比萨都显示在一个可视块中，其中还有 Details 按钮。

你的主要目标是支持比萨订购，为此，执行以下操作：

- 在 Details 按钮的下面添加 Order 按钮，如图 9.1 所示。
- 单击 Order 按钮时，通过在数据库中存储比萨订单信息来实现比萨订购。
- 安排下单功能。
- 将 NLP 添加到比萨聊天机器人中，这将使聊天机器人看起来更聪明、更像人类，并鼓励客户与之交互。它将能够回答 Julia 表妹的高中朋友所能想到的任何问题。

图 9.1 带有 Details 按钮和 Order 按钮的聊天机器人的回复

自然语言处理(NLP)

自然语言处理是人工智能的一个分支，用于分析、理解和生成人类自然使用的语言，以便在书面和口头环境中使用自然人类语言而不是计算机语言与计算机进行交互。

如果想在实践中学习 NLP，请参考 Hobson Lane 等人撰写的 *Natural Language Processing in Action* 一书，详见 https://www.manning.com/books/natural-language-processing-in-action。

下面将从代码清单 9.1 开始，并继续讲解。

代码清单 9.1　使用通用模板进行回答的 botBuilder 函数

```
'use strict'

const pizzas = require('./data/pizzas.json')

const botBuilder = require('claudia-bot-builder')
const fbTemplate = botBuilder.fbTemplate

const api = botBuilder(message => {
  const messageTemplate = new fbTemplate.Generic()    ← 创建 Facebook 消息构建器通用模板类的新实例

  pizzas.forEach(pizza => {
    messageTemplate.addBubble(pizza.name)
      .addImage(pizza.image)
      .addButton('Details', pizza.id)
  })    ← 准备比萨的 Facebook 模板菜单

  return [
    'Hello, here\'s our pizmenu:',
    messageTemplate.get()    ← 使用比萨菜单发送问候语
  ]
}, {
  platforms: ['facebook']
})

module.exports = api
```

从上面这段代码可以看出，botBuilder 函数的 message 属性包含关于聊天机器人接收到的请求的有用信息，比如消息是按钮单击响应还是文本信息。

为了让聊天机器人更有用，应该在顾客单击 Details 按钮时回复比萨的详细信息。单击 Order 按钮，顾客就可以订购所选的比萨了。

现在聊天机器人将有三个分支(见图 9.2)：

- 用户可以看到所选比萨的详细信息。
- 用户可以订购自己选择的比萨。
- 如果用户做了其他事情，可以通过菜单显示最初的信息。

客户按钮动作可作为回传消息进行响应。

为了实现图 9.2 中的流程，首先需要通过检查 message.postback 是 true 还是 false 来检查消息是否是回传消息。

如果消息是回传消息，将检查用户是否想要查看比萨的详细信息或订购比萨，还需要所选比萨的 ID。要保存这些信息，可以通过序列化 JSON 值或提供同时具有 action 和比萨 ID 的字符串来更新按钮值，该字符串由分隔符分隔，如管道字符(|)。在聊天机器人的情况下，实现后者更容易，因为聊天机器人的流程非常简单。可以将值保存在 ACTION|ID 格式中，其中 ACTION 表示大写的操作名称(在这里

是 ORDER 或 DETAILS)，ID 表示比萨 ID。

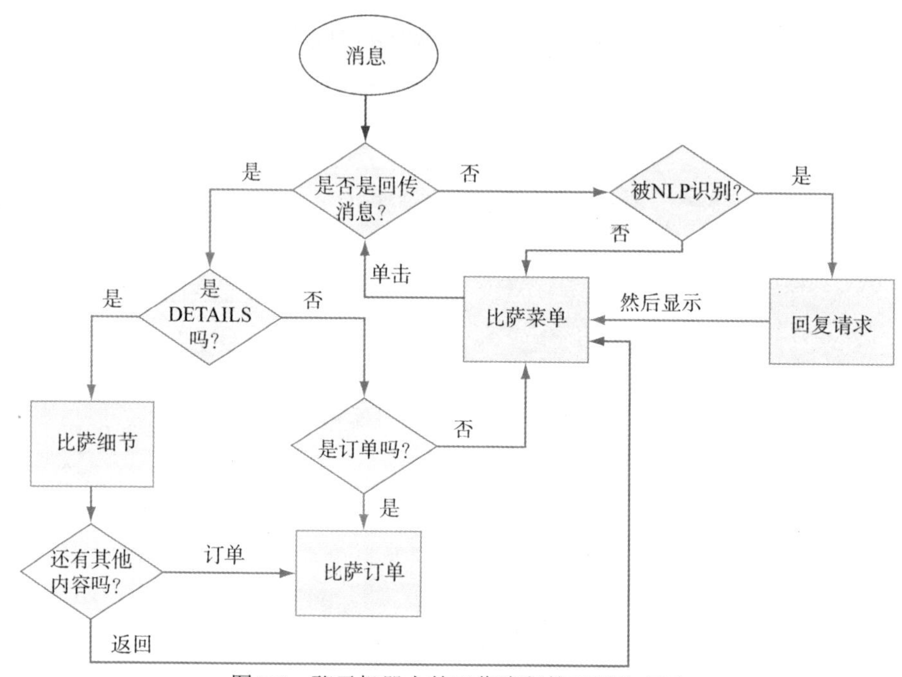

图 9.2 聊天机器人的工作流程的可视化表示

如果聊天机器人接收到的消息是回传消息，那么值将在 message.text 中，可使用内置的 String.split 方法通过管道字符(|)进行拆分：

```
const values = message.text.split('|')
```

新的 values 数组将 action 作为第一项，将比萨 ID 作为第二项。但是，ES6 解构可以帮助提高代码的可读性。如果用 const [action, pizzaId]替换 const values，那么新数组的第一项将直接存储到 action 常量中，将第二项存储到 pizzaId 中。

现在已经提取了 action 和比萨 ID，下面需要检查 action 是 ORDER 还是 DETAILS。

在任何情况下，都需要使用比萨 ID 从 pizzas 数组中查找比萨。为此，可以使用内置的 Array.find 方法，如下所示：

```
const pizza = pizzas.find(pizza => pizza.id == pizzaId)
```

注意，本例使用==而不是===。这是因为 pizzaId 是字符串类型，是从 String.split 函数中得到的，而 pizzas 数组中的 id 是整数。

通过 ID 查找比萨时应该同时使用 if 语句。

注意 如果将 pizzas 数组移动到 DynamoDB 表中，那么可以在这里停下来，尝试将聊天机器人连接到 DynamoDB 表，就像在第 3 章中连接 API 一样。如果被卡住了，或者无法自己完成，不要担心：DynamoDB 连接将在本章后面再次介绍。

当聊天机器人接收到 DETAILS 操作时，可以用逗号将所有比萨配料连接起来，并返回配料表作为回复。但是在收到比萨配料表后，顾客应该如何做呢？下一步做什么？

在 Web 应用中，用户可以在屏幕上看到下一个可用的操作，与此不同，聊天机器人的下一步操作对用户来说并不总是显而易见的。如果只返回比萨配料表，用户很可能不知道下一步该做什么，可能会收到许多意想不到的消息。

即使集成了 NLP，聊天机器人也仍然远远无法在人类的语言水平上进行对话，所以你能够做的事情就是添加一种良好的、创造性的方法来处理错误，同时尝试将用户引向聊天机器人能够处理的流程。设计聊天机器人对话是一个有趣的话题，但这超出了本书的讨论范围。

将用户引导到下一个聊天机器人操作的最简单方法是向他们显示带有可用选项的可视菜单。这并不能保证用户会单击其中某个按钮，但是菜单能比简单地问某个问题产生更好的结果。

应该显示的两个选项是：用户可以预订刚刚预览过的比萨，以及返回到比萨列表。为此，可以使用 fbTemplate 中的 Button 类。Button 类允许呈现最多三个按钮模板，它们看起来来自通用模板，并显示文本回复。

使用 Button 类的方法类似于使用 Generic 类，所以回复应该如下所示：

```
return [
  `${pizza.name} has following ingredients: ` + pizza.ingredients.join(', '),
  new fbTemplate.Button('What else can I do for you?')
    .addButton('Order', `ORDER|${pizzaId}`)
    .addButton('Show all pizzas', 'ALL_PIZZAS')
    .get()
]
```

如你所见，第二个按钮具有 ALL_PIZZAS 值，因此不会传递定义的任何 if 条件，而是显示比萨菜单。稍后，可以修改流程，根据前面的会话流显示稍微不同的消息。

注意 有关 fbTemplate 中的 Button 类的更多信息，详见 https://github.com/claudiajs/claudia-bot-builder/blob/master/docs/FB_TEMPLATE_MESSAGE_BUILDER.md。

在 ORDER action 的情况下，聊天机器人应该根据 ID 找到比萨，并告诉用户订单成功了。本章后面将处理这种情况。

最后，如果不是回传消息，或者 action 既不是 DETAILS 也不是 ORDER，那么可以返回与第 8 章中使用的模板消息类似的通用模板消息。唯一的区别是添加了 Order 按钮：

```
pizzas.forEach(pizza => {
  reply.addBubble(pizza.name)
    .addImage(pizza.image)
    .addButton('Details', `DETAILS|${pizza.id}`)
    .addButton('Order', `ORDER|${pizza.id}`)
})
```

更新后的 bot.js 文件如代码清单 9.2 所示。

代码清单 9.2 聊天机器人接收所选比萨的订单和详细信息

```
'use strict'

const pizzas = require('./data/pizzas.json')

const botBuilder = require('claudia-bot-builder')
const fbTemplate = botBuilder.fbTemplate

const api = botBuilder((message) => {          // 将消息参数添加到处理函数
  if (message.postback) {                      // 检查是否为回传消息
    const [action, pizzaId] = message.text.split('|')   // 如果是，就通过字符|拆分消息文本
    if (action === 'DETAILS') {                // 检查文本的第一部分是否为DETAILS
      const pizza = pizzas.find(pizza => pizza.id == pizzaId)   // 如果是，请从拆分文本数组中获取比萨 ID
      return [
        `${pizza.name} has following ingredients: ` + pizza.ingredients.
        join(', '),                            // 返回所选比萨的成分
        new fbTemplate.Button('What else can I do for you?')   // 返回一个菜单，以便用户可以进一步导航
          .addButton('Order', `ORDER|${pizzaId}`)
          .addButton('Show all pizzas', 'ALL_PIZZAS')
          .get()
      ]
    } else if (action === 'ORDER') {           // 在 else 块中，检查文本的第一部分是否为 ORDER

      const pizza = pizzas.find(pizza => pizza.id == pizzaId)   // 并再次获得比萨 ID

      return `Thanks for ordering ${pizza.name}! I will let you know
     as soon as your pizza is ready.`          // 然后回复比萨 ID 以确认订单
    }
  }

  const reply = new fbTemplate.Generic()       // 如果不是回传消息，就显示主菜单

  pizzas.forEach(pizza => {
```

```
      reply.addBubble(pizza.name)
        .addImage(pizza.image)
        .addButton('Details', `DETAILS|${pizza.id}`)
        .addButton('Order', `ORDER|${pizza.id}`)
    })

    return [
      `Hello, here's our pizza menu:`,
      reply.get()
    ]
  }, {
    platforms: ['facebook']
  })

  module.exports = api
```

现在执行 claudia update 或 npm run update 命令以部署聊天机器人，并尝试新的流程，如图 9.3 所示。

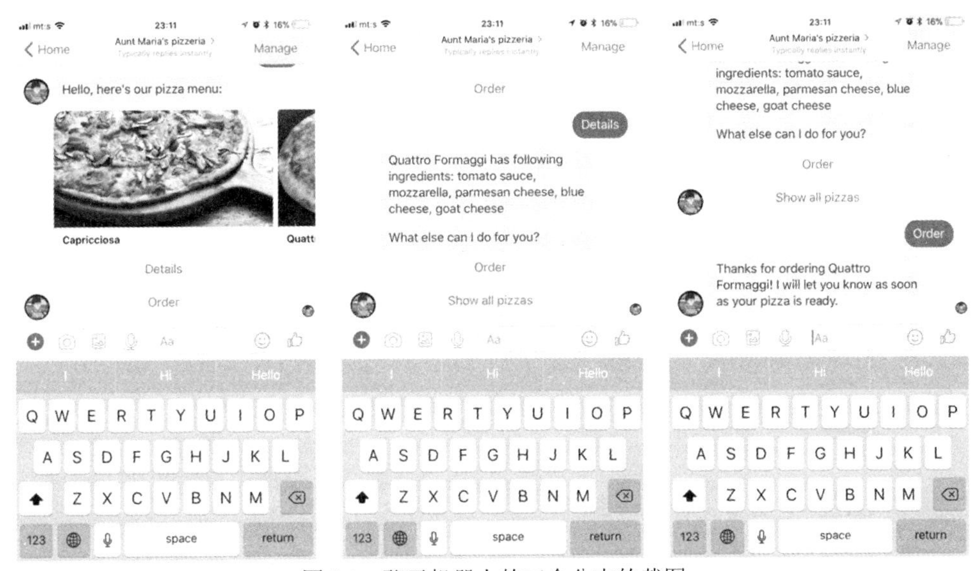

图 9.3　聊天机器人的三个分支的截图

9.2　增强聊天机器人结构的可扩展性

与使用 API 一样，在单个文件中管理整个聊天机器人的流程是不可扩展的。如何改进结构？

聊天机器人没有路由器，但是 if…else 条件就像路由器一样，它们的 action 看起来像处理程序。改进的最简单方法是将路径保存在主文件中，并将处理程序移动到单独的文件中。文件夹结构中应该有 bot.js 文件和 handlers 文件夹，其中包含三个处理程序，每个聊天机器人分支对应其中一个。你的文件夹结构应该类似于图 9.4。

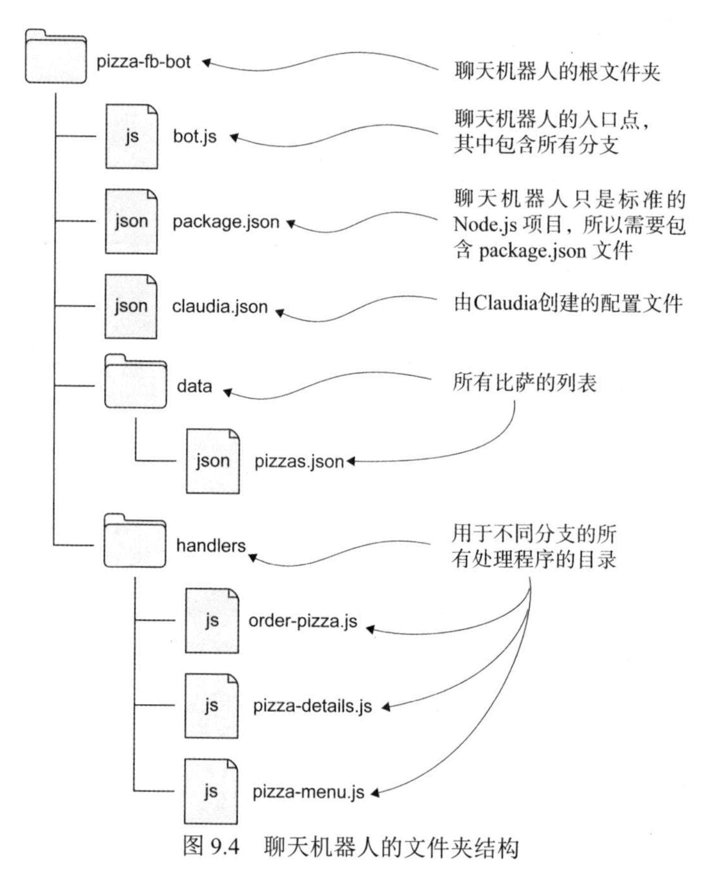

图 9.4 聊天机器人的文件夹结构

使用以下三个 JavaScript 文件创建 pizza-fb-chatbot 项目中的 handlers 文件夹：

- order-pizza.js
- pizza-details.js
- pizza-menu.js

然后使用以下操作更新 bot.js 文件：

- 删除 fbTemplate 的 require 语句，因为 bot.js 文件已不再使用它。
- 刚刚创建的文件需要三个新的处理函数。
- 用 pizzaDetails 和 orderPizza 处理函数替换 pizza details 和 pizza order 逻辑，并将 pizzaId 用作它们的参数。
- 用 pizzaMenu 处理函数替换比萨菜单的通用模板。

更新后，bot.js 文件应该如代码清单 9.3 所示。

代码清单 9.3 主聊天机器人文件

```
'use strict'

const botBuilder = require('claudia-bot-builder')

const pizzaDetails = require('./handlers/pizza-details')
const orderPizza = require('./handlers/order-pizza')
const pizzaMenu = require('./handlers/pizza-menu')

const api = botBuilder((message) => {
  if (message.postback) {
    const [action, pizzaId] = message.text.split('|')

    if (action === 'DETAILS') {
      return pizzaDetails(pizzaId)
    } else if (action === 'ORDER') {
      return orderPizza(pizzaId)
    }
  }

  return [
    `Hello, here's our pizza menu:`,
    pizzaMenu()
  ]
}, {
  platforms: ['facebook']
})

module.exports = api
```

导入处理函数

如果是回传消息并且操作谓词(action verb)是 DETAILS 文本，就调用 pizzaDetails 处理函数

如果是回传消息并且操作谓词(action verb)是 ORDER 文本，就调用 orderPizza 处理函数

如果不是已定义的操作，就使用主菜单进行回复

现在，打开 handlers/pizza-details.js 文件。首先，需要 pizza.json 文件中的比萨列表，以及来自 Claudia Bot Builder 的 fbTemplate。为此，添加以下内容：

```
const pizzas = require('../data/pizzas.json')
const fbTemplate = require('claudia-bot-builder').fbTemplate
```

然后，创建 pizzaDetails 处理函数，该函数只接收参数 pizzaId，并且应该从 pizzas 数组中根据提供的比萨 ID 找到一份比萨，返回它的配料和按钮模板消息，以允许用户订购比萨或返回到完整的比萨菜单。

最后，需要通过在文件的末尾添加 module.exports = pizzaDetails 行来导出 pizzaDetails 处理函数。

现在的 handlers/pizza-details.js 文件应该如代码清单 9.4 所示。

代码清单 9.4　比萨详细信息处理程序

```
'use strict'

const pizzas = require('../data/pizzas.json')
const fbTemplate = require('claudia-bot-builder').fbTemplate

function pizzaDetails(id) {
  const pizza = pizzas.find(pizza => pizza.id == id)

  return [
    `${pizza.name} has following ingredients: ` + pizza.ingredients.join(', '),
    new fbTemplate.Button('What else can I do for you?')
      .addButton('Order', `ORDER|${pizza.id}`)
      .addButton('Show all pizzas', 'ALL_PIZZAS')
      .get()
  ]
}

module.exports = pizzaDetails
```

从 Claudia Bot Builder 导入 fbTemplate

导入比萨列表

创建 pizzaDetails 处理函数

回复比萨的配料和菜单

通过使用回复实例化 fbTemplate.Button 并在下方添加两个按钮，以创建一条带有两个 Facebook Messenger 按钮的回复消息

导出处理函数

根据比萨 ID 获取比萨

接下来，打开 handlers/order-pizza.js 文件，并执行相同的操作。

- 需要 pizzas.json 文件中的比萨列表。
- 实现 orderPizza 处理函数，该函数将接收比萨 ID 作为参数。
- 根据比萨 ID 查找比萨，并返回 orderPizza 函数的文本消息。
- 导出 orderPizza 函数。

现在的 order-pizza.js 文件应该如代码清单 9.5 所示。

代码清单 9.5　比萨订单处理程序

```
'use strict'

const pizzas = require('../data/pizzas.json')

function orderPizza(id) {
  const pizza = pizzas.find(pizza => pizza.id == id)

  return `Thanks for ordering ${pizza.name}! I will let you know as soon as
    your pizza is ready.`
}

module.exports = orderPizza
```

创建处理函数

导入比萨列表

根据比萨 ID 获取比萨

回复订单确认

导出处理函数

更新比萨订单处理程序后，打开 handlers/pizza-menu.js 文件，执行以下操作：

- 导入比萨列表和 fbTemplate。

- 创建 pizzaMenu 处理函数。
- 在 pizzaMenu 处理函数中创建新的通用模板。
- 遍历 pizza.json 文件中的所有比萨并在通用模板消息中为它们中的每一个添加气泡。
- 返回结果消息。
- 导出 pizzaMenu 处理函数。

比萨菜单处理程序如代码清单 9.6 所示。

代码清单 9.6　比萨菜单处理程序

```
'use strict'

const pizzas = require('../data/pizzas.json')
const fbTemplate = require('claudia-bot-builder').fbTemplate

function pizzaMenu() {
  const message = new fbTemplate.Generic()

  pizzas.forEach(pizza => {
    message.addBubble(pizza.name)
      .addImage(pizza.image)
      .addButton('Details', `DETAILS|${pizza.id}`)
      .addButton('Order', `ORDER|${pizza.id}`)
  })

  return message.get()
}

module.exports = pizzaMenu
```

从 Claudia Bot Builder 中导入 fbTemplate

导入比萨列表

创建处理函数

创建通用模板消息

使用通用模板消息进行回复

导出处理函数

更新完所有文件后，执行 npm run update 或 claudia update 命令以部署聊天机器人。当通过 Facebook Messenger 向聊天机器人发送消息时，响应应该保持不变，但是现在我们有了可扩展且可测试的结构。

组织聊天机器人流程的其他技术

组织聊天机器人的流程不是一件容易的事情。这些示例以一种简单的方式组织，但是由于包含许多 if…else 条件或 switch 语句，因此难以维护、无法扩展。

有许多替代方法，例如，使用外部库。一些外部库允许对聊天机器人流程进行适当的控制，比如在 Claudia Bot Builder 之上构建对话生成器，更多信息参见 https://github.com/nbransby/dialogue-builder。

另一种选择是为聊天机器人流程使用自然语言处理(NLP)。构建 NLP 库不是一项简单的任务，但幸运的是，有许多可用的 NLP 解决方案，其中一些相对便宜。使用 NLP 集成，可以围绕不同的实体和操作组织代码，而不是使用 if…else 循环(可看作某种用于会话接口的路由器)。一些 NLP 库还内置了会话存储。

9.3 将聊天机器人连接到 DynamoDB 数据库

为了使聊天机器人有用，下面把比萨订单存储到 DynamoDB 表 pizza-orders 中。

如图 9.5 所示，当聊天机器人接收到一条消息时，应该连接到比萨店 API 正在使用的相同的 DynamoDB 表并保存消息。之后，应该回复订单确认消息。

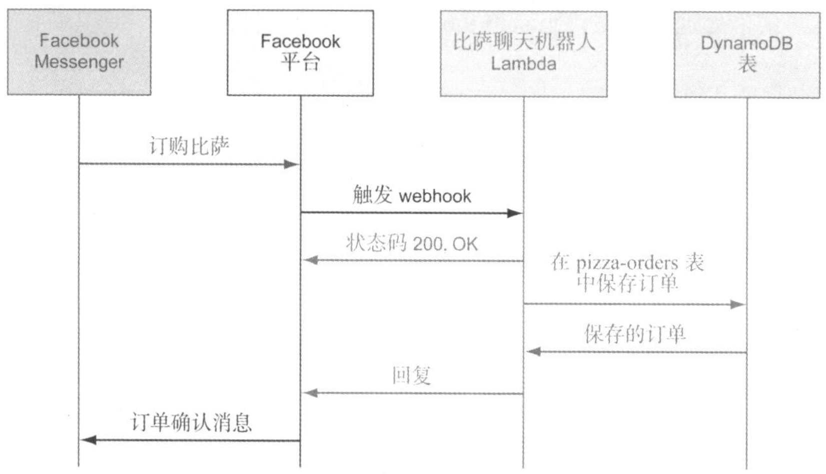

图 9.5 带有 DynamoDB 连接的聊天机器人流程

为了简单起见，本章仅展示如何将订单保存到数据库中。真实的聊天机器人应该允许用户查看当前订单并取消。

保存订单时需要对 order-pizza.js 处理程序进行一些更改。

首先，可以使用 DocumentClient 连接到 DynamoDB。为此，需要从 NPM 安装 aws-sdk 模块作为依赖项(如果想优化部署速度，可以选择依赖项)。然后，需要导入 aws-sdk，添加如下代码以创建 DocumentClient 实例：

```
const AWS = require('aws-sdk')
const docClient = new AWS.DynamoDB.DocumentClient()
```

现在，不再显示静态文本，而是使用 docClient.put 方法将比萨保存到 DynamoDB 表中。

聊天机器人和 API 之间的主要区别在于：没有在单个请求中包含送货地址和所选比萨。这意味着需要将部分数据保存到 DynamoDB 表中，然后询问用户地址。Facebook Messenger 平台不保存顺序消息之间的状态，因此需要在 pizza-orders 表或另一个 DynamoDB 表中保存带有一些附加参数的未完成订单状态。

出于同样的原因，将无法使用 Some Like It Hot Delivery ID，因此将再次需要 uuid 模块的帮助。

在 DynamoDB 中保存以下数据。

- orderId：使用 uuid 模块生成的唯一 ID。
- pizza：使用所选比萨的 ID。
- orderStatus：使用 in-progress 作为状态，因为订单尚未完成。
- platform：添加 fb-messager-chatbot 作为平台，因为将来有可能会在其他聊天平台上工作。
- user：保存发送消息的用户的 ID。

当比萨成功地保存在数据库中时，你希望向用户询问送货地址。你还希望处理错误，因此在出现错误时，将向用户发送一条友好的消息，并再次显示比萨菜单。

更新代码后，order-pizza.js 处理程序如代码清单 9.7 所示。

代码清单 9.7　连接到 DynamoDB 数据库的比萨订单处理程序

```
'use strict'

const AWS = require('aws-sdk')
const docClient = new AWS.DynamoDB.DocumentClient()
const pizzas = require('../data/pizzas.json')
const pizzaMenu = require('./pizza-menu')
const uuid = require('uuid/v4')

function orderPizza(pizzaId, sender) {
  const pizza = pizzas.find(pizza => pizza.id == pizzaId)

  return docClient.put({
    TableName: 'pizza-orders',
    Item: {
      orderId: uuid(),
      pizza: pizzaId,
      orderStatus: 'in-progress',
      platform: 'fb-messenger-chatbot',
      user: sender
    }
  }).promise()
    .then((res) => {
      return 'Where do you want your pizza to be delivered?'
    })
    .catch((err) => {
      console.log(err)

      return [
        'Oh! Something went wrong. Can you please try again?',
        pizzaMenu()
      ]
    })
}

module.exports = orderPizza
```

代码注释：
- 导入 uuid 模块
- 导入 AWS SDK
- 创建 DocumentClient 实例
- 将订单保存在 DynamoDB 表中
- 将订单状态设置为“正在进行中”(in-progress)
- 使用 uuid 函数为订单生成唯一 ID
- 保存用于订单的平台
- 保存发送消息的用户的 ID
- 当出现错误时，再次显示友好的错误消息和比萨菜单
- 询问用户送货地址

除 order-pizza.js 处理程序外，还需要更新 bot.js 文件，并将发送者 ID 传递给 orderPizza 函数。发送者 ID 在消息对象中可用作 message.sender，对于 Facebook Messenger 聊天机器人，发送者 ID 表示 Facebook 页面范围内的唯一用户 ID。

注意 Facebook Messenger 聊天机器人中的页面范围用户 ID 与普通 Facebook 用户 ID 不同，因为 Facebook 试图保护用户隐私。要了解更多关于 Messenger 平台 ID 的信息，请访问 https://developers.facebook.com/docs/messenger-platform/identity。

代码清单 9.8 显示了 bot.js 文件的更新部分。这段代码仅解析 message.postback 返回的值。文件的其余部分没有更改。

代码清单 9.8 更新主聊天机器人流程

```
if (values[0] === 'DETAILS') {
  return pizzaDetails(values[1])
} else if (values[0] === 'ORDER') {
  return orderPizza(values[1], message.sender)
}
```

将消息发件者作为 orderPizza 函数的第二个参数传递

现在聊天机器人的代码已经更新，需要创建策略，以允许执行 Lambda 函数的用户与 DynamoDB 交互。在 pizza-fb-chatbot 文件夹中创建 roles 文件夹并创建 dynamodb.json 文件。

如代码清单 9.9 所示，dynamodb.json 文件应该允许用户扫描、获取、放置和更新 DynamoDB 中的条目。目前，聊天机器人将无法更新或取消订单，但需要 dynamodb:UpdateItem 操作，因为订单将在用户共享地址后更新。

代码清单 9.9 DynamoDB 策略

```
{
  "Version": "2012-10-17",
  "Statement": [
    {
      "Action": [
        "dynamodb:Scan",
        "dynamodb:GetItem",
        "dynamodb:PutItem",
        "dynamodb:UpdateItem"
      ],
      "Effect": "Allow",
      "Resource": "*"
    }
  ]
}
```

在 DynamoDB 中允许执行 Scan、GetItem、PutItem 和 UpdateItem 操作

最后，从 AWS CLI 执行 aws iam put-role-policy 命令，从 roles/dynamodb.json 文

件添加策略到 Lambda 执行者角色。可以在 claudia.json 文件里找到 role-name。是否还记得，在初始部署时，Claudia 会在项目的根目录中创建 claudia.json 文件来存储一些 Lambda 数据。Claudia 使用这些 Lambda 数据执行以后的更新部署，而无须添加任何其他参数。claudia.json 文件中还存储了 Lambda 执行程序，现在需要在其中存储策略。查找 role-name。

aws iam put-role-policy 命令的语法参见代码清单 9.10。

代码清单 9.10　将 DynamoDB 策略添加到 Lambda 执行者角色

策略的名称
Lambda 执行者角色的名称
带有策略定义的文档
aws iam put-role-policy \
--role-name pizza-fb-chatbot-executor \
--policy-name PizzaBotDynamoDB \
--policy-document file://./roles/dynamodb.json

当 aws iam put-role-policy 命令成功执行时，将返回一个空响应，这意味着策略已经就位。聊天机器人已经准备好部署。

注意 在 aws iam put-role-policy 命令执行不成功的情况下，错误通常说明了问题所在。最常见的错误是角色不存在或 policy-document 不在指定的位置。如果角色不存在，请尝试使用前面提到的参数再次执行 claudia create 命令。如果 policy-document 的位置不正确，请更改指定的地址，以便 aws iam put-role-policy 命令能够从正确的位置获取它。

执行 npm run update 或 claudia update 命令以部署聊天机器人，然后尝试向聊天机器人发送一条新消息。

提示 随着代码库的增长，频繁地部署可能会占用大量的时间，并且会变得令人厌烦。你可能已经注意到，需要经常在本书中进行部署。但是 Claudia 提供了妙招，可以加快部署——将--no-optional-dependencies 添加到 NPM update 脚本，以告诉 Claudia 不要部署 AWS Lambda 中已有的任何可选依赖项，例如 AWS SDK:

```
"update": "claudia update --no-optional-dependencies"
```

9.4　从聊天机器人获取用户位置

正如前面提到的，如果没有配送地址，比萨订单是不完整的。在真实的项目中，可能需要一些自然语言处理来识别用户的送货地址。但是为了使本章简单些，将使用内置的 Facebook Messenger 位置共享按钮。

作为平台的一部分，Facebook Messenger 允许用户通过快速回复按钮来分享他们当前的位置。单击快速回复按钮将发送剩余有效负载的坐标。Claudia Bot Builder 在 fbTemplate 中支持快速回复按钮。可以通过向任何 fbTemplate 类添加.addquickreplylocation 方法来添加快速回复按钮。

让我们更新 order-pizza.js 处理程序。首先，我们需要 Claudia Bot Builder 的 fbTemplate，为此，添加 const fbTemplate = require('claudia-bot-builder').fbTemplate 到文件的顶部。

然后，替换要求用户使用 fbTemplate.Text 类和.addQuickReplyLocation 方法共享地址的回复，如代码清单 9.11 所示。

代码清单 9.11 在将订单保存到 DynamoDB 表后询问位置

创建 fbTemplate.Text 类的实例

```
.then((res) => {
  return new fbTemplate.Text('Where do you want your pizza to be delivered?')
    .addQuickReplyLocation()
  .get()
})
```

添加快速回复按钮以进行位置共享

将模板转换为 JSON

当客户共享位置时，聊天机器人将收到位置坐标：纬度和经度。除发送地址外，Some Like It Hot Delivery API 还允许发送位置坐标(在真实的例子中，需要提供更多的信息，比如楼层、公寓号以及 notes 字段用于交付)。

为了处理位置，需要创建新的处理函数。为此，在聊天机器人项目的 handlers 文件夹中创建 save-location.js 文件。这个处理函数应该接收 userId 和坐标作为参数，并使用它们更新客户订单。

要更新订单，需要导入 AWS SDK、实例化 DocumentClient，并完成以下工作：

(1) 使用 DocumentClient.scan 方法扫描数据库，获取指定客户的最新正在进行的订单，因为发送者 ID 不是键的一部分。

(2) 使用返回结果中的 orderId，使用 DocumentClient.update 方法将订单更新为新状态。

现在，让我们将订单状态更新为待处理(Pending)，并添加要交付比萨的经纬度坐标。

代码清单 9.12 显示了 save-location.js 处理程序的代码。

代码清单 9.12　保存位置处理程序

导入 AWS SDK 并实例化 DocumentClient

```
'use strict'

const AWS = require('aws-sdk')
const docClient = new AWS.DynamoDB.DocumentClient()

function saveLocation(userId, coordinates) {
  return docClient.scan({
    TableName: 'pizza-orders',
    Limit: 1,
    FilterExpression: `user = :u, orderStatus: :s`,
    ExpressionAttributeNames: {
      ':u': { S: userId },
      ':s': { S: 'in-progress' }
    }
  }).promise()
    .then((result) => result.Items[0])
    .then((order) => {
      const orderId = order.orderId
      return docClient.update({
        TableName: 'pizza-orders',
        Key: {
          orderId: orderId
        },
        UpdateExpression: 'set orderStatus = :s, coords=:c',
        ExpressionAttributeValues: {
          ':s': 'pending',
          ':c': coordinates
        },
        ReturnValues: 'ALL_NEW'
      }).promise()
    })
}

module.exports = saveLocation
```

- 创建处理函数，以 userId 和坐标作为参数
- 扫描 pizza-orders 表
- 将结果限制为一项
- 仅搜索具有指定状态的所选用户发送的订单
- 为过滤器表达式定义客户(作为发件人)和状态(正在进行中)
- 仅获取响应中的第一个条目
- 将订单 ID 保存在本地变量中
- 更新 pizza-orders 表
- 指定要更新的订单的 ID
- 指定更新表达式
- 指定更新表达式的值
- 返回所有更新的数据
- 导出处理函数

最后，需要更新 bot.js 文件，以完成以下工作：

(1) 导入新的 save-location.js 处理程序。

(2) 当客户共享位置时调用新的 saveLocation 处理函数。

要导入新的 save-location.js 处理程序，请在 bot.js 文件的顶部添加以下代码片段(例如，在 pizzaMenu 处理函数之后)：

```
const saveLocation = require('./handlers/save-location')
```

要检查客户是否共享了他们的位置，首先需要验证不是回传消息。检查之后，

使用 message.originalRequest 获取坐标(如果存在的话)。将坐标作为附件发送，因此可以通过 message.originalRequest.message.attachments[0].payload.coordinates 对象访问它们。

代码清单 9.13 显示了 bot.js 文件的最后几行。

代码清单 9.13　处理主聊天机器人文件中的用户位置

检查客户是否共享了他们的位置

```
    if (
      message.originalRequest.message.attachments &&
      message.originalRequest.message.attachments.length &&
      message.originalRequest.message.attachments[0].payload.coordinates &&
      message.originalRequest.message.attachments[0].payload.coordinates.lat &&
      message.originalRequest.message.attachments[0].payload.coordinates.long
    ) {
      return saveLocation(message.sender, message.originalRequest.message.
       attachments[0].payload.coordinates)
    }

    return [
      `Hello, here's our pizza menu:`,
      pizzaMenu()
    ]
  }, {
    platforms: ['facebook']
  })

  module.exports = api
```

使用发送者 ID 和坐标调用 saveLocation 函数

在更新 bot.js 文件后，使用 npm run update 命令部署聊天机器人，结果应该如图 9.6 所示。

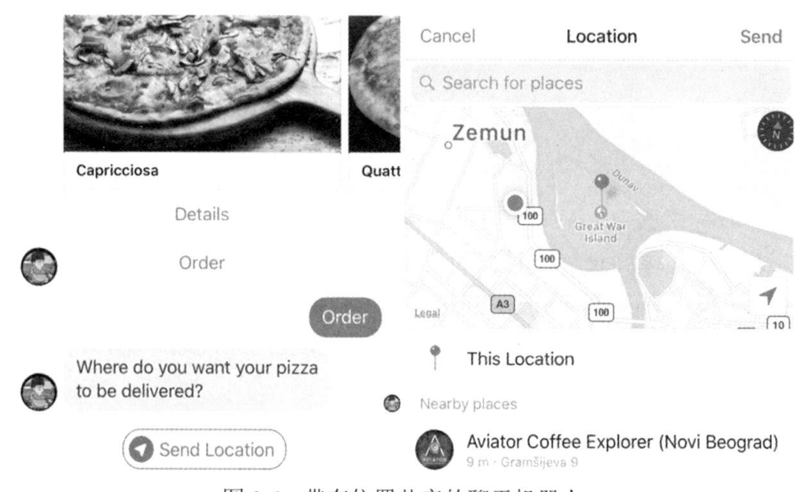

图 9.6　带有位置共享的聊天机器人

9.5　安排交付

接下来将聊天机器人和 Some Like It Hot Delivery API 连接起来。如图 9.7 所示，在与 API 集成之后，聊天机器人流程应该如下所示：

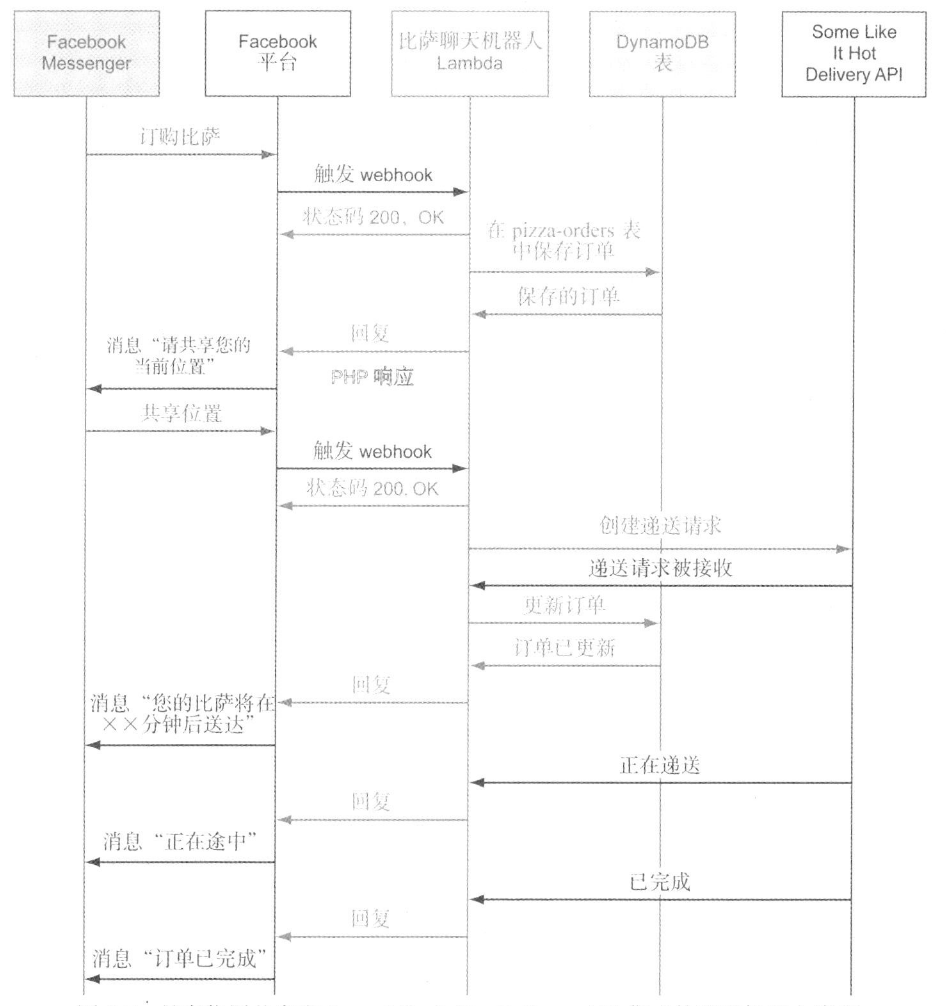

图 9.7　具有位置共享和 Some Like It Hot Delivery API 集成的聊天机器人流程

(1) 顾客单击 Order 按钮，订购比萨。

(2) 将订单保存到数据库中，状态为 in-progress(正在进行中)。

(3) 聊天机器人要求客户共享他们当前的位置。

(4) 客户共享他们的位置。

(5) 聊天机器人将与交付 API 联系。

(6) 交付请求被接收，聊天机器人更新数据库并回复客户。

(7) 当送货服务接收到订单时，交付 API 触发 webhook。

(8) 聊天机器人通知客户。

(9) 当订单交付时，交付 API 再次触发 webhook。

(10) 聊天机器人将向客户发送最终消息。

从上述流程中可以看出，聊天机器人需要改变两件事：

- 更新 save-location.js 处理程序，将请求发送到交付 API。
- 为聊天机器人创建新的 webhook，然后发送到交付 API。

下面从比较简单的部分开始：save-location.js 处理程序应该类似于第 4 章所做的集成。需要发送 POST 请求到 https://some-like-it-hot-api.effortless-serverless.com/delivery。唯一的区别是，需要发送 deliverycods 而不是 deliveryAddress。

另一个重要的区别是，无法更新订单的主键。因为不能将 deliveryId 用作 orderId，所以需要将 deliveryId 保存在 DynamoDB 表中。你可能还记得在第 3 章中，使用 deliveryId 作为 orderId，以便在更新交付状态时更有效地查找订单。

代码清单 9.14 显示了 save-location.js 处理程序的更改部分，其中集成了 Some Like It Hot Delivery API。

代码清单 9.14 位置保存处理程序

```
    // First part of the file was not changed
      .then((result) => result.Items[0])
      .then((order) => {
        return rp.post('https://some-like-it-hot-api.effortless-serverless.com/
        delivery', {
          headers: {
            "Authorization": "aunt-marias-pizzeria-1234567890",
            "Content-type": "application/json"
          },
          body: JSON.stringify({
            pickupTime: '15.34pm',
            pickupAddress: 'Aunt Maria's Pizzeria',
            deliveryCoords: coordinates,
            webhookUrl: 'https://g8fhlgccof.execute-api.eu-central-1.amazonaws.
            com/latest/delivery',
          })
        })
        .then(rawResponse => JSON.parse(rawResponse.body))
        .then((response) => {
          order.deliveryId = response.deliveryId
          return order
        })
      })
      .then((order) => {
```

注释：
- 向请求添加头文件，包括带有授权令牌的 Authorization 头文件
- 将 POST 请求发送到交付 API
- 为时间提供占位符
- 对请求正文进行字符串化
- 在主体中发送 pickupTime、pickupAddress 和 deliveryCoords
- 发送交付 webhook URL
- 解析响应主体，因为它是以字符串形式返回的
- 返回用于承诺链接的 order 对象
- 将交付 ID 添加到订单对象
- 将数据保存到 DynamoDB 表

```
      return docClient.update({
        TableName: 'pizza-orders',
        Key: {
          orderId: order.orderId
        },
        UpdateExpression: 'set orderStatus = :s, coords=:c, deliveryId=:d',
        ExpressionAttributeValues: {
          ':s': 'pending',
          ':c': coordinates,
          ':d': order.deliveryId    ← 将交付 ID 添加到 DynamoDB 表
        },
        ReturnValues: 'ALL_NEW'
      }).promise()
    })
}

module.exports = saveLocation
```

现在，可将交付 ID 保存在 DynamoDB 中，还需要创建 webhook，并将它发送给 Some Like It Hot Delivery API。但是，应该如何将路径添加到聊天机器人呢？

如前所述，Claudia Bot Builder 会导出 Claudia API Builder 的实例。这意味着 bot.js 文件中的 botBuilder 函数会返回 Claudia API Builder 的全功能实例。

在添加新路径之前，需要创建新的处理程序。在 handlers 文件夹中创建名为 delivery-webhook.js 的文件。在这个处理程序中，需要根据交付 API 传递的交付 ID 查找订单，然后使用新的状态更新订单，并向客户发送一条消息，让他们知道交付状态已经更改。完整的交付 webhook 流程如图 9.8 所示。

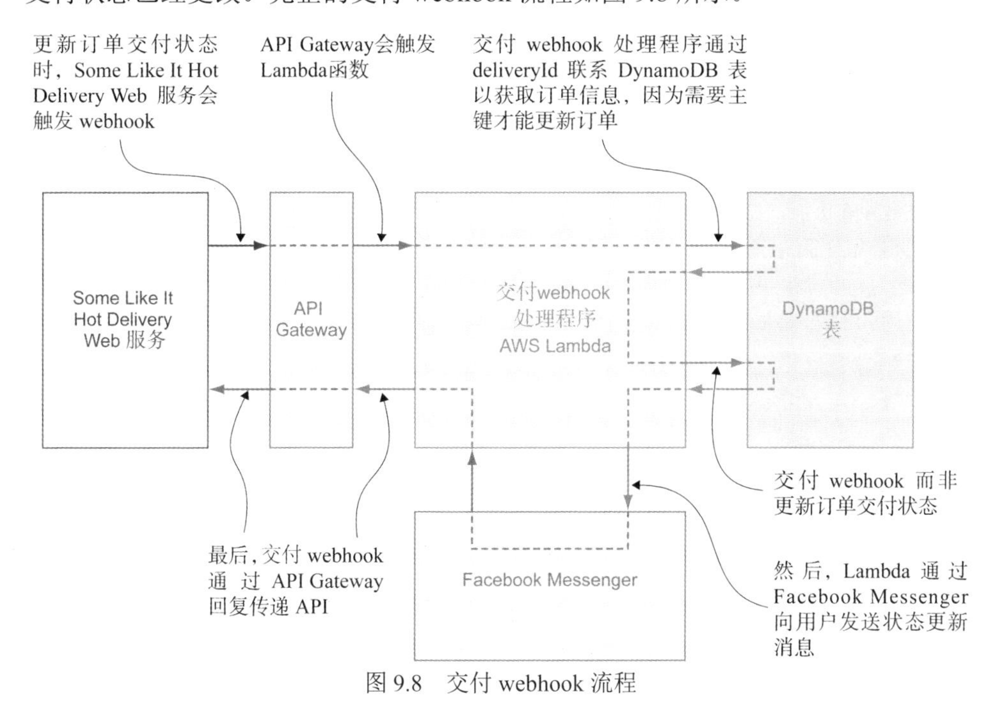

图 9.8　交付 webhook 流程

查找和更新订单类似于在 save-location.js 处理程序中进行查找和更新，唯一棘手的部分是将带有新状态的消息发送给用户。

为了从 Facebook Messenger 发送消息，需要向 Facebook Messenger platform API 发送 API 请求。每个 API 请求都需要用户的页面范围 ID、要发送的消息和 Facebook Messenger 访问令牌。

可以像发送请求到传递 API 一样发送 API 请求，也可以使用 claudia-bot-builder 库发送消息。虽然是内部库，但却可以通过如下方式要求特定的 reply.js 文件来实现：

```
const reply = require('claudia-bot-builder/lib/facebook/reply')
```

通过这样做，将需要 reply.js 文件，而不是完整的 Claudia Bot Builder，并且可将函数存储在 reply 常量中。

reply 函数接收三个参数：发送者 ID、消息和访问令牌。

可以从数据库获取发送者 ID。对于消息，你希望以标准的 Claudia Bot Builder 格式发送给客户，可以传递文本、模板对象或多个消息数组。Facebook Messenger 访问令牌可作为 API Gateway 阶段的可用变量，可从 request.env 对象中获得。可以将令牌作为第二个参数传递给处理函数。

注意 Facebook Messenger 在向用户发送消息方面有一定的限制。不能向用户发送非回复消息，并且只能在收到消息后的 24 小时内发送回复。要了解更多信息，请访问 https://developers.facebook.com/docs/messenger-platform/send-messages#messaging_types。

完整的交付 webhook 处理程序如代码清单 9.15 所示。

代码清单 9.15　交付 webhook 处理程序

从 Claudia Bot Builder 导入回复功能

创建 deliveryWebhook 处理函数，接收请求对象和访问令牌作为参数

验证基本请求

按交付 ID 扫描 DynamoDB 表

```
'use strict'

const reply = require('claudia-bot-builder/lib/facebook/reply')

function deliveryWebhook(request, facebookAccessToken) {
  if (!request.deliveryId || !request.status)
    throw new Error('Status and delivery ID are required')

  return docClient.scan({
    TableName: 'pizza-orders',
    Limit: 1,
    FilterExpression: `deliveryId = :d`,
    ExpressionAttributeNames: {
      ':d': { S: deliveryId }
```

```
    }
  }).promise()
    .then((result) => result.Items[0])      ← 仅获取响应数组的第一项
    .then((order) => {
      return docClient.update({             ← 更新 DynamoDB 表中的订单状态
        TableName: 'pizza-orders',
        Key: {
          orderId: order.orderId
        },
        UpdateExpression: 'set orderStatus = :s',
        ExpressionAttributeValues: {
          ':s': request.status
        },
        ReturnValues: 'ALL_NEW'
      }).promise()
    })
    .then((order) => {
      return reply(order.user, `The status of your delivery is updated to:
      ${order.status}.`, facebookAccessToken)    ← 通过提供用户 ID、消息和 Facebook Messenger 访问令牌来回复客户
    })
}

module.exports = deliveryWebhook    ← 导出处理函数
```

需要将 webhook 路径添加到 bot.js 文件中。想要做到这一点，需要文件顶部的 delivery-webhook.js 处理程序，代码如下：

```
const deliveryWebhook = require('./handlers/delivery-webhook')
```

然后，需要在文件末尾添加新的 POST /delivery 路径，在 module.exports = api 行之前。该路径使用请求主体和 Facebook Messenger 访问令牌调用 deliveryWebhook 处理函数，并返回状态码 200 作为成功响应，或返回状态码 400 作为错误响应。

代码清单 9.16 显示了更新后的 bot.js 文件的最后几行。

代码清单 9.16　添加交付 webhook

```
    return [
      `Hello, here's our pizza menu:`,
      pizzaMenu()
    ]
  }, {
    platforms: ['facebook']
  })

  api.post('/delivery', (request) => deliveryWebhook(request.body, request.env.
      facebookAccessToken), {      ← 添加 POST /delivery 路径并在触发路径时调用 deliveryWebhook 处理函数
    success: 200,                  ← 成功发送 webhook 请求，返回状态码 200
    error: 400                     ← 返回状态码 400 以表示错误
  })

  module.exports = api
```

现在，需要使用 npm run update 或 claudia update 命令部署聊天机器人。

9.6 集成简单的 NLP

构建更复杂的聊天机器人流程通常需要一些 NLP 集成。从头构建 NLP 库是十分困难的，并且超出了本书的讨论范围。幸运的是，一些库提供了易于集成的 NLP 特性，这可以帮助改善聊天机器人的客户体验。例如：

- Facebook 提供的 Wit.ai(https://wit.ai)是一种将自然语言(语音或消息)转换为可操作数据的 API。
- Google 提供的 DialogFlow(以前的 API.ai，可参阅 https://dialogflow.com)是会话用户体验平台，支持设备、应用和服务的自然语言交互。
- IBM Watson(https://www.ibm.com/watson/)是一台 IBM 超级计算机，里面结合了人工智能(AI)和复杂的分析软件，可以作为“问答”机器获得最佳性能。IBM Watson 还为高级文本分析提供自然语言处理。

Wit.ai 和 DialogFlow 都可以免费使用，但有一些限制，IBM Watson 有免费试用期。

使用聊天机器人的公共 API 可以很容易地将这些库集成到聊天机器人中。所有这些都很好，值得推荐，但是每一个都有一定的优缺点。Claudia Bot Builder 不限制或干扰它们的任何集成。

Facebook Messenger 也有内置的 NLP 功能，但遗憾的是，只提供基本的 NLP 功能和识别功能。如果和聊天机器人结合起来，就能识别问候、感谢和道别。此外，还可以检测日期、时间、地点、金额、电话号码和电子邮件。例如，对于日期和时间，tomorrow at 2pm 之类的表达式将被转换为时间戳。

注意 有关 Facebook Messenger 内置 NLP 的更多信息，请访问 https://developers.facebook.com/docs/messenger-platform/built-in-nlp。

虽然有限，但 Facebook Messenger 内置的 NLP 为你提供了所有需要的功能，以允许客户在特定的时间订购比萨。接下来，让聊天机器人回复 thanks。

为此，需要做以下工作：

(1) 启用内置的 NLP。附录 B 中描述了设置和配置。

(2) 更新 bott.js 文件，检查是否是回传消息。我们不希望在菜单操作上激活 NLP。

(3) 如果不是回传消息，就检查内置的 NLP 能否识别 thanks 表达式。如果能，应该回复 You’re Welcome！否则，将显示比萨菜单。

内置的 NLP 将把识别的实体作为 NLP 键添加到消息对象中。每个实体返回已解析的实体值数组，每个实体都有置信值和 value 属性。置信值表示解析器识别的置信度(正确的概率)，在 0 和 1 之间。value 属性是已解析的实体值。

代码清单 9.17 显示了更新后的 bot.js 文件的最后几行。

代码清单 9.17　回复 thanks 消息

```
  if (
     message.originalRequest.message.nlp &&
     message.originalRequest.message.nlp.entities &&
     message.originalRequest.message.nlp.entities['thanks'] &&
     message.originalRequest.message.nlp.entities['thanks'].length &&
     message.originalRequest.message.nlp.entities['thanks'][0].confidence > 0.8
  ) {
    return `You're welcome!`
  }

  return [
    `Hello, here's our pizza menu:`,
    pizzaMenu()
  ]
}, {
  platforms: ['facebook']
})

module.exports = api
```

检查是否存在 nlp 密钥以及实体，并在其中包含 thanks 实体

如果未捕获到 nlp 响应，请返回比萨菜单

9.7　试一试

想让聊天机器人更具交互性且更智能很容易，但是，即使想让客户摆弄聊天机器人，也需要快速有效地满足客户的需求。

9.7.1　练习

对于这个练习，主要目标是在用户的问候消息中向 Maria 姨妈的每个客户显示他们的上一个订单。当从特定的连锁餐厅点餐时，顾客往往倾向于点同样的食物。这个练习的主要目的是提示客户注意他们的上一个订单。

9.7.2　解决方案

使用 message 对象中的发送者 ID 扫描订单列表以查找客户的最后一个订单，并为返回的客户显示他们最后订购的比萨，同时表示希望他们喜欢，参见代码清单 9.18。

代码清单 9.18　处理主聊天机器人文件中的问候语

```
'use strict'

const botBuilder = require('claudia-bot-builder')
```

```
const pizzaDetails = require('./handlers/pizza-details')
const orderPizza = require('./handlers/order-pizza')
const pizzaMenu = require('./handlers/pizza-menu')
const saveLocation = require('./handlers/save-location')
const getLastPizza = require('./handlers/get-last-pizza')   ← 需要 get-last-pizza 模块

const api = botBuilder((message) => {
  if (message.postback) {
    const values = message.text.split('|')

    if (values[0] === 'DETAILS') {
      return pizzaDetails(values[1])
    } else if (values[0] === 'ORDER') {
      return orderPizza(values[1], message)
    }
  }

  if (
     message.originalRequest.message.attachments &&
     message.originalRequest.message.attachments.length &&
     message.originalRequest.message.attachments[0].payload.coordinates &&
     message.originalRequest.message.attachments[0].payload.coordinates.lat &&
     message.originalRequest.message.attachments[0].payload.coordinates.long
  ) {
    return saveLocation()
  }

  return getLastPizza().then((lastPizza) => {   ← 调用模块功能并检索客户最后一个订单的比萨数据
    let lastPizzaText = lastPizza ? `Glad to have you back! Hope you liked
      your ${lastPizza} pizza` : ''   ← 如果有最后一个订单的比萨数据，请构建最后的比萨文本
    return [
      `Hello, ${lastPizzaText} here's our pizza menu:`,   ← 返回最后的比萨问候文本
      pizzaMenu()
    ]
  })


}, {
  platforms: ['facebook']
})

module.exports = api
```

主聊天机器人文件中的更改非常小，因为正在检索应该包含在 get-last-pizza.js 文件中的练习逻辑。

get-last-pizza.js 文件应该如代码清单 9.19 所示。

代码清单 9.19 获取最后一个比萨的处理程序，从 DynamoDB 中检索发送者的最后一个比萨

```
'use strict'

const AWS = require('aws-sdk')
const docClient = new AWS.DynamoDB.DocumentClient()
const pizzaMenu = require('./pizza-menu')

const pizzas = require('../data/pizzas.json')

function getLastPizza(sender) {

  return docClient.scan({
    TableName: 'pizza-orders',
    ScanIndexForward: false,
    Limit: 1,
    FilterExpression: `sender = #{sender}`,
  }).promise()
    .then((lastPizzaOrder) => {
      let lastPizza
      if (lastPizzaOrder){
        lastPizza = pizzas.find(pizza => pizza.id == lastPizzaOrder.pizzaId)
      }
      return lastPizza
    })
    .catch((err) => {
      console.log(err)
      return [
        'Oh! Something went wrong. Can you please try again?',
        pizzaMenu()
      ]
    })
}

module.exports = getLastPizza
```

导入 AWS SDK

创建 DocumentClient 的实例

扫描 pizza-orders 表

检索可用的比萨列表

执行扫描操作以查找最新保存的订单——最新的数据库条目

将扫描操作限制为仅一个结果

仅为定义的客户过滤比萨订单

设置空变量 lastPizza

检查是否有最后一个比萨订单

通过从最后的比萨订单中检索 ID 来查找最后订购的比萨

如果出现错误，请再次显示友好的错误消息和比萨菜单

返回最后订购的比萨

返回最后的比萨订单

9.7.3 高级练习

对于那些喜欢冒险并且想要完成一些更困难任务的人来说，高级练习是很好的挑战。主要目标是为了方便重新订购客户的最后一个比萨订单。在最初的客户

问候语中，如果客户以前订购过比萨，将询问客户是否想再次订购相同的比萨，并提供两个额外的快速回复按钮作为可能的回答。如果客户单击 Yes, order again，则需要实现具有相同地址的相同比萨订单。如果顾客单击 No, show me the menu，则需要显示可用比萨的菜单。

9.8 本章小结

- 回传消息值被解析为 message.text 和 message.post。如果是回传消息，那么 POST 值将是 true。
- 应该通过简单的 if…else 或更复杂的方法将较大的聊天机器人流程分成较小的文件。
- 与 Claudia API Builder 一样，使用 Claudia Bot Builder 构建的聊天机器人可以使用 DocumentClient 连接到 DynamoDB。
- 可以使用快速回复模板要求用户共享他们的位置。

第10章

Jarvis，我的意思是Alexa，请帮我点一份比萨

本章要点：

- 创建无服务器的 SMS 聊天机器人
- 拥有不同的无服务器聊天机器人的挑战
- 使用 Claudia 和 AWS Lambda 创建 Alexa skill

聊天机器人对业务非常有用，因为它们显著减少了对客户支持的需求，同时使客户能够以方便且有趣的方式与应用进行交互。无服务器的聊天机器人甚至可以更好地解决这个问题，因为可以在不需要服务器配置的情况下支持大量的用户波动和许多请求高峰。聊天机器人的唯一限制是，它们与各自的消息平台绑定在一起，而且有很多聊天机器人，这些聊天机器人因市场而异。

另外，人机交互也在不断发展，最近我们见证了语音助手的崛起，比如苹果的 Siri、亚马逊的 Alexa、谷歌的 Home、微软的 Cortana，等等。不用给聊天机器人写信了，现在可以和它们聊天了。这种技术已完全被另一方接受，也就是客户群的另一端：精通技术的先驱者，他们很容易接受和推广新技术。针对这两类消费者，仅仅编写聊天机器人是不够的。本章展示如何通过使用 Claudia.js 创建 SMS(短消息服务)聊天机器人和 Amazon Alexa skill 作为无服务器服务来处理这两种情况。

10.1 现在不能说话：用 Twilio 发送 SMS 短信

Maria 姨妈的生意又好起来了，这真是个好消息！比萨店应用的下载量很大，Julia 的高中朋友也在传播有关 Facebook 聊天机器人的信息，结果收到数百个订单。为此，Maria 姨妈很高兴，所以她请你来吃顿晚餐，见见她和你的 Frank 叔叔。

Frank 叔叔是 Maria 姨妈的哥哥。他是个又矮又胖的老头，通常穿着深色衬衫，袖子一直拖到胳膊肘。他爱美食，经常打电话给 Maria 姨妈，订购比萨。但他是个老派的人，不怎么关心技术。

你去了比萨店，见到了 Maria 姨妈和 Frank 叔叔。他们很高兴，Frank 叔叔向你表示祝贺。随着晚餐的进行，你发现"世上没有免费的晚餐"。Maria 姨妈和 Frank 叔叔解释说，他们都是上一代人，没有 Facebook 账户，他们中的有些人根本没有任何社交媒体账号。Maria 姨妈的比萨店变得异常忙碌，现在她不必雇用新员工来接电话，她问你能不能开发出短信聊天机器人。她的所有客户都有手机，知道如何发送短信，所以这可能是很好的解决方案。但是，应该从哪里开始呢？

许多云通信平台是可用的，比如 Twilio。Twilio 使客户能够使用 API 拨打、接收电话以及文本消息。

注意 本章只涉及 Twilio 短信(SMS)。要阅读更多关于 Twilio 的信息，可以访问 http://twilio.com。

幸运的是，Claudia Bot Builder 也支持 Twilio 短信聊天机器人。可以像设置 Facebook 聊天机器人一样轻松地设置 Twilio 聊天机器人。为了顺利开始，下面首先为 Maria 姨妈的比萨店创建问候短信聊天机器人，以掌握基本概念。然后继续完成比萨的列表和订购过程。

创建名为 sms-chatbot 的单独项目文件夹。导航到该文件夹，在其中创建名为 sms-bot.js 的文件。

注意 你可能想知道为什么要创建单独的聊天机器人。有两个原因。首先，短信聊天机器人与 Facebook 聊天机器人有本质上的不同。它们没有交互按钮，只有简单的文本消息，所以重用相同的逻辑会有问题。其次，我们希望服务独立且易于维护。将两个聊天机器人放在一个代码库中会增加代码的复杂度、降低可维护性。升级其中一个会影响另一个，以此类推。将服务分开也意味着 SMS 聊天机器人将使用另一个 Lambda。如果它们都在同一个 Lambda 中，并且 Facebook 聊天机器人崩溃了，那么 SMS 聊天机器人也将无法工作。

因为最初只是在编写问候机器人，所以只会返回一行文字。首先，导入 Claudia Bot Builder 以帮助创建聊天机器人。然后创建聊天机器人 API，使用 Claudia Bot Builder 回调函数处理消息。在回调函数中，将返回一个单行字符串。在回调函数之后，需要指定一个包含平台的对象，该对象表示希望聊天机器人支持的平台数组。因为只想支持 Twilio，所以把 Twilio 放在平台数组中。sms-bot.js 文件如代码清单 10.1 所示。

代码清单 10.1 简单的 SMS 聊天机器人

```
'use strict'

const botBuilder = require('claudia-bot-builder')

const api = botBuilder(() => {
  return `Hello from Aunt Maria's pizzeria!`
}, { platforms: ['twilio'] })

module.exports = api
```

需要 Claudia Bot Builder 模块

设置 Claudia Bot Builder 消息处理函数并保存 Claudia API Builder 实例

短信聊天机器人回复简单的文本

指定 Twilio 作为预期的平台

导出 Claudia API Builder 实例

这段代码非常简单，但是在进行实际操作之前，需要创建 Twilio 账户，并提供电话号码，以便能够发送和接收 SMS 消息。之后，在 Twilio 控制面板上设置可编程的 SMS 服务，并为其分配电话号码。有关创建和设置 Twilio 账户的说明，请参见附录 B。

设置完毕后，需要使用 Claudia 创建新的 AWS Lambda 并将 SMS 聊天机器人部署到其中。为此，可以执行以下命令：claudia create --region <your-region> --api-module sms-bot。

你可能还记得，这个命令将返回新创建的聊天机器人的 URL，它应该以/twilio 后缀结尾。复制 URL 并打开 Twilio 可编程 SMS 服务页面，粘贴到“入站 URL”文本框中。不要忘记保存新的可编程 SMS 服务配置。

在尝试之前，剩下的最后一步是执行命令 claudia update --configure-twilio-sms-bot，将 Twilio 配置为聊天机器人的平台。

现在可尝试向 Twilio 电话号码发送 Hello 消息。

注意 缘于移动网络流量或网络可用性，从 SMS 聊天机器人接收初始响应有时可能需要长达 30 秒。

10.1.1 SMS 比萨列表

在第 8 和 9 章中，Facebook 聊天机器人首先向客户返回一条问候消息。当顾客索要菜单时，聊天机器人会显示水平的比萨列表。顾客单击比萨，然后开始订购过程。

对于其他聊天机器人平台来说，这似乎也是很好的推理模型，但是 SMS 使用一种不能发送图片的不同的通信协议。必须将比萨列表作为文本发送，并为订购每个比萨显式指定文本回复。

注意 不能通过 SMS 短信发送图片。相反，必须使用多媒体信息服务(MMS)才能做到这一点。Twilio 支持 MMS 消息传递，但仅限于美国和加拿大的电话号码。MMS 也不在本书的讨论范围之内。要想阅读关于 Twilio MMS 的更多信息，请访问 https://www.twilio.com/mms。

SMS 有时也会带来隐性成本。虽然在许多国家，SMS 几乎是免费的，但在一些国家，SMS 仍然有点贵。如果期望有成千上万的用户，那么消息成本可能会迅速上升。因此，尽量减少发送 SMS 聊天机器人消息的数量，同时注意不要破坏消息流程。

对于比萨店的 SMS 聊天机器人来说，最小化信息意味着必须加入某些步骤。例如，在对话开始时，应该将问候语和比萨菜单放在一条消息中。这不仅不会打断流程，而且对客户来说非常方便。只需要遍历比萨列表，将比萨名称以及指定的响应连接到一个多行字符串中，然后发送给客户。

在前几章中，你了解了应该将处理程序分离，以便更好地组织应用，因此从一开始就应该将比萨菜单问候语提取到 handlers 文件夹中。需要在项目的根文件夹中创建名为 handlers 的文件夹，并在其中创建名为 pizza-menu.js 的文件。在这个文件中，首先将 pizzas.json 文件中的静态比萨列表导入 pizzas 变量。然后创建 pizzaMenu 函数，并在其中创建 greeting 变量，值为 Hello from Aunt Maria's pizzeria! Would you like to order a pizza? This is our menu。然后，浏览加载的每个比萨，并将每个比萨的名称连接到 greeting 变量。最后，应该将 greeting 变量作为 pizzaMenu 函数的结果返回，并将该函数导出为模块。完整的代码显示在代码清单 10.2 中。

代码清单 10.2 比萨菜单问候语

```
'use strict'

const pizzas = require('../data/pizzas.json')    ← 从 pizzas.json 文件中加载比萨

function pizzaMenu() {    ← 定义 pizzaMenu 处理函数
  let greeting = `Hello from Aunt Maria's pizzeria!
  Would you like to order a pizza?
  This is our menu:`

  pizzas.forEach(pizza => {
    greeting += `\n - ${pizza.name} to order reply with ${pizza.shortCode}`    ← 使用 shortCode 将每个比萨菜单添加到新行中，客户可以将之用作订购特定比萨的命令
```

```
  })  ◄── 构建比萨列表菜单作为来自 SMS 聊天机器人的回复

  return greeting
}

module.exports = pizzaMenu  ◄── 导出 pizzaMenu 处理函数
```

这个处理函数在调用时总是返回比萨列表。比萨列表显示了比萨的名称和简短代码。为了订购，用户发送文本命令而不是单击按钮，因为与 SMS 聊天机器人的交互仅限于文本消息。

然后，需要更改 sms-bott .js 文件，以便在客户向聊天机器人发送 SMS 时调用 pizzaMenu 处理函数。因为此时没有任何其他命令，所以只能返回导入的 pizzaMenu 处理函数，参见代码清单 10.3。

代码清单 10.3 SMS 聊天机器人条目

```
'use strict'

const botBuilder = require('claudia-bot-builder')  ◄── 导入 Claudia Bot Builder
const pizzaMenu = require('./handlers/pizza-menu')  ◄── 导入比萨菜单处理程序

const api = botBuilder((message, originalApiRequest) => {
  return [
    pizzaMenu()  ── 无论如何返回 pizzaMenu 处理函数
  ]
}, { platforms: ['twilio'] })  ◄── 将 Twilio 指定为支持的聊天机器人平台

module.exports = api
```

现在，使用 claudia update 命令重新部署项目。如果尝试一下，那么应该会收到聊天机器人的问候，以及比萨列表和它们的简短代码。

10.1.2 订购比萨

此时，如果客户要向 SMS 聊天机器人发送一条消息，它将回复一条问候语和比萨列表。但如果客户发送比萨的短代码作为响应，SMS 聊天机器人将再次使用比萨菜单进行回复。在 10.2 节中，你将使 SMS 聊天机器人能够识别所选比萨的短代码并处理比萨订单。

为此，需要检查接收到的消息是否包含比萨的短代码(shortCode)。必须将可用的比萨加载到 sms-bott .js 文件中，并根据每个短代码检查消息内容。如果发现短代码，就应该向客户询问送货地址。

sms-bot.js 文件现在应该如代码清单 10.4 所示。

代码清单 10.4 识别比萨订单

```
'use strict'

const botBuilder = require('claudia-bot-builder')
const pizzas = require('./data/pizzas.json')
const pizzaMenu = require('./handlers/pizza-menu'),
   orderPizza = require('./handlers/order-pizza')


const api = botBuilder((message, originalApiRequest) => {

  let chosenPizza
  pizzas.forEach(pizza => {
    if (message.indexOf(pizza.shortCode) != -1) {
      chosenPizza = pizza
    }
  })

  if (chosenPizza) {
    return orderPizza(chosenPizza, message.sender)
  }

  return [
    pizzaMenu()
  ]
}, { platforms: ['twilio'] })

module.exports = api
```

导入可用比萨的列表

导入比萨订购处理程序

浏览可用的短代码并检查用户发送的消息是否包含短代码

如果选择了比萨，就调用比萨处理程序并传递所选比萨和消息发件人

上面这段代码检查客户是否发送了比萨的短代码，然后将比萨和发送方(客户)传递给订购比萨处理程序。order-pizza.js 处理程序应该接收所选择的比萨对象和发件人，然后将新的比萨订单存储到 pizza-orders 数据库表中。对于新的比萨订单的 orderId，将使用 uuid 模块；对于比萨，将使用所选比萨的 ID。将 orderStatus 设置为 in-progress，因为不希望在知道交货地址之前交付订单。此外，对于平台，将指定 twilio-sms-chatbot，因为如果使用具有多个聊天机器人的相同数据库，你肯定希望有办法区分每个聊天机器人的订单。最后，你希望将发件人存储为 user 属性，以便能够知道哪个客户订购了比萨。order-pizza.js 处理程序的代码参见代码清单 10.5。

代码清单 10.5 比萨订购处理程序

```
'use strict'

const AWS = require('aws-sdk')
const docClient = new AWS.DynamoDB.DocumentClient()
const uuid = require('uuid/v4')
```

```
function orderPizza(pizza, sender) {
  return docClient.put({
    TableName: 'pizza-orders',
    Item: {
      orderId: uuid(),
      pizza: pizza.id,
      orderStatus: 'in-progress',
      platform: 'twilio-sms-chatbot',
      user: sender
    }
  }).promise()
    .then((res) => {
      return 'Where do you want your pizza to be delivered? You can write
     your address.'
    })
    .catch((err) => {
      console.log(err)

      return [
        'Oh! Something went wrong. Can you please try again?'
      ]
    })
}

module.exports = orderPizza
```

将订单保存在 DynamoDB 表中

使用 uuid 为订单生成唯一 ID

保存 Twilio SMS 作为订单使用的平台

保存发送消息的用户的 ID

询问用户送货地址

在出现错误时显示友好的错误消息

导出 orderPizza 处理函数

将订单状态设置为 in-progress(“正在进行中”)

在这种情况下，message.sender 表示请求比萨的客户的电话号码。此时缺少的部分是带有客户地址的回复。

处理 SMS 消息并非易事。SMS 消息是纯文本，因此不提供捕获客户地址输入作为附加选项。有了这些限制，就真的必须对实现进行大量考虑。

目前，订单只能达到“正在进行中”状态。在知道客户的地址之前，不能把订单寄给快递公司。需要获取地址并保存——但是目前，如果消息中不包含比萨的短代码，SMS 聊天机器人将始终回复问候和比萨菜单。需要覆盖该行为，并设法正确处理地址输入。

幸运的是，已有解决方案。由于已经使用正在进行的订单存储了发送者的电话号码，因此可以首先检查数据库中是否存在具有匹配电话号码的正在进行的订单。如果是这种情况，并且没有保存地址，那么可以将发送的消息保存为地址。图 10.1 显示了消息解析过程。

理解过程是最重要的部分，但是还需要学习如何实现。

注意 在实际示例中，可能不应该立即更改订单状态，因为客户可能犯了错误或忘记响应，现在可能想尝试下一个新的订单。要处理这个问题，可能需要让客户进行确认。如果答案是肯定的，可将订单状态更改为“待处理”；如果答案是否定的，可从数据库中删除订单。

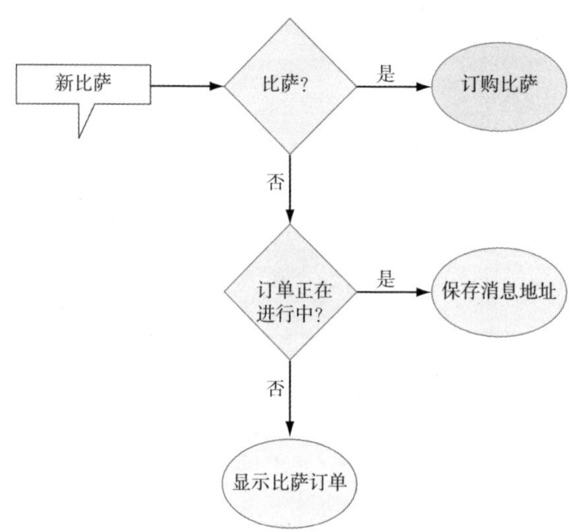

图 10.1　无服务器 SMS 聊天机器人的消息解析过程

首先，需要检查正在进行中的订单。最好有单独的处理程序文件 check-order-progress.js 在 handlers 文件夹中。在此文件中，实现用于扫描 DynamoDB 表的逻辑，以查找属于发送方且正处在进行中的订单。由于 DynamoDB scan 命令始终返回已找到条目的数组，因此需要检查扫描结果是否包含任何条目。如果包含，请返回第一个。如果不包含，则返回 undefined 值，因为找不到任何内容。check-order-progress.js 文件应如代码清单 10.6 所示。

代码清单 10.6　检查订单进度处理程序

```
'use strict'

const AWS = require('aws-sdk')          // 导入 AWS SDK

const docClient = new AWS.DynamoDB.DocumentClient()          // 创建 DocumentClient 的实例

function checkProgressOrder(sender) {

  return docClient.scan({          // 扫描表
    ExpressionAttributeValues: {':user': sender, ':status': 'in-progress'},          // 指定过滤器表达式值
    FilterExpression: 'user = :user and orderStatus = :status',          // 指定扫描表的过滤器，你希望按发件人和订单状态(正在进行中)进行搜索
    Limit: 1,          // 将结果限制为 1，因为只需要知道比萨订单是否存在
    TableName: 'pizza-orders'
  }).promise()
  .then((result) => {
    if (result.Items && result.Items.length > 0) {
      return result.Items[0]
    } else {
      return undefined
    }          // 如果找到与搜索匹配的订单，则返回订单；如果未找到任何内容，则返回 undefined(未定义)
```

```
        })
        .catch((err) => {
          console.log(err)
           return [
             'Oh! Something went wrong. Can you please try again?'
             ]
            })
        });
    }

    module.exports = checkProgressOrder
```

在出现错误时显示友好的错误消息

导出 checkProgressOrder 处理函数

使用定义的过滤器指定要扫描的 DynamoDB 表

现在，需要更新 sms-bot .js 文件，以检查是否有正在进行中的订单。如果有，则保存位置；如果没有，请出示比萨菜单。首先需要导入 save-address.js 和 check-order-progress.js 处理程序，然后使用它们编写订单状态检查代码。sms-bot.js 文件应该如代码清单 10.7 所示。

代码清单 10.7　更新后的 sms-bot .js 文件

```
'use strict'

const botBuilder = require('claudia-bot-builder')
const pizzas = require('./data/pizzas.json')
const pizzaMenu = require('./handlers/pizza-menu'),
  orderPizza = require('./handlers/order-pizza'),
  checkOrderProgress = require('./handlers/check-order-progress'),
  saveAddress = require('./handlers/save-address')

const api = botBuilder((message, originalApiRequest) => {

  let chosenPizza
  pizzas.forEach(pizza => {
    if (message.indexOf(pizza.shortCode) != -1) {
      chosenPizza = pizza
    }
  })

  if (chosenPizza) {
    return orderPizza(chosenPizza, message.sender)
  }

  return checkOrderProgress(message.sender)
    .then(orderInProgress => {
      if (orderInProgress) {
        return saveAddress(orderInProgress, message)
      } else {
        return pizzaMenu()
      }
```

导入 check-order-progress.js 处理程序

导入 save-address.js 处理程序

检查当前发件人是否有正在进行中的订单

如果有正在进行中的订单，保存当前订单并将当前客户消息保存为地址

如果没有正在进行中的订单，请返回比萨菜单

```
    })
  }, { platforms: ['twilio'] })

  module.exports = api
```

现在只缺少 save-address.js 处理程序。在 handlers 文件夹中创建 save-address.js 文件，打开后编写代码，使用提供的订单 ID 作为键更新 DynamoDB 表中的订单。还应该更新地址并将状态从“正在进行中”更改为“待处理”。处理程序如代码清单 10.8 所示。

代码清单 10.8 保存地址处理程序

```
'use strict'

const AWS = require('aws-sdk')
const docClient = new AWS.DynamoDB.DocumentClient()

function saveAddress(order, message) {

  return docClient.put({
    TableName: 'pizza-orders',
    Key: {
         orderId: order.id          ← 通过 orderId 指定要更新的订单
    },
    UpdateExpression: 'set orderStatus = :o, address = :a',   ← 指定更新表达式
    ExpressionAttributeValues: {
      ':n': 'pending',
      ':a': message.text          ← 指定更新表达式的值
    },
     ReturnValues: 'UPDATED_NEW'  ← 成功执行后设置返回值
    }).promise()
  });
}

module.exports = saveAddress     ← 导出 saveAddress 处理函数
```

现在执行 claudia update 命令并向 Twilio 电话号码发送消息以进行试用。

你已经设法使用 Claudia.js 和 Twilio 构建了第一个无服务器 SMS 聊天机器人。

10.2 使用 Alexa

现在有更多的人在订购 Maria 姨妈的比萨!她的比萨店甚至在星期一也很拥挤，所以她想在另一个街区开第二家比萨店。

一切似乎都很好。你的表妹 Julia 带着一件礼物来了，她得意地笑着。她给了你一台 Amazon Echo。

Amazon Echo

Amazon Echo 是一款语音控制的家庭设备，由 Alexa 驱动。Alexa 是一种智能语音助手，你可以和它交谈并发出命令，甚至可以用它在网上订购东西。

Alexa 可用性

Alexa 是在 2014 年发布的，灵感来自《星际迷航》中企业号飞船上的计算机语音和对话系统。Alexa 现在可以在许多设备上使用，包括 Amazon Echo 系列和 Amazon Fire TV，以及使用 iOS 和 Android 等最受欢迎平台的移动设备。大多数设备需要唤醒词来启动 Alexa 对话，但有些设备会通过单击按钮来启动 Alexa 对话。

Alexa 最有趣强大的特性是自定义 skill。skill 是 Alexa 可以学习的新命令，它们可以发布到亚马逊的市场上。在撰写本书时，市场上有超过 20 000 个自定义 skill。这些 skill 类似于计算机应用。

构建自定义 skill 非常简单。如图 10.2 所示，支持 Alexa 的设备将音频文件转发到云，Alexa 将它们解析为带有 intent 和 slot 的通用格式，然后作为 JSON 传递给 Lambda 函数或 HTTP webhook。Intent 会告诉 skill 用户试图完成什么，而 slot 是给定 intent 的变量或动态部分。然后，Lambda 函数或 HTTP webhook 使用一个 JSON 文件进行响应，该 JSON 文件定义了用户将听到的 Alexa 语音响应。在建立第一个 skill 之前，让我们看看 skill 是如何工作的，以及 skill 与 Facebook Messenger 和 Twilio 聊天机器人有何不同。

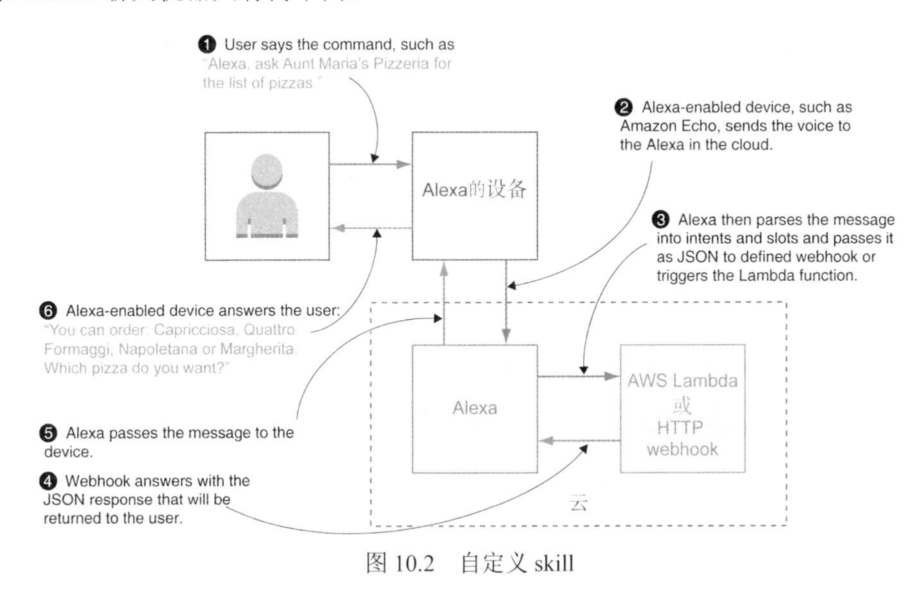

图 10.2　自定义 skill

Alexa skill 剖析

Alexa 和其他语音助手的操作与大多数聊天机器人平台略有不同。以下是一些值得注意的差异：

- Alexa 不只将消息传递给 webhook，Alexa 有内置的自然语言处理(NLP)引擎，并且只将解析后的请求以 JSON 格式传递给 webhook。
- Alexa 对话是基于命令的，与大多数聊天机器人平台不同，Alexa 不允许自由对话。消息必须被识别为预定义的命令之一，以便 Alexa 理解和处理。
- 语音助手通常需要唤醒词或短语——一种声音，用于指示紧接着会发出命令。

如图 10.3 所示，典型的 Alexa 命令包括：

- 唤醒词
- 启动词
- 调用名称
- 带有可选 slot 的话语

图 10.3　Alexa skill 调用

其他的例子包括"Alexa，开始 Maria 姨妈的比萨店"和"Alexa，向 Maria 姨妈的比萨店订购比萨"。

默认的唤醒词是 Alexa，但也可以在设备设置中定制。在撰写本书时，可用的唤醒词包括 Alexa、Amazon、Echo 和 Computer。

启动词告诉 Alexa 触发某种 skill。启动短语包括 ask、launch、start、show，等等。

调用名称是要触发的 skill 的名称。要构建良好的 skill，选择良好的调用名称非常重要。

注意 有关调用名称的一些有用指南，请访问 http://mng.bz/T6ly。

最后，除非启动词是 start，否则需要告诉 Alexa 这个 skill 应该做什么。这些指令被称为话语(utterance)。使用静态语句不会带来太多灵活性，因此 Alexa 允许在指令中添加一些动态部件；这些动态部件被称为 slot(槽)。

用户调用 skill，Alexa 解析 skill 并传递给 AWS Lambda 函数或 webhook。

如图 10.4 所示，一旦 Alexa 的 NLP 开始处理语音命令，语音命令就会被转换成可识别的 intent。如果调用命令中有任何 slot，就将它们转换为包含 slot 名称和值的对象。成功解析语音命令之后，Alexa 将构建一个 JSON 对象，该 JSON 对象包含请求类型、intent(意图)名称、slot 值以及其他数据，如会话属性和元数据。

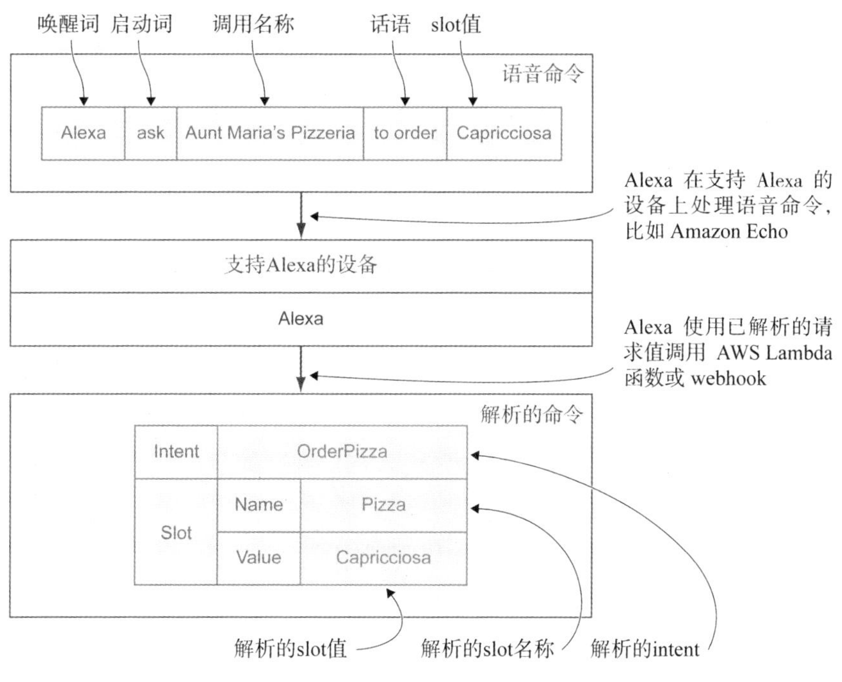

图 10.4　Alexa skill 的调用和解析流程

Alexa 可以接收的请求类型如表 10.1 所示。

表 10.1　Alexa 请求类型

请求类型	描述
LaunchRequest	当使用 start(启动)或 launch 启动词触发 skill 时发送，例如“Alexa，启动 Maria 姨妈的比萨店”，没有收到自定义 slot
IntentRequest	每当解析包含 intent 的用户消息时发送
SessionEndedRequest	当用户会话结束时发送
AudioPlayer 或 PlaybackController	当用户使用任何音频播放器或播放功能时触发，例如暂停音频或播放下一首歌曲

Alexa 命令流程的另一个重要部分是会话。不同于 Facebook Messenger，Alexa 可以在命令之间保存一些会话数据，但需要显式地将它们保存在会话中。Alexa 会话是用户和 Alexa 之间的对话。如果会话是活动的，Alexa 将在用户的下一个命令响应之后等待。当会话处于活动状态时，后续命令不需要唤醒词，因为 Alexa 希望在接下来的几秒内得到回复。

在构建 Alexa skill 之前，需要进行设计。当然，设计语音助手 skill 与 UI 无关，而是与设计交互和 intent 模式有关。

10.2.1 准备 skill

设计是构建 skill 的最重要部分。语音助手通常被称为"智能助手"，但实际上它们距离在太空漫游的 HAL 9000 还很远，NLP 能力仍然是限制因素。

交互设计超出了本书的讨论范围，但是互联网上有很多很好的资源。作为好的起点，可以查看亚马逊官方的语音设计指南：https://developer.amazon.com/designing-forvoice/。

本章将构建的 skill 非常简单，主要应该完成以下工作：

- 允许用户获取可用比萨的列表。
- 允许用户订购所选比萨。
- 询问用户送货地址。

将构建的 skill 的基本流程如图 10.5 所示。

要建立 Alexa skill，需要准备以下内容：

- 意图(intent)模式。
- 自定义槽(slot)类型(如果存在的话)。
- 样本话语列表。

注意 有关设置 Alexa skill 的说明，可连接到 AWS Lambda，并输入意图模式、自定义槽和示例语句，参见附录 B。

意图模式是 JSON 对象，它列出了满足用户口头请求的所有意图或操作。每个意图可以有槽，而且每个槽必须有类型。槽的类型可以自定义或内置。Amazon 提供了许多内置的槽类型，比如名称、日期和地址。有关内置槽类型的完整列表，参见 https://developer.amazon.com/docs/custom-skills/slot-type-reference.html。

除内置的槽类型外，还可以自定义槽类型。自定义槽类型由名称和值列表组成。值列表是文本文件，其中每一行都表示自定义槽类型可以拥有的单个值。

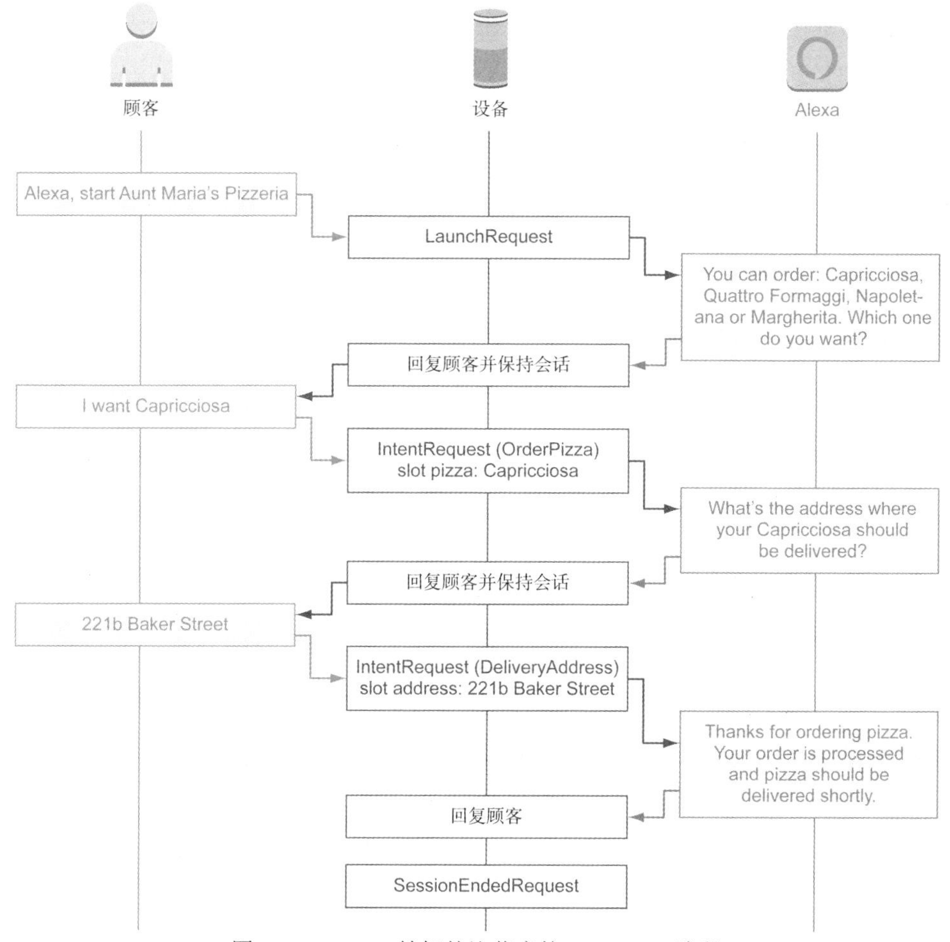

图 10.5　Maria 姨妈的比萨店的 Alexa skill 流程

样本话语列表是一组映射到意图的可能的口语，应该包含尽可能多的代表性短语，Alexa 将使用它们来训练 NLP skill。与自定义槽类型类似，样本语句被定义为文本文件，其中每个样本语句都在新行中输入。每一行都以文本应该被解析作为目的开始，然后是空格和示例文本，如图 10.6 所示。

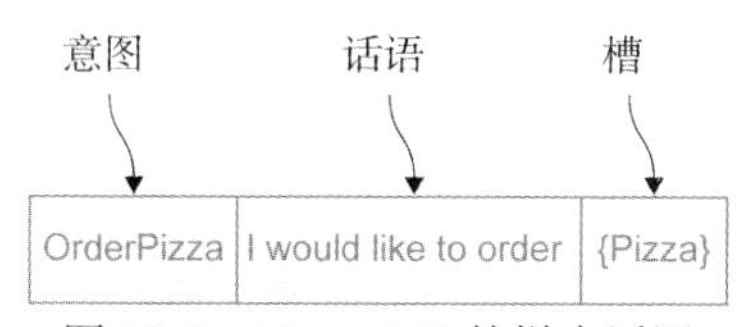

图 10.6　Alexa skill 的样本话语

让我们准备所有需要的东西，从意图模式开始。意图模式作为 JSON 对象，其中包含意图数组和意图对象列表。每个意图对象都有 intent 键，以 intent 名称作为值。

你的 skill 应该包含 OrderPizza 和 DeliveryAddress 意图，两者都有槽。OrderPizza 应该以比萨名称作为 slot 值，DeliveryAddress 应该以地址作为 slot 值。内置的槽类型可用于地址，但不用于比萨名称，因此需要创建自定义槽类型，并命名为 LIST_OF_PIZZAS——稍后将进行定义。

要添加槽(slot)，两个意图对象都应该有另一个键 slots，并以 slot 数组作为值。在这两种情况下，slot 数组中都只有一个 slot 对象，它将 slot 名称和类型作为键值对(key-value pair)。

对于 OrderPizza 意图，槽名应该是 Pizza，槽类型应该是 LIST_OF_PIZZA。对于 DeliveryAddress 意图，槽名应该是 Address，对于槽类型，可以使用 AMAZON.PostalAddress 内置类型以接收递送地址。

内置槽类型

Alexa skill 工具包是用于构建 Alexa skill 的 API、工具和文档的集合，支持多种内置的槽类型，这些槽类型定义了如何识别和处理槽中的数据。提供的类型如下：

- 数字、日期和时间
- 列表

第一类包含用以帮助识别数字的槽，比如 AMAZON.NUMBER、AMAZON.FOUR_DIGIT_NUMBER 以及日期/时间值(如 AMAZON.DATE 和 AMAZON.DURATION)。

在第二类中，slot 类型表示条目列表，比如地址、角色、城市、动物，等等。AMAZON.Animal 槽将识别动物物种；AMAZON.Book 槽将识别图书名称，并在亚马逊网站上显示；AMAZON.PostalAddress 槽将识别带有建筑物或房屋编号的地址。

有关更多信息，请参见 https://developer.amazon.com/docs/custom-skills/slot-type-reference.html。

让我们再添加意图 ListPizzas。这个意图没有任何槽，并且允许用户向 Alexa 询问所有比萨的列表，甚至触发与 LaunchRequest 相同的操作。

当完成时，意图模式应该类似于代码清单 10.9。

代码清单 10.9　意图模式

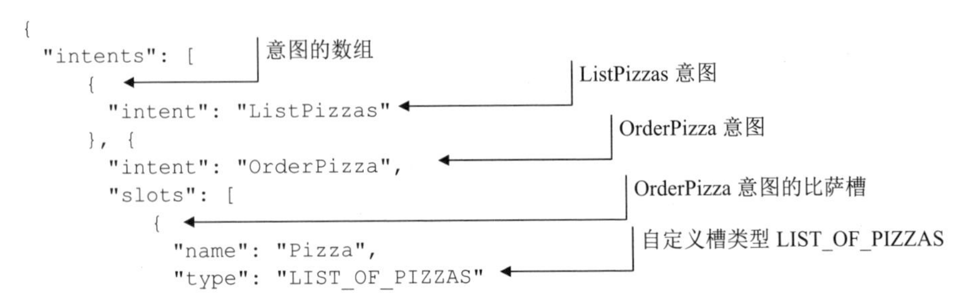

```
          }
        ]
      }, {
        "intent": "DeliveryAddress",
        "slots": [
          {
            "name": "Address",
            "type": "AMAZON.PostalAddress"
          }
        ]
      }
    ]
  }
```

DeliveryAddress 意图

地址槽，使用内置的 AMAZON.PostalAddress 槽类型

DeliveryAddress 意图的地址槽

下一步是定义 LIST_OF_PIZZAS 槽类型。如前所述，自定义槽类型的定义是简单的文本文件，其中每个可能的槽值位于单独的行。LIST_OF_PIZZAS 槽应该是所有比萨的列表，如代码清单 10.10 所示。

代码清单 10.10　自定义槽类型 LIST_OF_PIZZAS

```
Capricciosa
Quattro Formaggi
Napoletana
Margherita
```

最后一步是准备样本话语列表。同样，这个列表也是简单的文本文件，其中的每个样本话语都位于单独的行。

每一行都应该以意图名称开头，然后是空格和短语示例，例如 ListPizzas Pizza menu。拥有多个示例短语更好，但是 Alexa 也可以解析许多其他类似的短语。例如，如果定义 List-Pizzas Pizza menu，Alexa 将识别“向我显示比萨菜单”或“比萨菜单上有什么”这样的短语。

你的样本话语列表应该类似于代码清单 10.11。为了提高可读性，可以保留一些空白行。

代码清单 10.11　样本话语列表

```
ListPizzas Pizza menu
ListPizzas Which pizzas do you have
ListPizzas List all pizzas

OrderPizza {Pizza}
OrderPizza order {Pizza}
OrderPizza I want {Pizza}
OrderPizza I would like to order {Pizza}

DeliveryAddress {Address}
DeliveryAddress Deliver it to {Address}
DeliveryAddress address is {Address}
```

ListPizzas 意图的样本调用

OrderPizza 意图的样本调用

DeliveryAddress 意图的样本调用

10.2.2 使用 Alexa 点比萨

既然已经有了意图模式和样本话语列表，现在就可以为Alexa skill编写代码了。

如前所述，Alexa可以触发API或AWS Lambda函数。Claudia Bot Builder支持Alexa skill，可以重用用于Facebook Messenger或Twilio聊天机器人的AWS Lambda函数。但是这会在Alexa和Lambda函数之间增加API Gateway层，进而提高成本和复杂性(在某些情况下，还可以简化维护，因为可以重用代码的某些部分)。

你的Alexa skill目前很简单，因此让我们为它创建一个单独的AWS Lambda函数。这个额外的Lambda函数没有初始成本——与传统服务器不同，在传统服务器上，需要支付并设置实例，设置成本和部署成本都为零。

使用Claudia Bot Builder的另一个巨大优势是，能以一种常见且简单的格式解析输入，此外还删除了答案的样板。输入的Alexa skill会自动解析为JSON，对于格式化回复消息，可以使用Claudia Bot Builder正在使用的相同功能：将alexa-message-builder作为单独的NPM模块发布，因此不用导入完整的NPM模块。

创建与pizza-api和pizza-fb-bot文件夹级别相同的另一个文件夹，命名为pizza-alexa-skill以保持一致性。

然后输入文件夹并初始化NPM项目。安装alexa-message-builder作为依赖项，方法是执行命令npm install alexa-message-builder --save。然后创建名为skill.js的文件，并使用喜欢的编辑器打开它。

skill.js文件应该是标准的AWS Lambda文件，可以导出处理函数，并将事件、上下文和回调作为参数。另外，还可能需要刚刚安装的alexa-message-builder模块。

因为没有使用Claudia Bot Builder，所以需要检查处理函数接收到的事件是否是有效的Alexa请求。可以检查event.request是否存在，查看类型是LaunchRequest、IntentRequest还是SessionEndedRequest。因为skill没有播放控制或音频文件，所以不需要为这些请求类型检查event.request。

如果事件不是有效的Alexa请求，那么需要使用回调函数返回错误。

接下来，需要添加if…else语句来确定触发了哪个意图。需要检查以下状态并提供适当的响应：

(1) 如果event.request.type是LaunchRequest，或者如果是带有ListPizzas意图的IntentRequest，则返回比萨列表。

(2) 如果意图是OrderPizza，而比萨槽是比萨之一，则询问送货地址。

(3) 如果意图是DeliveryAddress并且有地址槽，那么告诉用户订单已经准备好。

(4) 否则，告诉用户有错误。

如果event.request.type是IntentRequest，那么可以从event.request.intent.name获取意图。如果有槽，它们将位于event.request.intent.slot对象中。例如，检查意图是否为DeliveryAddress以及地址槽是否存在，代码如下所示：

```
if (
  event.request.type === 'IntentRequest' &&
  event.request.intent.name === 'DeliveryAddress' &&
  event.request.intent.slots.Address.value
) { /* ... */ }
```

可以在 if…else 语句之前创建一个 AlexaMessageBuilder 实例，代码如下：

```
const AlexaMessageBuilder = require('alexa-message-builder')
```

通过添加以下内容，允许在 if…else 语句之后只有一个回调：

```
callback(null, message)
```

然后在 if…else 语句的每个块中添加消息。对于 LaunchRequest 和 ListPizzas 意图，应该返回所有比萨的列表，请求用户选择比萨，并保持会话打开。请记住，问题必须清楚和简单，以便用户知道如何以 Alexa 可以处理的方式回答。例如，代码可能如下所示：

```
const message = new AlexaMessageBuilder()
  .addText('You can order: Capricciosa, Quattro Formaggi, Napoletana, or
    Margherita. Which one do you want?')
  .keepSession()
  .get()
```

这里使用的问题并不完美，因为用户可能用“第一个”来回答，Alexa 将无法理解。

与 Facebook Messenger 模板类似，AlexaMessageBuilder 类的方法会返回 this 以允许链接。要保持会话打开，可以使用.keepSession 方法，最后需要使用.get 方法将响应转换为纯 JavaScript 对象，该对象具有 Alexa 请求的格式。

OrderPizza 意图的响应应该是类似的。可以这样回答：“你的比萨应该送到哪里？”保持会话打开。主要的区别在于，你希望将选择的比萨保存在会话属性中。可以添加以下代码：

```
.addSessionAttribute('pizza', event.request.intent.slots.Pizza.value)
```

此时，skill.js 文件应该类似于代码清单 10.12。

代码清单 10.12　Alexa skill

```
'use strict'

const AlexaMessageBuilder = require('alexa-message-builder')   // 导入 Alexa Message Builder 库

function alexaSkill(event, context, callback) {   // 提供 Lambda 处理函数
  if (
    !event ||
    !event.request ||
    ['LaunchRequest', 'IntentRequest', 'SessionEndedRequest'].indexOf(event.
```

```
    request.type) < 0
) {
  return callback('Not valid Alexa request')
}

const message = new AlexaMessageBuilder()

if (
  event.request.type === 'LaunchRequest' ||
  (event.request.type === 'IntentRequest' && event.request.intent.name ===
  'ListPizzas')
) {
  message
    .addText('You can order: Capricciosa, Quattro Formaggi, Napoletana, or
  Margherita.
    Which one do you want?')
    .keepSession()
} else if (
  event.request.type === 'IntentRequest' &&
  event.request.intent.name === 'OrderPizza' &&
  ['Capricciosa', 'Quattro Formaggi', 'Napoletana',
  'Margherita'].indexOf(event.request.intent.slots.Pizza.value) > -1
) {
  const pizza = event.request.intent.slots.Pizza.value

  message
    .addText(`What's the address where your ${pizza} should be delivered?`)
    .addSessionAttribute('pizza', pizza)
    .keepSession()
} else if (
  event.request.type === 'IntentRequest' &&
  event.request.intent.name === 'DeliveryAddress' &&
  event.request.intent.slots.Address.value
) {
  // Save pizza order

  message
    .addText(`Thanks for ordering pizza. Your order has been processed and
  the pizza
    should be delivered shortly`)
} else {
  message
    .addText('Oops, it seems there was a problem, please try again')
}

  callback(null, message.get())
}

export.handler = Alexa skill
```

检查消息是否为 Alexa 事件，否则返回错误

检查消息是否为 OrderPizza 意图

将选择的比萨保存在会话中

创建 AlexaMessageBuilder 的实例

检查消息是 LaunchRequest 意图还是 ListPizzas 意图

返回比萨列表

询问用户送货地址

检查消息是否为 DeliveryAddress 意图

让用户知道订单已经收到

否则，告诉用户有错误

从 AWS Lambda 函数返回消息

导出处理函数

将订单保存到 DynamoDB

下一步是使用 claudia create 命令部署 Lambda 函数，参见代码清单 10.13。在这种情况下，主要有以下两个不同之处：

- 支持区域为 eu-west-1、us-east-1 和 us-west-1。
- 不允许使用默认的 latest 阶段，因此需要设置其他版本名称，比如 skill。

代码清单 10.13 使用 Claudia 部署 skill

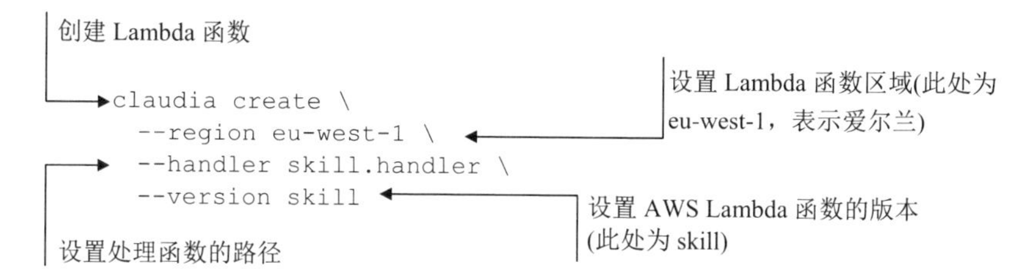

部署 Lambda 函数之后，需要允许 Alexa 触发它。可以使用 claudia allow-alexa-skill-trigger 命令来实现这一点。不要忘记提供使用 claudia create 命令定义的版本——在我们的示例中是 skill，所以需要执行 claudia allow-alexa-skill-trigger--version skill 命令。

上传 Lambda 函数并允许 Alexa 触发 skill 后，确保遵循附录 B 中描述的设置说明。如果成功配置了 skill，可以简单地说："Alexa，打开 Maria 姨妈的比萨店。"

10.3 试一试

聊天机器人和语音助手很有趣!现在是时候努力提升这个 skill 了。

10.3.1 练习

本章的练习是在 Alexa LaunchRequest 上发送欢迎消息。信息可以是这样的："欢迎来到 Maria 姨妈的比萨店!可以用这个 skill 点比萨。我们有 Capricciosa、Quattro Formaggi、Napoletana 以及 Margherita 口味。你想要哪种比萨？"

为了让这个挑战更有趣，可以为 LaunchRequest 和 ListPizzas 意图添加 reprompt(重新提示)。如果会话仍然打开，但是用户在几秒内没有回答，就会发送 reprompt。

提示

- 将 LaunchRequest 和 ListPizzas 意图拆分为两个 if…else 语句。
- 确保会话是打开的。
- 要使用 reprompt，请参阅 alexa-message-builder 文档：https://github.com/stojanovic/alexa-message-builder。

10.3.2　解决方案

参见代码清单 10.14，应该只更改 skill.js 文件的一小部分。需要将 LaunchRequest 和 ListPizzas 意图分隔成单独的 if 块，并在两个响应中使用.addRepromptText 方法。

代码清单 10.14　修改后的 skill.js 文件

添加已定义的文本

LaunchRequest 现在位于单独的 if 块中

```
if (event.request.type === 'LaunchRequest') {
  message
   .addText('Welcome to Aunt Maria's Pizzeria! You can order pizza with
  this skill. We have: Capricciosa, Quattro Formaggi, Napoletana, or
  Margherita. Which pizza do you want?')
   .addRepromptText('You can order: Capricciosa, Quattro Formaggi,
  Napoletana, or Margherita.
   Which pizza do you want?')
   .keepSession()
} else if (event.request.type === 'IntentRequest' && event.request. intent.
  name === 'ListPizzas') {
  message
   .addText('You can order: Capricciosa, Quattro Formaggi, Napoletana, or
  Margherita.
   Which pizza do you want?')
   .addRepromptText('You can order: Capricciosa, Quattro Formaggi,
  Napoletana, or Margherita.
   Which pizza do you want?')
   .keepSession()
}
```

为 LaunchRequest 添加 reprompt

为 ListPizzas 意图添加 reprompt

文件的其余部分没有更改

ListPizzas 意图现在处于 else…if 块中

更新完代码后，使用 claudia update 命令部署代码，这样就可以对 skill 进行测试了。

10.4　第 II 部分结束：特殊练习

至此，你已经学习了许多与无服务器应用和聊天机器人相关的知识，现在是时候巩固这些知识了。将 SMS 聊天机器人和 Alexa skill 连接到数据库和交付服务。请记住，在 Alexa 中不可能通知用户比萨配送状态的更改。

注意　特殊练习没有提示。

10.5 本章小结

- Claudia Bot Builder 提供了一种使用 Twilio 轻松快捷地构建 SMS 聊天机器人的方法。
- 由于局限性，为用户提供简短明了的方式以回复 SMS 聊天机器人非常重要。
- 可以为多个平台重用聊天机器人代码，但有时拆分为更多的 Lambda 函数则更容易。
- Claudia Bot Builder 支持 Alexa skill，但因为 Alexa 可以触发 Lambda 函数，所以如果在没有 API Gateway 的情况下部署 skill，将可以节省资金并减少延迟。
- 尽管 Alexa skill 很容易开发，但以一种刀枪不入的方式设计语音交互是困难的。

第Ⅲ部分

下一步

多亏你的努力，Maria 姨妈的比萨店又兴隆了。但即使一切正常，频繁的更改也会导致应用偶尔出现错误。现在学习如何在无服务器应用中进行自动化测试以及如何将之应用于比萨店 API(见第 11 章)。此外，许多客户询问在线支付，所以需要将 Stripe 支付与 AWS Lambda 集成在一起(见第 12 章)。

在你们全家聚餐时，Maria 姨妈总是吹嘘自己网上的新生意。她的哥哥 Roberto 问你是否可以将他现有的应用迁移到无服务器系统。他的应用使用 Express.js 且运行良好，但他支付的费用比 Maria 姨妈高得多，并且有规模问题。你的任务是在 AWS Lambda 上学习和运行他的 Express.js 应用(见第 13 章)。然后，你将了解将更复杂的现有应用迁移到无服务器的更多信息(见第 14 章)。

最后，你将看到其他真正的企业如何使用无服务器，他们如何迁移现有的应用，并了解他们从中获得的好处(见第 15 章)。

第 11 章 测试

本章要点：

- 测试无服务器应用的方法
- 编写可测试的无服务器函数
- 在本地运行自动化测试

应用开发并不简单，更非无忧无虑。即使小心翼翼地实施和检查，软件漏洞也可能会成为漏网之鱼，将公司或用户置于风险之中。在过去的几十年里，漏洞预防和软件测试已经成为当务之急。

现在，随着无服务器的应用，软件测试似乎增加了一层新的复杂性。没有服务器配置，再加上使用 AWS Lambda 和 API Gateway，可能会让测试应用看起来很可怕。本章的目标是展示如何通过对应用的测试方法稍作修改，就可以像测试服务器托管应用一样轻松地测试无服务器应用。

11.1 测试服务器托管应用和无服务器应用

最近，Maria 姨妈注意到某些顾客偶尔不能使用比萨订购服务，Pierre 一直在报告“幽灵”漏洞，有时甚至在展示比萨列表时也是如此。Maria 姨妈担心会失去一些顾客，并希望你去看看。可以尝试调试比萨店 API 来找出问题所在，但错误也可能出现在网站或移动应用中。每次出现问题时，手动测试所有的服务十分单调乏味。解决方案是自动化测试。自动化测试需要初始投入以编写测试应用的代码，然后当更改功能(比如添加新功能或遇到新问题)时，可以重新运行以检查比萨店 API。

自动化测试是一个很大的领域，有许多不同的自动化测试类型，每种类型都采用不同的方法：从测试应用代码的小块(或单元)到完成应用的功能及行为。

以比萨店 API 为例，较小的单元测试只测试处理程序中单个函数的执行，而完整的应用测试(也称为端到端测试或 E2E 测试)将检查网站的整个比萨列表和订单流程。

还有更多类型的自动化测试。通常根据测试方法从下到上分为三层。

- 单元层：检查小的应用代码片段(如单个函数)的测试。
- 服务层：检查这些小的代码块如何协同工作的测试，也称为集成测试。
- UI 层：从 UI 角度检查整个应用行为的测试。

除了以上三个自动化测试层之外，还有另一个手动测试层，通常由质量保证团队执行。

这些测试层有不同的测试成本。层的可视化表示以及相应的成本通常称为测试金字塔。通常，测试金字塔只包含三个自动化测试层，但是为了更好地理解每种测试类型的价值和成本，还可以添加手动测试层。将所有四个层组合起来，测试金字塔如图 11.1 所示，成本基于服务器托管应用的测试。

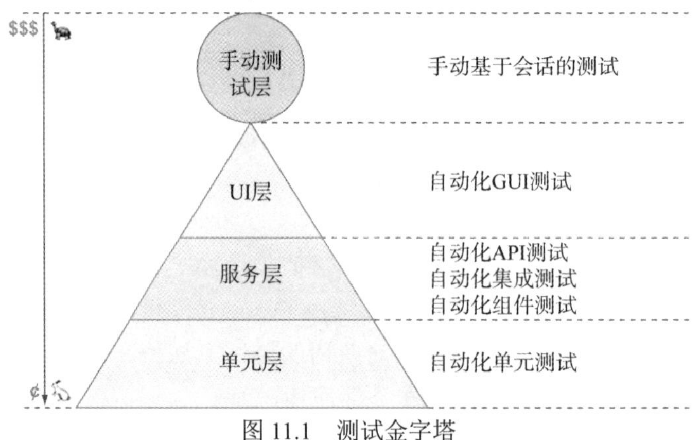

图 11.1 测试金字塔

自动化测试金字塔

Mike Cohn 在著作 *Succeeding with Agile*(Addison Wesley, 2009)中首次提到了三层自动化测试金字塔的概念。如果对阅读更多关于测试自动化的内容感兴趣，我们强烈推荐这本书。

图 11.1 显示，高级 UI 测试比单元测试更昂贵，因为它们从用户的角度测试整个应用的行为，包括可视的细节，比如正确设置输入、显示值，等等。除了更昂贵之外，由于检查的数量和执行代码的绝对数量更多，UI 测试的速度也要慢得多。

在服务器托管的应用中，运行自动化测试通常需要单独的测试服务器，因为不想基于生产数据运行测试。因此，服务器承载的测试成本中有很大一部分与基础设施相关。这包括使用与生产应用相同的设置服务器、导入数据库数据、花费开发人员的时间，等等。

使用无服务器，测试运行成本大大降低，主要是因为没有服务器或服务器配置。因此，开发人员投入的时间更少。节省的时间可以用于更多的测试和覆盖率。图 11.2 显示了更新后的无服务器应用测试金字塔，体现了测试成本的差异，我们称之为无服务器测试金字塔。

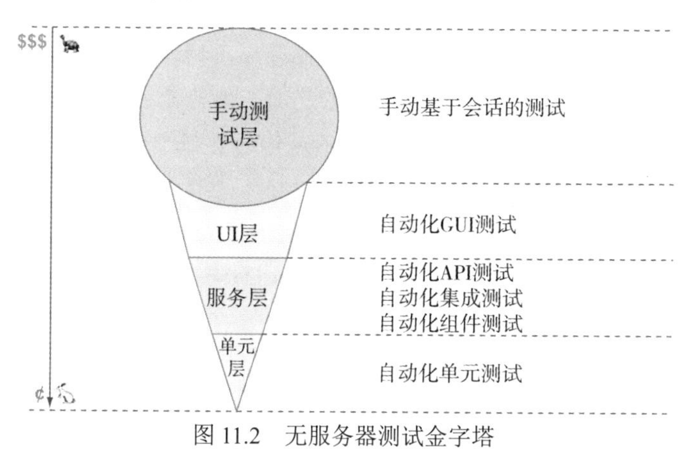

图 11.2　无服务器测试金字塔

11.2　如何测试无服务器应用

开发无服务器应用非常棒，因为不必担心基础设施。但是从测试的角度看，这种好处现在变成了问题。由于对基础设施没有控制权，因此要求重新考虑如何进行测试。乍一看，你可能认为不控制基础设施意味着不负责 AWS 服务是开启还是关闭，或者 AWS 服务是否关闭，或者网络是否断开。但这种想法是错误的。即使无法控制基础设施，这也并不意味着不再需要为失败负责。你的客户不知道 AWS 服务故障和应用崩溃之间的区别。你要对此负责，至少，你需要检查应用是否很好地处理了这些情况。

下面的方法可以帮助你在编写测试程序时记住这些情况。你们中的一些人可能已经在以不同的形式使用了。

(1) 列出所有不同的关注点。关注点表示负责操作的单个函数或代码段。在我们的示例中，这可能是计算比萨订单的折扣。

(2) 分别测试每个关注点。

(3) 看看这些关注点是如何相互工作(集成)的。这就像检查折扣如何影响向客户收取的信用卡费用。

(4) 还要分别测试它们的每一个集成块。

(5) 列出所有端到端工作流。端到端工作流表示应用中可用的完整功能工作流。这方面的典型示例是加载站点，列出比萨，选择比萨，订购比萨，然后付款。列出所有工作流将使你对应用有更好、更完整的感观。

(6) 测试定义的每个端到端工作流。

这种方法可能看起来合乎逻辑，但是现在软件应用中的漏洞数量告诉我们，合乎逻辑的东西并不意味着有效。

注意 无服务器应用的端到端测试与服务器托管应用的端到端测试相同。因此，上述最后两个步骤超出了本书的讨论范围。因为无法访问 Maria 姨妈的网站或移动 UI，所以编写端到端测试不是你的责任。无论如何，这些测试都很重要，因为它们将无服务器应用作为整体进行测试。要了解更多关于端到端测试的信息，可访问 https://medium.freecodecamp.org/why-end-to-end-testing-is-important-for-your-team-cb7eb0ec1504。

11.3 前期准备

无服务器的 Node.js 应用仍然是 Node.js 应用，这意味着用于测试任何其他 Node.js 应用的工具也适用于比萨店 API。本章使用 Jasmine，这是最流行的 Node.js 测试框架之一，但是也可以使用其他框架，比如 Mocha、Tape 或 Jest。

Jasmine 测试框架

Jasmine 是一种 JavaScript 测试框架。它不依赖于其他 JavaScript 框架，也不需要 DOM，所以可以在浏览器和节点中使用。Jasmine 拥有清晰的语法，可以简化测试。要了解更多信息，可访问 https://jasmine.github.io。

Jasmine 测试框架又称为 spec，因此我们将在本章的其余部分使用相同的名称。spec 是一组 JavaScript 函数，定义了应用的一部分应该做什么。spec 被分组到套件中，从而允许组织 spec。例如，如果正在测试表单，那么可以拥有验证套件，从而对与表单验证相关的所有 spec 进行分组。

Jasmine 使用运行器来运行 spec。可以运行所有的 spec，也可以对它们进行筛选，然后运行特定的 spec 或套件。在编写测试之前，需要为单元测试准备项目。为此，需要创建文件夹来保存 spec，然后创建运行器来运行 spec。

要遵循 Jasmine 的命名约定，请在比萨店 API 项目中创建 spec 文件夹，这个文件夹将包含比萨店 API 的所有规范，包括单元和集成规范，还将包括 Jasmine 运行器和一些助手的配置，比如模拟 HTTP 请求的助手。文件夹结构以及将在本章中创建的规范如图 11.3 所示。

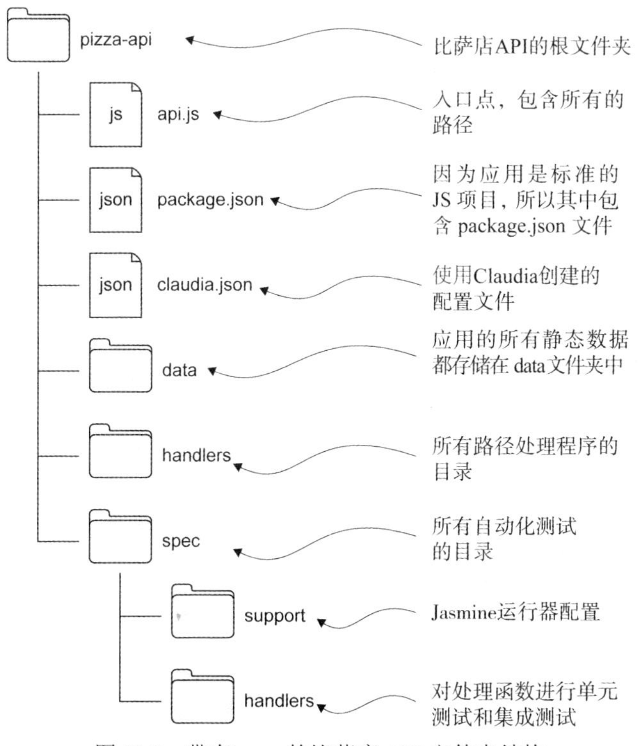

图 11.3 带有 spec 的比萨店 API 文件夹结构

要配置 Jasmine 运行器，请在比萨店 API 项目的 specs 文件夹中创建 support 文件夹。在这个文件夹中，创建 jasmine.json 文件，这个文件表示运行器配置。

如代码清单 11.1 所示，需要定义 spec 相对于项目根目录的位置，Jasmine 模式将用于查找 spec 文件。在这里，应该是任何以 spec.js 或 Spec.js 结尾的文件。

代码清单 11.1 Jasmine 配置

```
{
  "spec_dir": "specs",      ← 相对于项目的根目录，将 spec 位置设置为 specs 文件夹
  "spec_files": [
    "**/*[sS]pec.js"        ← 所有 spec 文件名都以 spec.js 或 Spec.js 结尾
  ]
}
```

接下来，定义 Jasmine 将如何运行。可配置为使用 jasmine.json 文件中的配置来运行，从而只运行特定的规范或规范套件。你希望以详细模式运行，并且在运行时打印每个规范的描述。

为此，在相同的文件夹中创建另一个名为jasmine-runner.js的文件，并使用喜欢的编辑器打开。在这个文件的开头，需要来自jasmine-spec-reporter NPM包的jasmine和SpecReporter，然后创建一个Jasmine实例。

下一步是循环遍历命令行中传递的参数。可以忽略前两个参数，因为它们是Node.js和当前文件的路径。对于剩余的每个参数，检查它们是否是全文。如果是，则显示Jasmine spec报告器而不是默认报告器。如果参数是过滤器，则只运行包含所提供过滤器的规范。

最后，使用Jasmine的loadConfigFile方法加载配置，并使用提供的过滤器启动Jasmine运行器。

jasmine-runner.js文件应该如代码清单11.2所示。

代码清单 11.2 Jasmine 运行器

创建一个Jsamine实例

需要Jasmine SpecReporter库

```
use strict'

const SpecReporter = require('jasmine-spec-reporter').SpecReporter
const Jasmine = require('jasmine')
const jrunner = new Jasmine()
let filter

process.argv.slice(2).forEach(option => {
  if (option === 'full') {
    jrunner.configureDefaultReporter({ print() {} })
    jasmine.getEnv().addReporter(new SpecReporter())
  }

  if (option.match('^filter='))
    filter = option.match('^filter=(.*)')[1]
})

jrunner.loadConfigFile()
jrunner.execute(undefined, filter)
```

需要jasmine库

创建稍后将使用的filter变量

从执行的命令中获取除前两个参数外的所有参数，并循环遍历参数列表

如果传递的参数是过滤器，就将过滤器的值保存到filter变量中

使用提供的过滤器启动Jasmine运行器

从jasmine.json加载配置文件

如果传递的参数已满，则删除默认报告器并添加Jasmine spec报告器

此时，可以使用node spec/support/jasmine-runner.js命令运行规范。这将把spec结果打印到终端，通过的每个spec都有绿色的点。要查看spec消息而不是绿色的点，可以执行node spec/support/jasmine-runner.js full命令。

为了简化运行规范，可以在package.json文件中添加NPM测试脚本，从而允许使用简写test来运行带有npm test命令(甚至更短的npm t命令)的spec。将以下脚本添加到package.json文件中：

```
"test": "node specs/support/jasmine-runner.js"
```

要运行具有完整消息输出的spec，请执行命令npm t--full。--是必需的，后面必须有空格，因为后面的选项(在本例中是full)不是NPM选项。相反，它们被直接传递给Jasmine。

提示 可以使用其他两个NPM脚本来改进代码。首先，如果有linter，并且在package.json文件中添加了预测试脚本，那么可以在测试之前自动运行它。例如，使用ESLint，命令如下：

```
"pretest": "eslint lib spec *.js"
```

此外，如果使用Node.js调试器，那么添加调试脚本也很有用，如下所示：

```
"debug": "node debug spec/support/jasmine-runner.js"
```

运行后将使用Node.js调试器启动测试。有关调试器的更多信息，参见https://nodejs.org/api/debugger.html。

11.4 单元测试

测试金字塔的基础是单元层，它由单元测试组成。单元测试的目标是隔离应用的每个部分，并显示各个部分正按预期工作。

单元大小取决于应用；可以小到一个函数，也可以大到一个类或整个模块。用于隔离和测试的比萨店API的最小代码单元是处理函数。可以从getPizzas处理函数开始。

getPizzas处理函数中唯一的外部连接是到pozzas.json文件的连接。尽管是静态文件，但却表示不应该在单元测试中测试的外部连接。要为单元测试准备处理函数，需要允许处理函数接收自定义由比萨列表，以覆盖pizza.json中的比萨列表。通过这样做，可以确保单元测试在pizzas.json文件被更改时仍然有效。

如代码清单11.3所示，可以通过将pizzas参数添加到getPizzas处理函数来实现这一点，getPizzas处理函数默认为pizzas.json文件的内容。

代码清单11.3 更新后的getPizzas处理函数

需要比萨列表

```
'use strict'

const listOfPizzas = require('../data/pizzas.json')

function getPizzas(pizzaId, pizzas = listOfPizzas) {
```

将比萨列表作为第二个参数传递，并默认将值设置为listOfPizzas

现在处理函数已经准备好进行测试，可以开始编写规范了。为此，在 spec/handlers 文件夹中创建名为 get-pizzas.spec.js 的文件。在这个文件中，需要编写处理函数并创建 pizzas 数组，其中应该包含至少两个带有名称和 ID 的比萨，代码片段如下：

```
const pizzas = [{
  id: 1,
  name: 'Capricciosa'
}, {
  id: 2,
  name: 'Napoletana'
}]
```

现在使用 Jasmine 的 describe 函数描述 spec。描述应简短易懂，例如：

```
describe('Get pizzas handler', ()
       => { ... . })
```

提示 使用 Jasmine 时，不需要 describe、it 和 expect 函数，因为它们将自动作为全局变量注入。但如果使用 linter，那么不要忘记告诉 linter Jasmine 函数是全局函数，因此不会报告它们为未定义函数。

描述块应该包含多个规范。对于简单的函数，例如 getPizzas 处理函数，应该测试以下内容：

- 获取所有比萨的列表。
- 通过 ID 获取单个比萨。
- 不能通过未定义的 ID 获取比萨。

每个 spec 都是通过调用 it 函数定义的单独块。it 函数接收两个参数：spec 描述和用于定义 spec 的函数。记住，描述应该简短而清晰，这样就可以很容易地理解正在测试的内容。

每个 spec 都包含一个或多个测试代码状态的期望。期望实际上是验证，在验证中，进行当前值与当前值的比较。可使用 expect 语句定义期望。

注意 有关使用 Jasmine with Node.js 的更多信息，可参阅官方文档：https://jasmine.github.io/api/2.8/global.html。

在第一个 spec 中，你希望检查处理函数是否在不提供比萨 ID 时返回所有比萨的列表。为此，需要在不使用第一个参数的情况下调用处理函数，但还需要提供比萨列表作为第二个参数。可以通过将未定义的比萨和比萨列表分别传递给处理函数来实现这一点，如下所示：

```
t('should return a list of all pizzas if called without pizza ID', () => {
  expect(underTest(undefined, pizzas)).toEqual(pizzas)
})
```

要使用现有的比萨 ID 测试代码，应该分别通过 ID 值 1 和 2 以及比萨列表，让期望结果等于比萨模拟数组中的第一个和第二个比萨。spec 可以是这样的：

```
it('should return a single pizza if an existing ID is passed as the first
      parameter', () => {
  expect(underTest(1, pizzas)).toEqual(pizzas[0])
  expect(underTest(2, pizzas)).toEqual(pizzas[1])
})
```

对于 getPizzas 处理函数的单元测试中的最后一个 spec，在传递不存在的 ID 时，可以随心所欲地发挥创造力。应该使用一些边缘情况，例如小于和大于现有 ID 的数字，但是也应该试着测试其他值，如字符串或其他类型的值。

下面的例子展示了你的 spec：

```
it('should throw an error if nonexistent ID is passed', () => {
  expect(() => underTest(0, pizzas)).toThrow('The pizza you requested was
    not found')
  expect(() => underTest(3, pizzas)).toThrow('The pizza you requested was
    not found')
  expect(() => underTest(1.5, pizzas)).toThrow('The pizza you requested was
    not found')
  expect(() => underTest(42, pizzas)).toThrow('The pizza you requested was
    not found')
  expect(() => underTest('A', pizzas)).toThrow('The pizza you requested was
    not found')
  expect(() => underTest([], pizzas)).toThrow('The pizza you requested was
    not found')
})
```

将所有这些放在一起，代码清单 11.4 显示了 getPizzas 处理函数的单元测试应该是什么样的。

代码清单 11.4 getPizzas 处理函数的单元测试

```
'use strict'

const underTest = require('../../handlers/get-pizzas')   // 需要 getPizzas 处理函数

const pizzas = [{                                        // 创建 pizzas 数组
  id: 1,
  name: 'Capricciosa'
}, {
  id: 2,
  name: 'Napoletana'
}]

describe('Get pizzas handler', () => {                   // 描述 spec 组
  it('should return a list of all pizzas if called without pizza ID', () => {   // 在没有 ID 的情况下调用 getPizzas 处理函数的 spec
    expect(underTest(undefined, pizzas)).toEqual(pizzas)   // 如果没有提供 ID，则期望 getPizzas 处理函数返回所有比萨的列表
  })
```

```
  it('should return a single pizza if an existing ID is passed as the first
    parameter', () => {
    expect(underTest(1, pizzas)).toEqual(pizzas[0])
    expect(underTest(2, pizzas)).toEqual(pizzas[1])
  })

  it('should throw an error if nonexistent ID is passed', () => {
    expect(() => underTest(0, pizzas)).toThrow('The pizza you requested was
      not found')
    expect(() => underTest(3, pizzas)).toThrow('The pizza you requested was
      not found')
    expect(() => underTest(1.5, pizzas)).toThrow('The pizza you requested was
      not found')
    expect(() => underTest(42, pizzas)).toThrow('The pizza you requested was
      not found')
    expect(() => underTest('A', pizzas)).toThrow('The pizza you requested was
      not found')
    expect(() => underTest([], pizzas)).toThrow('The pizza you requested was
      not found')
  })
})
```

使用不存在或无效的ID调用getPizzas处理函数的spec

使用有效的现有ID调用getPizzas处理函数的spec

导航到项目文件夹并从终端执行npm test命令，输出(如代码清单11.5所示)表明spec失败了。

代码清单 11.5　运行 spec 后的响应

```
> node spec/support/jasmine-runner.js

Started
..F

Failures:
1) Get pizzas handler should throw an error if nonexistent ID is passed
  Message:
    Expected function to throw an exception.
  Stack:
    Error: Expected function to throw an exception.
        at UserContext.it (~/pizza-api/spec/handlers/get-pizzas-spec.js:26:40)

3 specs, 1 failure
Finished in 0.027 seconds
```

失败的spec可防止将错误部署到AWS Lambda函数以及在生产中产生问题。在单元spec中测试边缘情况是很重要的，因为它们可以为你从CloudWatch日志中节省大量调试时间。

在这种情况下，零作为比萨ID传递，getPizzas处理函数返回所有比萨的列表而不是错误，因为零在 JavaScript 中是假值，所以不会传递 getPizzas 处理函数的以下部分：

```
if (!pizzaId)
  return pizzas
```

要解决这个问题，请更新 getPizzas 处理函数的问题部分，以检查未定义的 pizzaId。例如，用以下代码替换旧代码：

```
if (typeof pizzaId === 'undefined')
  return pizzas
```

更新 getPizzas 处理函数后，使用 npm test 命令重新运行 spec。spec 现在应该通过了，输出应该如代码清单 11.6 所示。

代码清单 11.6　运行正在传递的 spec 后的响应

```
> node spec/support/jasmine-runner.js

Started
...


3 specs, 0 failures
Finished in 0.027 seconds
```

通过的 spec 并不能保证代码没有漏洞，但是如果在代码覆盖率中包含有意义的 spec，那么生产问题的数量将显著减少。单元测试处理程序如何才能不被隔离？例如，与 DynamoDB 表有直接连接的处理程序。这正是证明模拟函数有效的地方。

11.5　模拟无服务器函数

与 getPizzas 处理函数相反，比萨店 API 中的大多数其他处理函数都与数据库交互或发送 HTTP 请求。要单独测试这些处理函数，需要模拟所有外部交互。

模拟主要用于单元测试，是指创建模拟真实对象行为的对象。使用模拟而不是测试处理程序与之交互的外部对象和函数，从而允许隔离处理函数的行为。

让我们测试更复杂的处理函数，比如 createOrder。在 createOrder 处理函数中有两件事需要模拟：

- 最明显的功能是模拟 HTTP 请求，因为不想从 spec 中接触 Some like It Hot Delivery API。Some like It Hot Delivery API 是外部依赖项，既不拥有，也不能访问测试版本。你在测试中提出的任何交付请求都可能导致实际的生产问题。
- 你还希望模拟 DynamoDB DocumentClient，因为你希望将 getPizzas 处理

函数的测试与任何依赖项隔离开来。如果测试完全集成的处理函数，则需要设置测试数据库来测试处理函数验证。

模拟非常重要，因为单元 spec 比集成和端到端 spec 运行得更快。在更复杂的系统中，运行完整的 spec 套件只需要几秒，而不是几分钟甚至几小时。此外，单元 spec 也便宜得多，因为当想要检查处理函数的逻辑是否如预期的那样工作时，不需要为基础设施付费。

模拟 HTTP 请求和 DynamoDB 通信之后，测试的处理函数应该如图 11.4 所示。

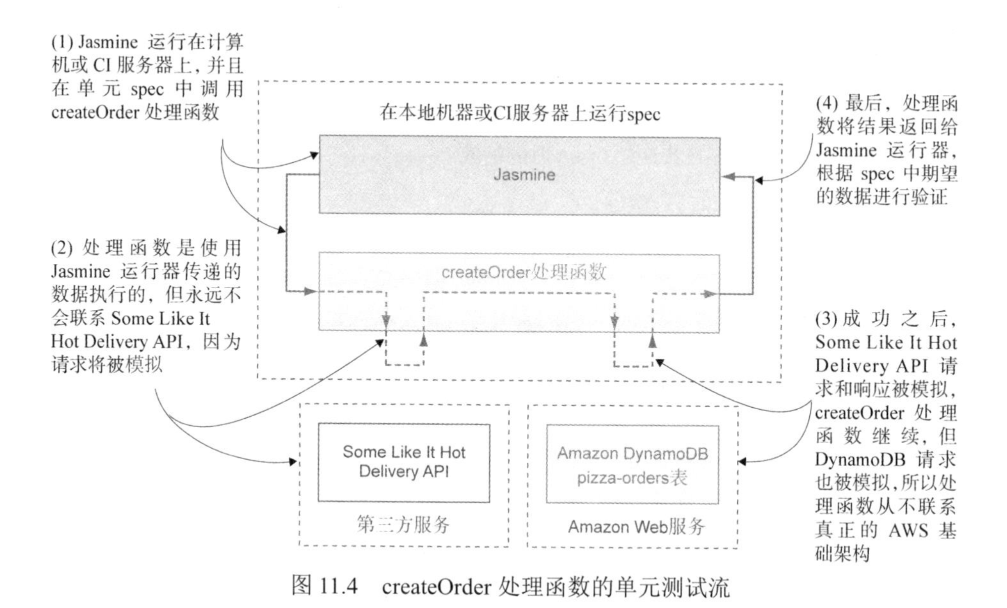
(1) Jasmine 运行在计算机或 CI 服务器上，并且在单元 spec 中调用 createOrder 处理函数
在本地机器或CI服务器上运行spec
Jasmine
createOrder处理函数
(4) 最后，处理函数将结果返回给 Jasmine 运行器，根据 spec 中期望的数据进行验证
(2) 处理函数是使用 Jasmine 运行器传递的数据执行的，但永远不会联系 Some Like It Hot Delivery API，因为请求将被模拟
(3) 成功之后，Some Like It Hot Delivery API 请求和响应被模拟，createOrder 处理函数继续，但 DynamoDB 请求也被模拟，所以处理函数从不联系真正的 AWS 基础架构
Some Like It Hot
Delivery API
第三方服务
Amazon DynamoDB
pizza-orders表
Amazon Web服务

图 11.4 createOrder 处理函数的单元测试流

要为 createOrder 处理函数创建单元 spec，请创建名为 create-order 的文件。在比萨店 API 项目的 specs/handlers 文件夹中找到 spec.js。然后在 spec 文件的顶部要求这个处理函数，并添加 Jasmine 描述块，因为你希望对 spec 进行分组，以便轻松读取 Jasmine 运行器的输出。

此时，spec 文件应该是这样的：

```
const underTest = require('../../handlers/create-order')

describe('Create order handler', () => {
  // Place for your specs
})
```

现在让我们模拟 HTTP 请求。在 Node.js 中有很多方法可以做到这一点。例如，可以使用功能齐全的模块进行模拟，比如 Sinonjs(http://sinonjs.org)或 Nock (https://github.com/node-nock/nock)，甚至可以编写自己的模块。

本着 Node.js 和无服务器开发的精神，我们总是建议使用小型和集中的模块，而 fake-http-request 正是模拟 HTTP 和 HTTPS 请求的小型 Node.js 模块。可以从 NPM 中安装模块，并通过运行 NPM install fake-http-request--save-dev 命令保存为开发依赖项。

在新的单元测试中，也需要文件顶部的 https 模块，因为 fake-http-request 模块用它来跟踪模拟的 HTTP 请求。

注意 需要使用 https 模块，因为 Some Like It Hot Delivery API 需要 HTTPS 连接。如果希望模拟 HTTP 请求而不是 HTTPS 请求，可以使用 http 模块而不是 https 模块。

要使用 fake-http-request 模块，需要使用 Jasmine 的 beforeEach 和 afterEach 函数，这允许在每个 spec 执行前后执行一些操作。要安装和卸载模块，请在 spec 文件的描述块中添加以下代码片段：

```
beforeEach() => fakeHttpRequest.install('https')
afterEach() => fakeHttpRequest.uninstall('https')
```

现在 HTTPS 请求已经被模拟，需要模拟 AWS DocumentClient。为此，需要使用 aws-sdk 模块，然后使用 Jasmine spy 替换 DocumentClient 类。记住必须绑定 Promise.resolve 函数，否则会产生不同的 this 并且失败。

Jasmine spy

spy 可以存根任何函数并跟踪函数的调用和所有参数。spy 只存在于定义它的描述块或 it 块中，在每个 spec 之后将被删除。要了解更多关于 spy 的信息，可访问 https://jasmine.github.io/2.0/introduction.html#section-Spies。

因为 AWS SDK 使用原型来创建 DocumentClient 类，所以可以通过在每个块之前添加以下代码，使用 Jasmine spy 替换 DocumentClient：

```
AWS.DynamoDB.DocumentClient.prototype = docClientMock
```

此时，create-order.spec.js 文件应该如代码清单 11.7 所示。

代码清单 11.7　createOrder 处理函数单元测试的基础

需要处理函数

需要 https 和 fake-http-request 模块

```
'use strict'

const underTest = require('../../handlers/create-order')
const https = require('https')
const fakeHttpRequest = require('fake-http-request')
const AWS = require('aws-sdk')
```

需要 aws-sdk 模块

```
let docClientMock

describe('Create order handler', () => {
  beforeEach(() => {
    fakeHttpRequest.install('https')

    docClientMock = jasmine.createSpyObj('docClient', {
      put: { promise: Promise.resolve.bind(Promise) },
      configure() { }
    })
    AWS.DynamoDB.DocumentClient.prototype = docClientMock
  })

  afterEach(() => fakeHttpRequest.uninstall('https'))

  // Place for your specs

})
```

为模拟 DocumentClient 创建占位符变量

在 https 上安装 fake-http-request 库

模拟输入和配置函数

用 Jasmine spy 替换 DocumentClient 类

卸载 fake-http-request 库

创建 Jasmine spy 对象到伪造的 DocumentClient

因为 createOrder 处理函数比 getPizzas 处理函数复杂，所以需要更多的 spec。从最重要的部分开始，应该测试以下内容：

- 将 POST 请求发送给 Some Like It Hot Delivery API。
- 对 Some Like It Hot Delivery API 返回的成功和错误响应做出反应。
- 当 Some Like It Hot Delivery API 请求成功时，调用 DocumentClient 来保存订单。
- 如果 Some Like It Hot Delivery API 和 DocumentClient 请求都成功，则解决承诺。
- 只要有任何整合失败，就拒绝承诺。
- 输入验证。

但是，可以添加更多的 spec 并测试额外的边缘情况。本章只展示最重要的部分，可以在本书的源代码中看到完整的 create-order.spec.js，其中包含所有重要的 spec。

对于第一个 spec，添加一个 it 块，以检查是否将 POST 请求发送给 Some Like It Hot Delivery API。尽量使用简短易懂的描述，例如“应该把 POST 请求发送给 Some Like It Hot Delivery API”。

在这个 spec 中，你希望使用有效的数据调用 createOrder 处理函数，然后使用 https 模块查看是否使用预期的主体和头文件发送请求。

使用 fake-http-request 向 https.request 添加 pipe 方法。可以使用 pipe 方法检查 HTTPS 请求是否使用预期值发送。例如，可以检查发送请求的数量是否为 1，因为只有一个 API 请求应该发送给 Some Like It Hot Delivery API。此外，还可以检查选项是否正确传递到 https.request，包括方法、路径、主体和头文件。

注意 请记住，主体是作为纯文本发送的，在检查主体是否正确之前，需要对对象进行字符串化；否则，spec 将失败，因为会比较不同类型的数据——对象和字符串。

你的 spec 应该如代码清单 11.8 所示。

提示 在比较两个大对象以查看是否只有几个属性匹配时，可以使用 jasmine.objectContaining 或者只比较属性的子集而不是编写所有属性。

代码清单 11.8 模拟 POST 请求

```
it('should send POST request to Some Like It Hot Delivery API', (done) => {   ← 调用正在测试的处理函数
  underTest({   ← 带有 spec 描述的 it 块
    body: {
      pizza: 1,
      address: '221b Baker Street'
    }
  })

  https.request.pipe((callOptions) => {   ← 使用 https.request.pipe 检查是否发送了请求
    expect(https.request.calls.length).toBe(1)   ← 检查是否只发送了一个请求
    expect(callOptions).toEqual(jasmine.objectContaining({   ← 对 callOptions 请求与预期对象进行比较
      protocol: 'https:',
      slashes: true,
      host: 'some-like-it-hot-api.effortlessserverless.com',
      path: '/delivery',
      method: 'POST',
      headers: {
        Authorization: 'aunt-marias-pizzeria-1234567890',
        'Content-type': 'application/json'
      },
      body: JSON.stringify({   ← 将主体转换为字符串
        pickupTime: '15.34pm',
        pickupAddress: 'Aunt Maria Pizzeria',
        deliveryAddress: '221b Baker Street',
        webhookUrl: 'https://g8fhlgccof.execute-api.eu-central-1.amazonaws.
    com/latest/delivery'
      })
    }))
    done()   ← 告诉 Jasmine 异步规范已经完成
  })
})
```

接下来测试 DocumentClient 是否在 HTTP 请求成功后调用。为了测试，需要通过在 https.request.pipe 方法中添加 https.request.calls[0].respond(200,'Ok','{}')行来从 Some Like It Hot Delivery API 模拟成功的响应。

因为 createOrder 处理函数会返回一个 Promise，所以可以使用.then 方法检查

是否调用了 DocumentClient 模拟。

记住，在 expect 语句之后添加并调用 done 方法。如果承诺被拒绝，那么调用 fail 方法；否则，spec 会一直运行到 Jasmine 超时并失败。

测试 DocumentClient 调用的 spec 应该如代码清单 11.9 所示。

代码清单 11.9　测试 DocumentClient 调用

```
it('should call the DynamoDB DocumentClient.put
  if Some Like It Hot Delivery API request was successful', (done) => {
  underTest({
    body: { pizza: 1, address: '221b Baker Street' }
  })
    .then(() => {
      expect(docClientMock.put).toHaveBeenCalled()
      done()
    })
    .catch(done.fail)

  https.request.pipe((callOptions) => https.request.calls[0].respond(200,
      'Ok', '{}'))
})
```

- 使用有效数据调用正在测试的处理函数（underTest）
- 检查如果承诺成功解决，docClientMock.put 是否被调用
- 告诉 Jasmine，如果承诺被拒绝，异步 spec 就会失败
- 模拟状态码为 200 的成功 HTTP 请求
- 告诉 Jasmine 异步 spec 已经完成（done()）

另一个类似的 spec 应该向你展示：如果 HTTP 请求失败，将永远不会调用 DocumentClient 模拟。这个 spec 与前一个 spec 的区别在于：

- 如果解决了承诺，spec 应该会失败。
- spec 应该检查 docClientMock.put 还没有被调用。
- fake-http-request 库应该返回错误(HTTP 状态码大于或等于 400)。

用于确保在 HTTP 请求失败后不会调用 DocumentClient 模拟的 spec 可能类似于代码清单 11.10。

代码清单 11.10　测试如果 HTTP 请求失败，DocumentClient 模拟将不会被调用

```
it('should not call the DynamoDB DocumentClient.put
  if Some Like It Hot Delivery API request was not successful', (done) => {
  underTest({
    body: { pizza: 1, address: '221b Baker Street' }
  })
    .then(done.fail)
    .catch(() => {
      expect(docClientMock.put).not.toHaveBeenCalled()
      done()
    })

  https.request.pipe((callOptions) => https.request.calls[0].respond(500,
```

- 告诉 Jasmine，如果解决了承诺，异步测试就失败了
- 检查如果承诺被拒绝，docClientMock.put 不会被调用

```
    'Server Error', '{}'))   ← 以状态码 500 进行响应
})
```

如果执行 npm test 或 npm t 命令，spec 应该会成功运行。

注意 要查看完整的 spec 文件，请参考本书的源代码。

11.6　集成测试

集成测试是另一种测试类型，对于包含多行代码的无服务器函数，它们甚至更重要。与单元测试不同，集成测试虽然使用与系统其他部分的真正集成，但是它们仍然可以而且应该模拟一些无法控制的第三方库。例如，我们不希望自动化测试与支付处理器交互。

如图 11.5 所示，createOrder 处理函数的集成测试仍然会模拟对 Some Like It Hot Delivery API 的测试。向第三方 API 发送 HTTP 请求可以影响实际的用户，但是会与准备测试的 DynamoDB 表进行真正的集成。

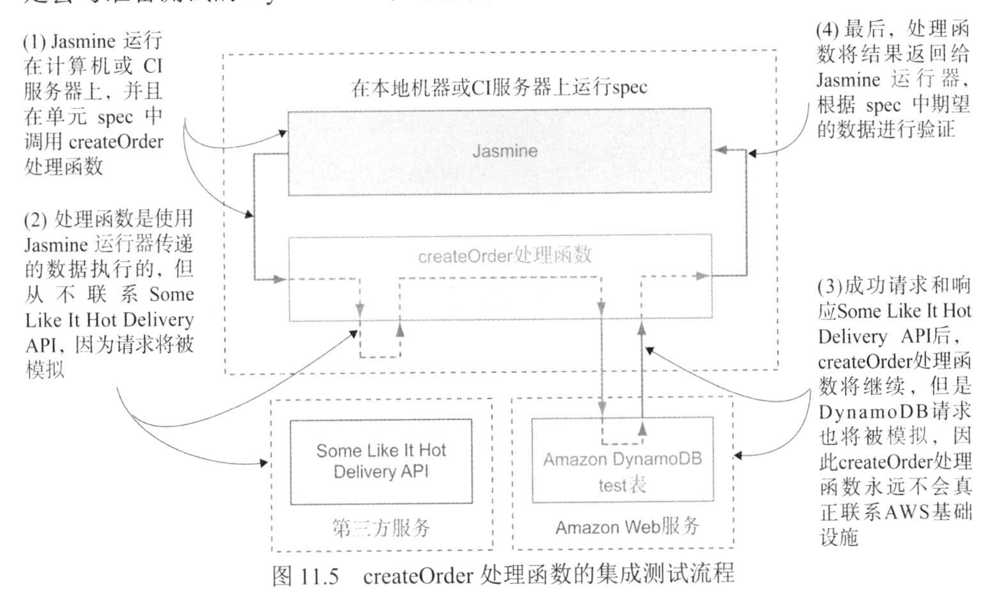
(1) Jasmine 运行在计算机或 CI 服务器上，并且在单元 spec 中调用 createOrder 处理函数
(2) 处理函数是使用 Jasmine 运行器传递的数据执行的，但从不联系 Some Like It Hot Delivery API，因为请求将被模拟
在本地机器或CI服务器上运行spec
Jasmine
createOrder处理函数
Some Like It Hot Delivery API
第三方服务
Amazon DynamoDB test表
Amazon Web服务
(4) 最后，处理函数将结果返回给 Jasmine 运行器，根据 spec 中期望的数据进行验证
(3)成功请求和响应Some Like It Hot Delivery API后，createOrder处理函数将继续，但是DynamoDB请求也将被模拟，因此createOrder处理函数永远不会真正联系AWS基础设施

图 11.5　createOrder 处理函数的集成测试流程

createOrder 处理函数的集成测试流程如下：

(1) 在所有 spec 之前创建新的 DynamoDB 表。

(2) 在每个 spec 之前，只模拟到 Some Like It Hot Delivery API 的连接。

(3) 运行一个 spec。

(4) 从 Some Like It Hot Delivery API HTTP 请求中删除模拟，如果存在的话，运行下一个 spec[回到步骤(2)]。

(5) 当完成所有 spec 后，删除测试用的 DynamoDB 表。

提示 创建和删除 DynamoDB 表可以在每个 spec 的前后完成，但是因为创建和删除数据库需要至少几秒的时间，所以可以对集成测试套件中的所有 spec 重用同一个表，以节省时间。

因为只有少量几个处理函数，所以可以在同一个文件夹中同时进行单元测试和集成测试，但要确保它们的命名方式能让你很容易地理解它们之间的区别。例如，createOrder 处理函数的集成测试可以放在 create-order-integration.spec.js 文件中。

如代码清单 11.11 所示，准备 createOrder 处理函数的集成测试涉及几个步骤。

首先要求需要的所有模块，比如正在测试的处理函数和 aws-sdk(因为需要 DynamoDB 类)、https 和 fake-http-request 模块。

然后需要为测试生成名称 DynamoDB。可以每次使用相同的名称，但是生成的名称更有可能是唯一的。还需要将 Jasmine 的超时时间增加到至少一分钟，因为创建和删除 DynamoDB 表可能需要一段时间，而最初的 5 秒超时时间不够长。

注意 默认情况下，Jasmine 将等待 5 秒，等待异步 spec 完成，然后导致超时失败。如果在调用 done 方法之前超时过期，当前 spec 将被标记为失败，套件执行将继续，就像调用 done 方法一样。

接下来，需要在使用 Jasmine 的 beforeAll 函数进行所有测试之前创建 DynamoDB 表。请记住，DynamoDB 表的创建是异步的，因此需要使用 done 回调来通知 Jasmine 操作何时完成。如果不这样做，spec 执行将在表准备好之前开始。

可以为此使用 DynamoDB 类的 createTable 方法，需要与 pizza-orders 表具有相同的键定义，这意味着需要将 orderId 作为散列键。

因为 createTable 承诺将在 DynamoDB 表准备好之前解析，所以可以使用 AWS SDK 的 DynamoDB 类的 waitFor 方法来确保 DynamoDB 表在调用 Jasmine done 回调之前存在。

下面删除 Jasmine 的 afterAll 函数中的表，流程如下：首先使用 DynamoDB 类的 deleteTable 方法删除表，然后使用 waitFor 方法确保删除了表，最后调用 done 回调。

对 Some Like It Hot Delivery API HTTP 请求进行模拟，类似于对单元测试进行模拟。唯一的区别是，我们只想模拟这个特定 API 的 HTTP 请求。你希望允许其他 HTTP 请求，因为 DynamoDB 类使用它们与 AWS 基础设施进行交互。为此，可以将包含请求类型(比如 https)和域名的正则表达匹配器的对象传递给 fakeHttpRequest.install 函数。

此时，create-order-integration.spec.js 文件应该如代码清单 11.11 所示。

代码清单 11.11　为 createOrder 处理函数的集成测试做准备

```
'use strict'

const underTest = require('../../handlers/create-order')   ← 导入正在测试的处理函数
const AWS = require('aws-sdk')   ← 导入 aws-sdk
const dynamoDb = new AWS.DynamoDB({   ← 创建 DynamoDB 类的实例
  apiVersion: '2012-08-10',
  region: 'eu-central-1'
})
const https = require('https')   ← 导入 https 和 fake-http-request 模块
const fakeHttpRequest = require('fake-http-request')

const tableName = `pizzaOrderTest${new Date().getTime()}`   ← 生成测试 DynamoDB 表的名称
jasmine.DEFAULT_TIMEOUT_INTERVAL = 60000   ← 将 Jasmine 运行器的超时时间增加到一分钟

describe('Create order (integration)', () => {
  beforeAll((done) => {
    const params = {
      AttributeDefinitions: [{
        AttributeName: 'orderId',
        AttributeType: 'S'
      }],
      KeySchema: [{
        AttributeName: 'orderId',
        KeyType: 'HASH'
      }],
      ProvisionedThroughput: {
        ReadCapacityUnits: 1,
        WriteCapacityUnits: 1
      },
      TableName: tableName
    }

    dynamoDb.createTable(params).promise()   ← 在所有 spec 之前创建新的 DynamoDB 表
      .then(() => dynamoDb.waitFor('tableExists', {   ← 等待 tableExists 状态
        TableName: tableName
      }).promise())
      .then(done)
      .catch(done.fail)
  })

  afterAll(done => {
    dynamoDb.deleteTable({   ← 在完成所有 spec 之后删除 DynamoDB 表
      TableName: tableName
    }).promise()
      .then(() => dynamoDb.waitFor('tableNotExists', {   ← 在停止测试之前，等待 tableNotExists 状态
        TableName: tableName
      }).promise())
      .then(done)
      .catch(done.fail)
  })
```

```
  beforeEach(() => fakeHttpRequest.install({
    type: 'https',
    matcher: /some-like-it-hot-api/
  }))

  afterEach(() => fakeHttpRequest.uninstall('https'))

  // Place for your specs

})
```

仅为 Some Like It Hot Delivery API 安装 fake-http-request 模块

现在已经设置了集成测试，需要更新 createOrder 处理函数，以便能够动态接收 DynamoDB 表名。可以将表名作为第二个参数传递，或者将表名设置为环境变量。

最简单的方法是将表名作为第二个参数传递。为此，请更新 createOrder 处理函数以接收 DynamoDB 表名，但请记住将 pizza-orders 设置为默认值，这样就不会破坏现有代码。createOrder 处理函数的参数应该如下所示：

```
function createOrder(request, tableName = 'pizza-orders') {
```

最后并且也是最困难的一步是添加集成 spec。spec 应该检查处理函数与系统或基础设施的任何其他部分集成的所有关键部分。

本章只展示最重要的 spec，用以测试数据是否按预期写入数据库。可以在源代码中看到完整的 create-order-integration.spec.js 文件，其中有更多的 spec。

如代码清单 11.12 所示，测试在将订单保存到数据库后 Some Like It Hot Delivery API 是否响应，为此需要执行以下操作：

(1) 使用有效数据和 DynamoDB 表名调用 createOrder 处理函数。

(2) 模拟 Some Like It Hot Delivery API 的响应，然后返回 deliveryId。

(3) 当 createOrder 处理函数的承诺被解析时，使用 DynamoDB 类的实例在数据库中查询从 Some Like It Hot Delivery API 收到的 ID 条目。

(4) 检查 dynamoDb.getItem 返回的订单信息是否正确。

(5) 将测试标记为“已完成”。

代码清单 11.12 测试订单是否已保存到 DynamoDB 表中

```
it('should save the order in the DynamoDB table
  if Some Like It Hot Delivery API request was successful', (done) => {
  underTest({
    body: { pizza: 1, address: '221b Baker Street' }
  }, tableName)
    .then(() => {
      const params = {
        Key: {
          orderId: {
            S: 'order-id-from-delivery-api'
          }
```

使用数据和测试表的名称调用正在测试的处理函数

```
      },
      TableName: tableName
    }
    dynamoDb.getItem(params).promise()        ← 从测试数据库中通过 ID 获取条目
      .then(result => {
        expect(result.Item.orderId.S).toBe('order-id-from-delivery-api')
        expect(result.Item.address.S).toBe('221b Baker Street')
        expect(result.Item.pizza.N).toBe('1')
        done()                                ← 检查数据库中的数据是否正确，并将测试标记为"已完成"
      })
  })
  .catch(done.fail)                           ← 如果承诺被拒绝，就把测试标记为"失败"

 https.request.pipe((callOptions) => https.request.calls[0].respond(200,
    'Ok', JSON.stringify({                    ← 假装 Some Like It Hot Delivery API 的响应并返回交付 ID
   deliveryId: 'order-id-from-delivery-api'
 })))
})
```

再次执行 npm test 命令，你会注意到需要花费更长的时间，但是应该显示所有通过的测试，包括集成测试。

提示 如果有大量的集成测试，预定义 DynamoDB 测试表而不是在为处理函数运行测试之前创建，这可以加快测试执行时间。

可以检查 AWS Web 控制台，以确保成功删除了 DynamoDB 表。即使已经添加了一些集成测试，为应用支付的 AWS 账单也仍然可能只有几美分。

11.7 其他类型的自动化测试

你已经看到，无服务器应用中的单元测试和集成测试与非无服务器 Node.js 应用中的测试类似。正如预期的那样，主要影响在于为测试设置基础架构副本的速度(设置非常快，因为不需要进行服务器配置)和基础设施的价格(当不使用时，不必为此付费)。

还有许多其他类型的自动化测试，而无服务器架构会影响其中的一些。例如，在无服务器架构中运行负载和压力测试没有意义，因为这种架构在文档的限制下可以自动扩展。除非应用不是完全无服务器的，或者不信任无服务器提供者，否则这是一个超出本书讨论范围的问题。

另一种可能受到无服务器架构影响的自动化测试类型是 GUI 测试。这听起来可能不太直观，但是，尽管无服务器主要关注基础设施，但也可以通过并行执行和 headless browser 加速 GUI 测试，比如 Chrome 和 Phantom.js。headless browser 是常规的 Web 浏览器，但它们没有图形用户界面；相反，可以从命令行运行它们。在 AWS Lambda 上运行的 Google Chrome 自动化 GUI 测试功能已经产生了许多简化 GUI 测试的新工具。但更重要的是，这些工具将测试速度提高了一个数量级，并大幅降低了价格。允许在 AWS Lambda 上运行 GUI 测试的工具之一是 Appraise，这是一个使用 headless Chrome 截屏并将截屏与预期输出进行比较的可视化批准测试工具。要了解更多关于 Appraise 的知识，请访问 http://appraise.qa。

11.8 更进一步：编写可测试的无服务器函数

到目前为止，你已经学习了测试无服务器应用的基础知识，但这并不意味着你已经掌握了所有潜在的情况。让我们以比萨订单保存处理程序(pizza order-saving)为例，参见代码清单 11.13。

代码清单 11.13 比萨订单保存处理程序

```
function createOrder(request, tableName) {
  tableName = tableName || 'pizza-orders'

  const docClient = new AWS.DynamoDB.DocumentClient({   ◄── 加载 DynamoDB
    region: process.env.AWS_DEFAULT_REGION
  })
  let userAddress = request && request.body && request.body.address;
  if (!userAddress) {
    const userData = request && request.context && request.context.authorizer
    && request.context.authorizer.claims;
    if (!userData)
      throw new Error()
    // console.log('User data', userData)
    userAddress = JSON.parse(userData.address).formatted   ◄── 检索比萨配送的用户地址
  }

  if (!request || !request.body || !request.body.pizza || !userAddress)
    throw new Error('To order pizza please provide pizza type and address
      where
    pizza should be delivered')   ◄── 检查是否提供了所需的比萨订单属性

  return rp.post('https://some-like-it-hot-api.effortlessserverless.com/
      delivery', {   ◄── 发送订单请求给 Some Like It Hot Delivery API
    headers: {
      Authorization: 'aunt-marias-pizzeria-1234567890',
      'Content-type': 'application/json'
    },
    body: JSON.stringify({
      pickupTime: '15.34pm',
      pickupAddress: 'Aunt Maria Pizzeria',
      deliveryAddress: userAddress,
      webhookUrl: 'https://g8fhlgccof.execute-api.eu-central-1.amazonaws.
      com/latest/delivery',
    })
  })
    .then(rawResponse => JSON.parse(rawResponse.body))
```

```
    .then(response => {
      return docClient.put({        ← 使用 DocumentClient 将新的比萨订
        TableName: tableName,          单保存到 DynamoDB
        Item: {
          cognitoUsername: userAddress['cognito:username'],
          orderId: response.deliveryId,
          pizza: request.body.pizza,
          address: userAddress,
          orderStatus: 'pending'
        }
      }).promise()
    })
    .then(res => {
      console.log('Order is saved!', res)
      return res   ← 保存后返回响应
    })
    .catch(saveError => {
      console.log(`Oops, order is not saved :(`, saveError)
      throw saveError
    })
}
```

这个服务看起来不错——存储比萨订单的处理函数。正如你所看到的，几乎不可能在不调用 AWS DynamoDB 的情况下进行自动测试。尽管这似乎是一个很好的解决方案，但你并没有掌握所有的情况。例如，如果 AWS DynamoDB 服务的某个部分突然发生变化，而你无法进行跟踪，该怎么办？或者如果 DynamoDB 服务崩溃了，怎么办？这些情况可能很少发生，但将风险排除在外是很重要的。此外，还有更多的风险需要考虑。它们可以分为四种类型。你可能想知道这些类型包含哪些风险，下面的简短列表覆盖了将比萨订单存储到 DynamoDB 时的各种情况。

- 配置风险——存储到正确的 DynamoDB 表中了吗？Lambda 函数的角色对 DynamoDB 表具有正确的访问权限吗？
- 技术工作流风险——如何使用和解析传入的请求？是否很好地处理了成功和错误的响应？
- 业务逻辑风险——是否正确组织了比萨订单？
- 集成风险——是否正确读取了传入的请求结构？是否正确将订单存储到了 DynamoDB 表中？

可以像在集成测试中那样测试其中的每一个风险，但是，每次当想要测试其中一个风险时，设置和配置服务都不是最优的。想象一下，如果测试汽车时这样做，那就意味着，每次想要测试汽车上的一颗螺丝，甚至一面镜子时，都必须先组装，再拆卸整辆车。因此，为了更容易测试，最明显的解决方案是将无服务器函数分解为几个较小的函数。

如果正在努力弄清楚如何做到这一点，或者这是你第一次将任何类型的服务分解为更小的功能，那么你可能不知道从哪里开始。幸运的是，其他人也希望正确地执行此操作，并使他们的代码更具可测试性，这导致一种名为 Hexagonal Architecture 的架构实践——端口和适配器模式。

尽管术语 Hexagonal Architecture(六角架构)听起来很复杂，但它却是一种简单的设计模式，其中，服务代码不直接与外部资源通信。相反，服务核心与一层边界接口进行对话。外部服务连接到这些接口，并将它们需要的概念调整为对应用很重要的概念。例如，Hexagonal Architecture 中的 createOrder 处理函数不会直接接收 API 请求，而是以特定于应用的格式接收 OrderRequest 对象，这种格式包含描述已订购比萨和送货地址的 pizza 对象和 deliveryAddress 对象。适配器将负责 API 请求格式和 createOrder 格式之间的转换。可以在图 11.6 中看到这个处理函数的可视化表示以及建议的 Hexagonal Architecture。

这种架构还意味着 createOrder 处理函数不会直接调用 DynamoDB。相反，而是与特定于需要的边界接口通信。例如，可以定义一个 OrderRepository 对象，它可以是带有 put 函数的任何对象。然后，定义一个单独的 DynamoOrderRepository 对象，该对象实现特定的接口并与 DynamoDB 对话。可以对 Some Like It Hot Delivery API 执行相同的操作。

这种架构允许测试 API 请求、DynamoDB 与代码的集成，而不必担心服务如何与 DynamoDB 或交付服务交互。即使 DynamoDB 完全更改了 API，或者将 DynamoDB 更改为其他的 AWS 数据库服务，处理函数的核心也不会更改，只有 DynamoOrderRepository 对象才会更改。这可以改进成功响应的测试和内部错误处理，并保持应用代码的安全性和一致性。此外，还显示了在集成测试中需要模拟什么。

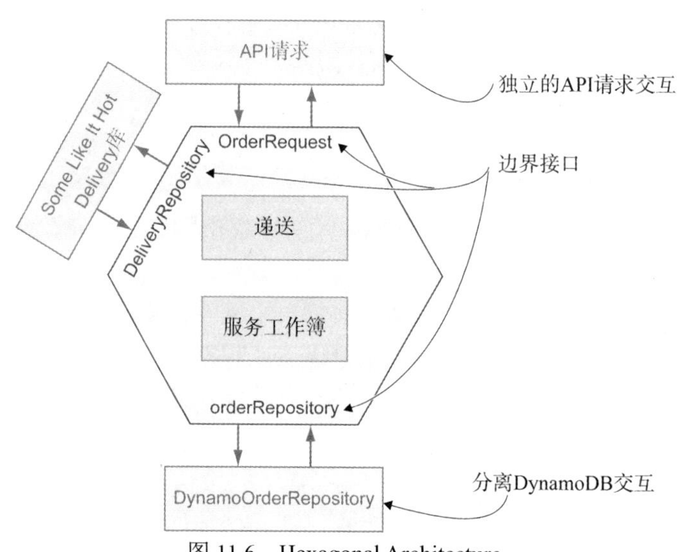

图 11.6 Hexagonal Architecture

要实现这种架构，需要将 createOrder 处理函数分解为几个函数，并且只显示带有 DynamoDB 的那个。需要将 orderRepository 作为附加参数传递到 createOrder 处理函数。在 orderRepository 上调用 put 函数，而不是直接与 AWS DynamoDB DocumentClient 通信。代码清单 11.14 显示了应用的 orderRepository 更改。

代码清单 11.14　使用 orderRepository 更新比萨订单保存处理程序

```
function createOrder(request, orderRepository) {

  // we have removed the code for initializing AWS DynamoDB, because that has
  moved inside the orderRepository

  let userAddress = request && request.body && request.body.address;
  if (!userAddress) {
    const userData = request && request.context && request.context.authorizer
&& request.context.authorizer.claims;
    if (!userData)
      throw new Error()
    // console.log('User data', userData)
    userAddress = JSON.parse(userData.address).formatted
  }

    // the previous code remains the same
    .then(rawResponse => JSON.parse(rawResponse.body))
    .then(response => orderRepository.createOrder({
          cognitoUsername: userAddress['cognito:username'],
          orderId: response.deliveryId,
          pizza: request.body.pizza,
          address: userAddress,
          orderStatus: 'pending'
        })
      ).promise()
    })
    // the rest of the code remains the same
}
```

将 orderRepository 参数添加到 createOrder 调用中

AWS DynamoDB DocumentClient 的初始化代码已删除

现在调用 orderRepository.createOrder 而不是 docClient.put

上述更新后的代码演示了 createOrder 处理函数是如何更改的。现在，如果想重构或更改数据库服务，则根本不需要编辑 createOrder 处理函数。而且，与 DynamoDB 的 DocumentClient 相比，模拟 orderRepository 要容易得多。剩下要做的唯一事情是设置 orderRepository。可以将它创建为单独的模块，因为可能需要在其他处理函数中使用。代码清单 11.15 演示了 orderRepository 的设置。

代码清单 11.15　连接和配置 orderRepository

```
var AWS = require('aws-sdk')

module.exports = function orderRepository() {
```

导入 aws-sdk 模块

设置 orderRepository 对象

```
    var self = this
    const tableName = 'pizza-orders',
      docClient = new AWS.DynamoDB.DocumentClient({
        region: process.env.AWS_DEFAULT_REGION
      })
    self.createOrder = function (orderData) {
      return docClient.put({
          TableName: tableName,
          Item: {
            cognitoUsername: orderData.cognitoUsername,
            orderId: orderData.orderId,
            pizza: orderData.pizza,
            address: orderData.address,
            orderStatus: orderData.orderStatus
          }
      })
    }
  }
```

初始化 AWS DynamoDB DocumentClient

为 orderRepository 定义 createOrder 处理函数

调用 docClient.put 用于存储所需的 orderData

将表名设置为 pizza-orders

设置边界接口，比如代码清单 11.15 中的 orderRepository，从而将与 AWS DynamoDB 的具体交互逻辑与保存比萨订单的逻辑分离开来。现在，可以尝试实现其他边界接口(用于 DeliveryRequest 和 API 请求)。

编写可测试的无服务器函数可以使代码更简单、更容易阅读和调试，还可以消除服务中的潜在风险。在开发之前先考虑测试，可以帮助避免潜在的问题，同时提供高质量的无服务器应用。

11.9 试一试

自动化测试是任何应用的重要组成部分。无服务器应用也一样。在这里，我们为你准备了一个小练习，但你不应该就此打住。相反，你应该更进一步，编写更多的测试，直到测试无服务器应用成为正常工作流程的一部分。

11.9.1 练习

在 Node.js 应用中，人们经常测试 API 路径。可以使用 Claudia API Builder 做同样的事。因此，下一个练习是测试 Claudia API Builder 是否正确设置了所有路径。下面是一些小技巧：

- 可以使用 Claudia API Builder 的.apiconfig 方法获得带有路径数组的 API 配置。
- 可以通过遍历路径数组来动态构建 spec。

如果需要额外的挑战，可以更新比萨店 API 以遵循 Hexagonal Architecture，然后可以测试比萨店 API 服务的其余部分。

11.9.2 解决方案

要测试 API 路径，请在比萨的 specs 文件夹中创建名为 api.spec.js 的文件。注意，这个文件不应该在 handlers 子文件夹中，因为没有测试处理函数。

在这个文件中，需要 api.js 文件，并使用 Jasmine 的 describe 函数添加描述，描述可以很简单，例如 API 或“API 路径”。

然后定义包含这些路径的路径和方法的对象数组。定义没有斜杠(/)的路径，因为 Claudia API Builder 会以这种方式存储它们。

下一步是循环遍历路径数组，并为每个路径调用 Jasmine 的 it 函数。可以测试当前路径是否存在于 underTest.apiConfig().routes 数组中，以及是否与路径数组中定义的方法相同。

对于完整的 api.spec.js 文件，参见代码清单 11.16。

代码清单 11.16 测试 API 路径

```
'use strict'

const underTest = require('../api')   ← 声明处理程序

describe('API', () => {
  [   ← 定义现有路径的数组
    {
      path: '',
      methods: ['GET']
    }, {
      path: 'pizzas',
      methods: ['GET']
    }, {
      path: 'orders',
      methods: ['POST']
    }, {
      path: 'orders/{id}',
      methods: ['PUT', 'DELETE']
    }, {
      path: 'delivery',
      methods: ['POST']
    }, {
      path: 'upload-url',
      methods: ['GET']
    }
  ].forEach(route => {
    it(`should setup /${route.path} route`, () => {   ← 为数组中的每个路径调用 it 函数
      expect(Object.keys(underTest.apiConfig().routes[route.path])).
    toEqual(route.methods)   ← 测试路径是否使用预期的方法定义
    })
  })
})
```

如果再次执行 npm test 命令，那么所有测试都应该通过。如果只想进行 API 路径的测试，可以执行 npm t filter= "should setup"命令。

11.10 本章小结

- 与其他任何重要的应用一样，自动化测试是每个无服务器应用的重要组成部分。
- 无服务器架构通过并行执行提高执行速度，降低测试基础设施的价格，从而影响传统上缓慢且昂贵的测试，比如集成测试和 GUI 测试。
- Node.js 无服务器应用的单元测试几乎与非服务器应用的单元测试相同。
- 无服务器架构中的集成测试应该连接到真正的 AWS 服务，因为基础设施的价格很低。
- 仍然应该模拟一些第三方服务，比如支付处理器、比萨店 API、Some Like It Hot Delivery API。
- 无服务器架构正在改变我们测试软件的方式，因为把基础设施成本和风险转移到了无服务器组件之间的集成。
- 在设计无服务器函数时考虑测试是很重要的，并且 Hexagonal Architecture 可以帮助解决这个问题。

第12章

为比萨付款

本章要点：

- 使用无服务器应用处理付款
- 实现对无服务器 API 的支付
- 了解支付处理中的 PCI 遵从性

对于几乎所有企业来说，为产品或服务收取费用都是最有价值的一步。到目前为止，你主要学习了如何开发无服务器应用来提供有用的服务，比如比萨订购和配送，但你也应该知道如何从 Maria 姨妈的客户那里收取费用。

本章首先分析如何为 Maria 姨妈的比萨店启用在线支付。你将看到付款如何从客户传输到付款处理器，随后转到 Maria 姨妈的公司。然后，你将学习如何为 Maria 姨妈实现付款服务。最后，你将检查无服务器支付服务的安全性，并了解标准遵从性如何帮助实现这一点。

12.1 付款交易

Maria 姨妈说："一切都应该围绕客户的需求。"她的业务已经开始扩张，她已经收到 100 多个客户的请求，希望她在移动应用和 Web 应用中启用在线支付。因此，她请你帮助她实现使用无服务器比萨店 API 接收付款。

注意　对于你们中的一些人来说，启用支付功能可能听起来很可怕，因为以前从未这样做过，而其他人可能担心，即使小小的错误也会造成严重破坏。本章的目标是通过教授如何进行支付处理、如何与支付处理器交互以及如何创建无服务器的支付功能，来减轻这些担忧，并让你更轻松地启用支付功能。

在应用中实现支付服务之前，让我们简要介绍一下支付交易在内部是如何工作的。

付款是客户和卖方之间的金融交易。客户向卖方支付所需产品或服务的费用。如果客户没有钱，交易是不可能发生的。如果客户有所需金额，那么客户首先将现金转给卖方，卖方然后将产品或服务转给客户。交易过程如图12.1所示。

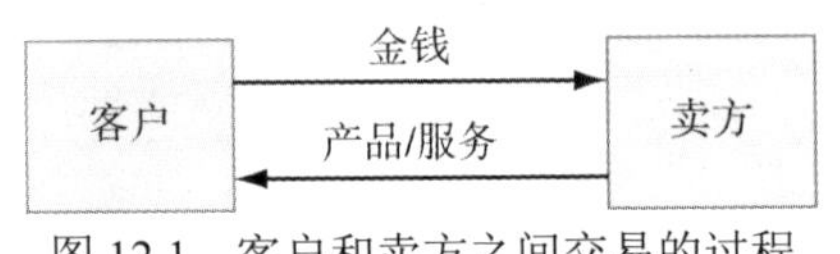

图12.1　客户和卖方之间交易的过程

对于信用卡和借记卡，流程略有不同，因为不是在处理原始资金(现金)。客户将付款卡连接到卖方的读卡器。读卡器会检查付款卡是否有效，读取卡号，显示收费金额，并要求客户提供付款卡的支付密码，以证明进行的交易是经过授权的。然后，读卡器向客户的银行发送请求，要求将资金从客户的账户转到卖方的账户。如果有足够的可用资金，银行会从客户的账户中预付这笔钱。这种“预订”过程也称为“收费”。银行会产生一笔费用，而不是立即把钱从账户中取出来，因为有延迟，以防任何一方出现问题或错误。付款卡或借记卡交易的流程如图12.2所示。

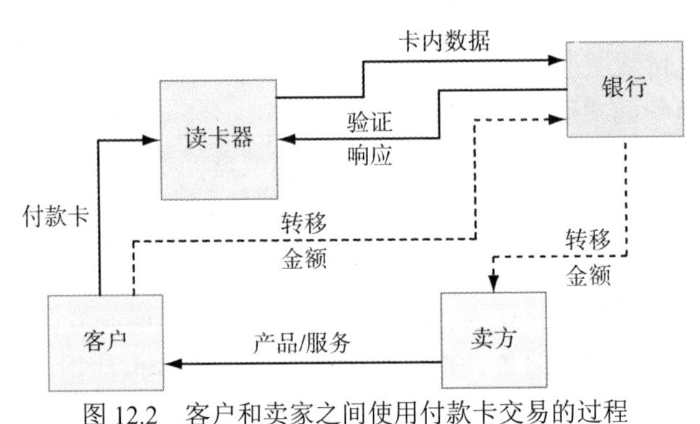

图12.2　客户和卖家之间使用付款卡交易的过程

在线支付与使用读卡器处理的个人信用卡支付不同。首先，由于不能使用物理读卡器，因此需要能够执行在线支付处理的支付处理器。其次，同样因为没有读卡器，所以需要直接与支付处理器验证信用卡。验证过程是必要的，因为需要确保信用卡是有效的，并且属于有效的机构(例如，银行)。因此，需要将敏感的客户数据发送到支付处理器进行验证。如果信息是有效的，那么可以提出付款请求。最后，现在可以选择性地监听可能的付款状态更改，因为一些费用可能由客户的银行进行检查，并在几分钟后被拒绝(见图 12.3)，但是出于篇幅方面的考虑，本书不包括这些内容。

在线支付流程看起来很复杂，但从你的角度看，它非常简单。你有三个责任：

(1) 安全发送支付信息到支付处理器。

(2) 验证后在卡上创建收费。

(3) 创建收费之后，更新与支付相关的信息。

看起来似乎很简单。你已经对这个过程有了简要的了解，现在让我们看看如何为 Maria 姨妈实现在线支付。

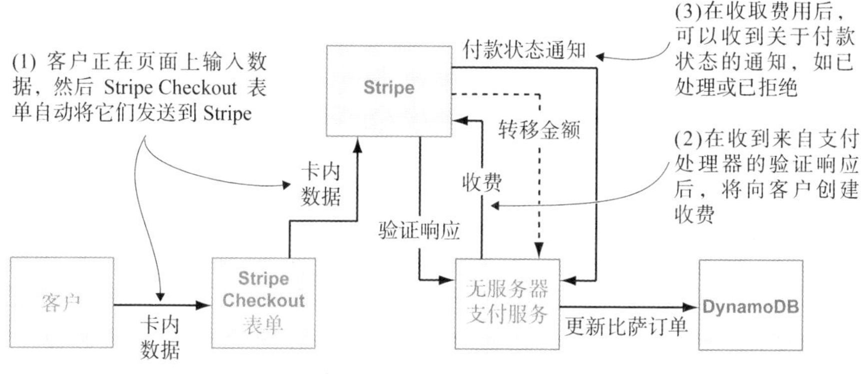

图 12.3　客户和卖家在线进行信用卡交易

12.1.1　实现在线支付

正如 Maria 姨妈解释的那样，当顾客下订单时，他们目前只能在比萨送到时付款。大多数顾客都很乐意这样做，但她希望顾客可以用信用卡提前付款。为此，她的 Web 应用需要一个带有付款表单的页面，以便客户输入必要的信息。填写完表单后，客户单击 Pay 按钮，然后通过支付处理器向客户的信用卡收取费用。

尝试将支付交易的步骤可视化，为此需要采取以下行动：

(1) 向客户展示到付金额。

(2) 在客户单击 Pay 按钮之后，调用函数，通过支付处理器的 API 对客户的信用卡进行收费。

(3) 创建收费之后，更新数据库中的订单。

注意 请记住，你正在构建最小的可行产品，因此支付逻辑得到了简化。在实际应用中，支付需要考虑许多其他细节，甚至可能需要存储支付历史记录。

上述流程如图 12.4 所示。

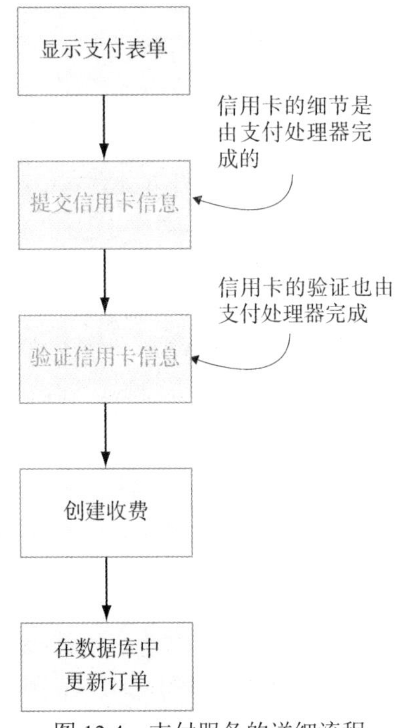

图 12.4 支付服务的详细流程

在开始实现支付服务之前，需要选择支付处理器。有很多在线支付处理器可供选择；在某些情况下，银行会为你办理，但最著名且使用最多的是 Stripe 和 Braintree。我们可以使用这两种支付处理器中的任何一种，但是我们选择了 Stripe。Stripe 不仅快速且易于设置，而且提供了多平台支持。

注意 对于那些希望查看 Braintree 的人，我们向你们保证，实现的差异是很小的，仅在使用的支付 Gateway 和参数名称中可以找到差异。如果对 Braintree 平台感兴趣，可以选择 Braintree，并遵循相同的流程。

既然已经选择了支付 Gateway，现在需要设置 Stripe 账户并获取 Stripe API 密钥(见附录 C)。如果已经有 Stripe 账户，可继续；如果没有，现在就创建 Stripe 账户。

现在登录到 Stripe 并打开浏览器中的 Stripe 测试指示板(或在浏览器的地址栏中键入 https://dashboard.stripe.com/test/dashboard 并按 Enter 键)。单击“接受你的首次付款”链接，将打开一个 Stripe 文档页面，上面解释了如何进行信用卡支付。

正如支付设置页面所解释的，有两个关键步骤：

(1) 使用令牌安全收集支付信息。

(2) 在收费请求中使用付款信息。

注意 这些步骤的措辞可能有所不同，但概念是相同的：安全地收集支付信息并使用收集的支付信息向客户收费。

这些步骤实际上改变了前面描述的支付服务的流程。只显示 Stripe 付款表单，而非显示请求客户的付款细节并将它们发送给 Stripe，Stripe 付款表单直接将敏感的付款信息发送给 Stripe。验证并存储支付信息之后，Stripe 将向你发送安全令牌——表示付款信息的十六进制字符串。安全令牌只有几分钟的有限寿命，并且只能使用一次。更新后的流程如图 12.5 所示。

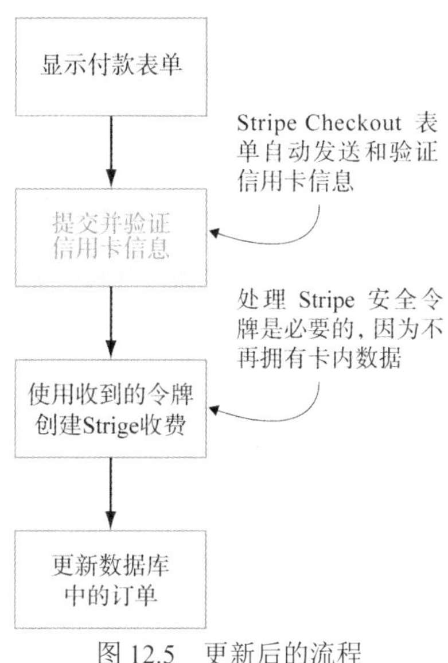

图 12.5　更新后的流程

从图 12.5 所示流程中可以看出，你的职责已经被减少到最低限度。下一步是计划需要实现什么。

(1) 显示支付表单并将信息发送到 Stripe，这意味着需要显示 HTML 页面，因此需要 HTML 文档或文件。通常这是在 Web 应用的前端完成的，实现一个基本页面，以便测试支付服务并查看运行情况。Stripe 提供了以下几种创建支付表单的方法：

- Mobile SDK
- Checkout
- Stripe.js and Elements

因为希望支付表单显示在浏览器中，所以 Mobile SDK 并不适合。Checkout 是已经准备好的嵌入式 HTML 表单，使用起来简单快捷。使用 Stripe.js and Elements 时可以创建自己的表单样式。因为这里使用表单只是为了测试，所以最好选择 Checkout 方法。

(2) 从 Stripe 接收安全令牌。在这里，Stripe Checkout 表单需要一个 Web 服务端点。这意味着除支付表单外，还需要实现一个无服务器的支付 API 端点来接收 Stripe 安全数据。创建一个接收安全令牌的无服务器支付函数。

(3) 使用安全令牌创建收费。在接收到安全令牌后，无服务器支付服务将调用 Stripe API，用指定的金额、货币和令牌向客户收费。

(4) 根据付款更新比萨订单信息。如果成功创建了收费，那么需要在 DynamoDB 表中找到客户的订单，并将状态更新为 paid(见图 12.6)。

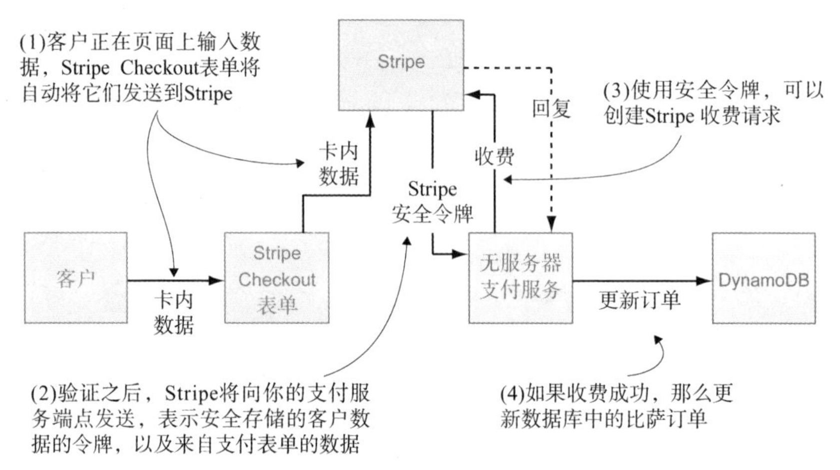

图 12.6　使用 Stripe 的安全令牌创建收费

看起来很简单，让我们开始吧！

12.2　实现支付服务

支付流程由支付服务和一个 HTML 文档组成，因此第一步是选择从哪里开始。我们建议从支付服务开始，因为需要在 HTML 文档的 Stripe Checkout 表单上指定已部署的支付服务的 URL。

首先，创建名为 pizzeria-payments 的顶级项目文件夹，并在终端导航到该文件夹。

注意 你可能想知道为什么要创建新的、独立的项目。对于无服务器和 AWS Lambda 函数，我们建议将服务编写为独立的函数或组件。服务之间的松散耦合可以带来以下好处：

- 提高服务的稳定性—— 如果其中一个服务失败，其他服务将继续存在，这与单块应用不同。在单块应用中，一个服务崩溃会导致整个应用崩溃。
- 增强了可维护性——较小的服务具有较小的范围，维护起来轻松。
- 可重用性——每个功能稍后都可以稍微修改，甚至可以被公司正在进行的其他项目完全重用。

在顶级项目文件夹中创建 NPM package.json 文件，并通过 npm init -y 命令来运行。然后通过运行 npm install -S claudia-api-builder aws-sdk 命令安装所需的 Claudia API Builder 和 AWS SDK 库。因为使用 Stripe 作为支付处理器，所以还需要运行 npm install -S Stripe 命令来安装 Stripe 的开源 Node.js SDK 来简化对 Stripe 的请求。

支付服务将收到带有 Stripe 安全令牌的请求，以及向客户收费所需的其他信息，如货币、金额和比萨订单 ID。然后，使用 Stripe Node.js SDK 和接收到的付款信息向 Stripe 发出收费请求。如果收费成功，Stripe 将返回收取的费用，因此应该对 DynamoDB 表 pizza-orders 根据提供的订单 ID 更新比萨订单。之后，应该返回一条成功消息。

在展示实现之前，请花几分钟考虑如何从一开始就使用 Hexagonal Architecture 编写可测试的无服务器支付服务。需要哪些边界对象？需要如下三个边界对象：

- PaymentRequest——带有来自 Stripe 收费请求的边界对象。
- PaymentRepository——带有 createCharge 方法的边界对象，用于在 DynamoDB 表 pizza-orders 中创建收费。
- PizzaOrderRepository——带有 updateOrderStatus 方法的边界对象，用于更新 DynamoDB 表 pizza-orders。

支付服务将包含以下四个文件：

- 主服务文件 payment.js，它是初始文件，并且使用 Claudia API Builder 构建了一个公开的 POST 端点。
- create-charge.js 文件，它负责创建支付费用的业务逻辑。
- payment-repository.js 文件，它负责与 Stripe 通信，并且只有 createCharge 方法。
- order-repository.js 文件，它负责与 AWS DynamoDB 通信，并且使用新的处理后的付款信息更新比萨订单。

首先，创建 payment.js 文件。在这个文件中，定义对 Stripe 的收费请求，其中包含 Stripe 安全令牌、收费金额、货币和 metadata 属性中的订单 ID。定义收费请求的原因是 Stripe 不允许通过调用发送额外的参数，而只允许使用 metadata 属性传递字符串。Stripe 不会查看 metadata 属性。然后需要调用从 create-charge.js

文件导入的 createCharge 方法。如果成功了，发送成功信息；否则发送包含错误报告的消息。payment.js 文件的内容如代码清单 12.1 所示。

代码清单 12.1　带有接收传入 Stripe 请求的 POST 端点的 payment.js 文件

```
'use strict'

const ApiBuilder = require('claudia-api-builder')
const api = new ApiBuilder()                          // 加载 Claudia API Builder 实例
const createCharge = require('./create-charge')       // 加载 create-charge.js 业务逻辑文件

api.post('/create-charge', request => {               // 设置 POST /create-charge API 端点

   let paymentRequest = {                             // 创建 paymentRequest 边界对象
     token: request.body.stripeToken,
     amount: request.body.amount,
     currency: request.body.currency,
     orderId: request.body.metadata                   // 在 metadata 属性中设置 orderId 属性
   }

   return createCharge(paymentRequest)                // 调用 createCharge 方法
      .then(charge => {                               // 如果成功了，发送成功信息
         return { message: 'Payment Initiated!', charge: charge }
      }).catch(err => {                               // 在出现错误的情况下，返回带有错误的消息
         return { message: 'Payment Initialization Error', error: err }
      })
})

module.exports = api                                  // 导出支付服务 API
```

接下来，在顶级项目根目录中创建 create-charge.js 文件。应该首先加载 payment-repository.js 文件(用于处理 Stripe API 协议)和 order-repository.js 文件(用于处理 AWS DynamoDB 比萨订单协议)，然后公开函数以接收付款请求。应该向客户提供解释收费的付款描述，然后调用 paymentRepository.createCharge 方法，使用提供的安全令牌、金额和货币创建支付费用。完成上述操作后，调用 orderRepository.updateOrderStatus 方法，使用提供的 orderId 表示付款订单的 ID。create-charge.js 文件的内容如代码清单 12.2 所示。

代码清单 12.2　包含业务逻辑的 create-charge.js 文件

```
'use strict'
const paymentRepository = require('./repositories/payment-repository.js')   // 加载 paymentRepository 边界对象
const orderRepository = require('./repositories/order-repository.js')       // 加载 orderRepositoryboundary 边界对象
```

```
module.exports = function (paymentRequest) {
  let paymentDescription = 'Pizza order payment'    ← 提供收费说明
  return paymentRepository.createCharge(paymentRequest.token, paymentRequest.
    amount,
  paymentRequest.currency, paymentDescription)    ← 调用 createCharge 方法
    .then(() => orderRepository.updateOrderStatus(paymentRequest.orderId))    ← 调用 updateOrderStatus 方法
}
```

现在让我们继续在 payment-repository.js 文件中实现 createCharge 方法。不过，首先需要正确地组织项目，为此需要在顶级项目根目录中创建 repository 文件夹并导航到该文件夹。然后创建 pay-repository.js 文件，其中定义了一个对象，通过调用该对象的 stripe.charges.create 方法可创建 Stripe 收费。传递给 stripe.charge.create 方法的参数包括 stripeToken(对应于客户事务的令牌)、要向客户收取的金额、所需的货币(如果提供的货币是美元，请以美分为单位)和交易描述。payment-repository.js 文件的内容如代码清单 12.3 所示。

代码清单 12.3　定义 createCharge 方法的 payment-repository.js 文件

```
'use strict'
const stripe = require('stripe')(process.env.STRIPE_SECRET_KEY)    ← 用 STRIPE_SECRET_KEY 实例化 Stripe SDK

module.exports = {
  createCharge: function (stripeToken, amount, currency, description){
      return stripe.charges.create({    ← 调用 stripe.charges.create 方法以创建收费
            source: stripeToken,
            amount: amount,
            currency: currency,
            description: description
        })
  }
}
```

在 payment-repository.js 文件中，Stripe 协议的实现可以很容易地替换为 Braintree 或其他支付处理器的实现，这留给读者作为练习。

现在创建 order-repository.js 文件，该文件负责将 DynamoDB 表 pizza-orders 中的订单状态更新为 paid，参见代码清单 12.4。

代码清单 12.4 在 DynamoDB 表中更新订单状态的 order-repository.js 文件

```
'use strict'
const AWS = require('aws-sdk')
const docClient = new AWS.DynamoDB.DocumentClient()   ← 加载 DynamoDB DocumentClient

module.exports = {
  updateOrderStatus: function (orderId) {   ← 使用 orderId 作为参数定义 updateOrderStatus 函数
    return docClient.put({
       TableName: 'pizza-orders',
       Key: {
         orderId: orderId
       },
       UpdateExpression: 'set orderStatus = :s',   ← 更新指定的 orderId 键的 orderStatus
       ExpressionAttributeValues: {   ← 将属性值设置为 paid
          ':s': 'paid'
       }
       }).promise()
    }
}
```

通过应用 Hexagonal Architecture 的原则，不仅可以使支付服务更具可测试性，而且现在可以轻松地替换 DynamoDB 并尝试 Amazon Aurora 甚至是 Amazon 关系数据库服务(Amazon RDS)。

实现支付服务的最后一步是使用 Claudia 部署新的 API。在终端，在顶级项目根文件夹中运行以下命令以返回新创建的 API 的 URL：

```
claudia create --region us-east-1 --api-module payment --set-env STRIPE_
      SECRET_KEY=<your-stripe-secret-key>
```

复制并将 URL 保存在临时文档中，以用于将要创建的 HTML 表单。剩下要做的唯一工作就是创建 HTML 文档。

因为希望这个无服务器支付服务可以重复使用，并且只有一个目的，所以不能将 HTML 文档放在其中。创建名为 payment-form 的单独项目文件夹，并在其中创建名为 payment-form.html 的 HTML 文档。

在 HTML body 元素中，创建一个 form 表单元素，将 action 属性设置为指向新创建的无服务器支付服务的 URL。在其中，创建一个 script 元素来加载 Stripe Checkout 表单。这个 script 元素包含如下属性：

- data-key 属性(以 pk_test_开头)。
- data-amount 属性，用于表示希望收取的金额(以美分为单位，前提是使用的货币是美元)。
- data-name 属性，用于显示 Stripe 支付窗口的名称。
- data-description 属性，用于描述 Stripe 支付交易。
- data-image 属性，用以包含要在加载的表单中显示的徽标或图片的 URL。

- data-locale 属性，用于指定语言环境(如果可用，可以将该属性设置为 auto，以用户喜欢的语言显示表单)。
- data-zip-code 属性，用于指示是否收集客户的邮政编码(布尔值)。
- data-currency 属性，用于表示交易的货币短代码。

payment-form.html 文件的内容如代码清单 12.5 所示。

代码清单 12.5　表示付款页面的 payment-form.html 文件

```
<html>
<head>
</head>
<body>
<form action="<paste-your-function-url-here>" method="POST">
  <script
    src="https://checkout.stripe.com/checkout.js" class="stripe-button"
    data-key="<your-stripe-public-key>"
    data-amount="100"
    data-name="Demo Site"
    data-description="2 widgets"
    data-image="https://stripe.com/img/documentation/checkout/marketplace.
     png"
    data-locale="auto"
    data-zip-code="true"
    data-currency="usd">
  </script>
</form>
</body>
</html>
```

创建 payment-form.html 文件之后，在浏览器中打开它。你会看到来自 Stripe 的 Pay 按钮位于载入的窗口中。单击 Pay 按钮，Stripe 支付表单将出现，并带有示例中定义的价格(data-amount="100")。加载的支付表单应该如图 12.7 所示。

注意 如果看不到 Pay 按钮，请确保遵循了本章列出的所有步骤。如果你还没有获得 Stripe API 密钥，请参阅附录 C。如果已经有 Stripe 账户，请登录到 Stripe 指示板，转到 API keys 页面：https://dashboard.stripe.com/account/apikeys。

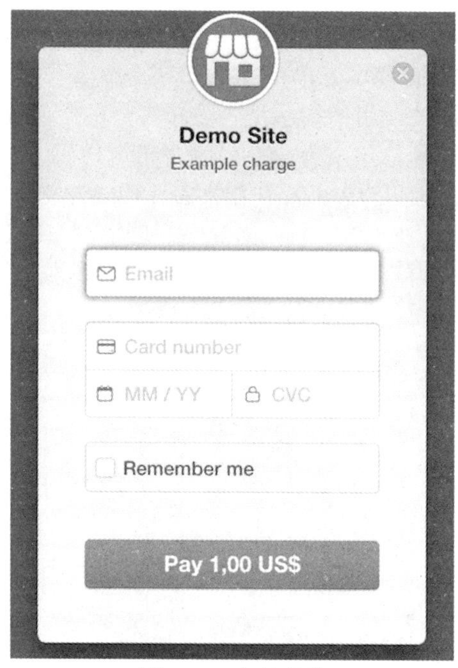

图 12.7 支付表单

除支付表单外，请使用以下资料测试支付服务：

- 测试卡号为 4242 4242 4242 4242(也可以查看 https://stripe.com/docs/testing#cards)。
- 以任何未来的月份和年份作为截止日期。
- 以任何三位数的数字作为卡片的验证码。
- 任意随机邮政编码。
- 任何电子邮件地址。

然后单击 Pay 按钮。

查看 pizza-orders DynamoDB 表，应该会看到比萨订单的状态已更新为 paid。另外，一定要查看 Stripe 指示板(https://dashboard.stripe.com/test/dashboard)，验证付款情况。还可以查看 CloudWatch 日志，以了解哪些操作是正确的；或者在出现错误的情况下，了解哪些操作是错误的。

正如你所看到的，使用 Claudia.js 和 Claudia API Builder 开发和维护无服务器支付服务非常容易。但是安全性如何呢？

12.3 有人能攻击支付服务吗

无法控制基础设施或环境可能会带来麻烦。如何知道没有恶意服务在后台运行，窃取客户的信用卡信息？大数据泄露或欺诈风险可能会毁掉业务吗？

我们无法知道无服务器提供程序的后台发生了什么。这些担心是有道理的，因为入侵或黑客攻击可能发生，并在组织内部造成严重破坏。但有两个因素常常被忽视，而这两个因素在安全方面发挥着重要作用：

- 标准
- 权限

12.3.1　标准

拥有安全可靠的支付处理服务是至关重要的，不仅对你，而且对客户也是如此。因此，安全几乎是每家公司的首要任务——至少在纸面上是这样。安全在不断发展，每天都有新的问题被发现。自然地，随着时间的推移，大多数常见的最佳措施都会聚集为标准，标准体也就出现了。

标准体是支付卡行业安全标准委员会(简称 PCI SSC)，它负责定义和实施安全的支付和客户数据处理措施。支付安全执行的主要标准是支付卡行业数据安全标准(PCI DSS)。

符合标准的服务称为 PCI DSS 兼容服务。

什么是 PCI DSS 兼容服务

PCI DSS 为组织者和销售者在信用卡交易中安全地接收、存储、处理和传输持卡人数据，以防止欺诈和数据破坏。与 PCI DSS 兼容意味着可以在交易期间安全地处理持卡人数据。

需要满足许多要求以符合 PCI DSS，如设置防火墙配置、加密交易数据、限制对数据的物理访问、执行公司内部安全策略，等等。要了解更多信息，请直接下载标准，详见 https://www.pcisecuritystandards.org/documents/PCI_DSS_v3-1.pdf。

目前，几乎所有最常用的无服务器提供者都符合 PCI DSS，包括：

- AWS Lambda
- Microsoft Azure Functions
- Google Cloud Functions
- IBM OpenWhisk

有关 PCI DSS 遵从性的更多信息，请参见门户网站 https://www.pcisecuritystandards.org。

注意 即使 AWS Lambda 是符合 PCI-DSS 的，也并不意味着服务也是自动符合 PCI DSS 的。无服务器提供程序是兼容的，这意味着不必考虑 PCI 兼容的基础设施层，但是仍然需要考虑代码库和公司的处理方式以及支付敏感信息。

12.3.2 权限

安全漏洞和欺诈总是可能发生的。许多公司和工程师质疑他们的基础设施提供商的安全能力，以及在这种情况下，他们的无服务器提供商的安全能力。有些人甚至试图开发自己的安全功能，尽管 PCI 兼容性要求非常严格。

即使这种努力在某些情况下可能是有效的，也请考虑一下公司在保护数据或实现安全性方面是否可能比最常用的无服务器提供商(比如 Amazon AWS、Microsoft Azure、Google Cloud 等)更有能力。

支付过程中涉及的安全责任是巨大的，出错可能会对你或客户造成重大损失。因此，在开发无服务器应用时，拥有称职且符合 PCI 兼容性要求的无服务器提供商应该是最优先考虑的事情。

12.4 试一试

正如你所看到的，实现无服务器支付服务很容易，而且不需要很长时间。但是，是时候让你再次尝试实践学到的知识了！

12.4.1 练习

创建一个新的无服务器函数，它将返回之前创建的收费列表。做这件事时必须遵循 Hexagonal Architecture。在开始之前，这里有一些关于 Stripe API 的信息：

- 要检索以前创建的所有收费，需要使用 Stripe listCharges 方法，可通过 https://stripe.com/docs/api #list_charges 了解更多信息。
- 需要使用 STRIPE_SECRET_KEY 设置它，并使用 Claudia 的--set-env 配置选项部署无服务器函数。
- 如果没有收费，收费列表服务应该返回一个空的列表。

如果需要额外的建议，这里还有一些：

- 需要使用 Claudia API Builder 创建名为 GET /charge 的 API 端点。
- 需要创建 ChargeRepository。

12.4.2 解决方案

当请求到达 GET /charges API 端点时，应该解析请求并调用 ChargesRepository 的 getAllCharges 方法。getAllCharges 方法应该调用无传递参数的 stripe.charges.create 方法。然后，应该解析 Stripe 响应对象并从 data 属性返回一个列表。这个列表应该作为一个数组发送到客户端。

首先，创建名为 charges 的项目文件夹。在该文件夹中，运行命令 npm init -y，然后运行命令 npm install -S claudia-api-builder stripe。然后创建以下两个文件。

- payment.js：在项目的根目录中，参见代码清单 12.6。
- payment-repository.js：在项目的 repositories 文件夹中，参见代码清单 12.7。

payment.js 文件有一个 POST /charge 端点用来接收传入的 Stripe 请求。端点处理程序需要调用 paymentRepository.getAllCharges 方法以获取所有费用。如果成功，则需要返回它们，而不需要任何额外的逻辑；否则将消息发送回客户端，并使用包含错误的 error 属性。

代码清单 12.6　payment.js 文件

加载 payment-repository.js 文件

```
'use strict'

const ApiBuilder = require('claudia-api-builder')
const api = new ApiBuilder()
const paymentRepository = require('./repositories/payment-repository')

api.get('/charges', request => {

  return paymentRepository.getAllCharges()
    .catch(err => {
      return { message: 'Charges Listing Error', error: err }
    })
})

module.exports = api
```

加载 Claudia API Builder 实例

设置 GET /charges API 端点

如果不成功，发送错误

调用 paymentRepository.getAllCharges 方法

导出收费列表服务 API

payment-repository.js 文件负责检索生成的所有 Stripe 收费。该文件公开了 getAllCharges 方法，该方法调用没有任何参数的 stripe.charges.list 方法，因为需要显示所有的收费。

代码清单 12.7　payment-repository.js 文件

使用 STRIPE_SECRET_KEY 实例化 Stripe SDK

```
'use strict'
const stripe = require('stripe')(process.env.STRIPE_SECRET_KEY)

module.exports = {
  getAllCharges: function (){
    return stripe.charges.list()
      .then(response => response.data)
  }
}
```

调用 stripe.charges.list 方法

返回包含收费代码清单的 response.data

12.5　本章小结

- 知道如何实现支付对于每个应用都是必不可少的，而无论是不是无服务器应用。
- 将实现支付处理作为独立的无服务器服务非常重要，因为我们希望支付服务稳定且独立于应用中的其他服务。
- 在 AWS Lambda 上集成 Stripe 和支付服务很容易。
- 精心设计且独立的支付服务稍后可以被其他产品或服务重新使用。
- 对基础设施没有控制权并不能成为降低安全性的借口。
- 判断支付服务是否安全的一个很好的指标是无服务器提供商是否兼容 PCI DSS。
- 当使用无服务器提供商时，保持 PCI 兼容性是必要的，因为可以提供需要的安全等级。

第 13 章

将现有的Express.js应用程序迁移到AWS Lambda

本章要点：

- 在 AWS Lambda 中运行 Express.js 应用和无服务器生态系统
- 从 Express.js 应用服务静态内容
- 从无服务器 Express.js 应用连接到 MongoDB
- 了解无服务器生态系统中 Express.js 应用的局限性和风险

Express.js 是最重要、最常用的 Node.js 框架，原因如下：Express.js 易于使用，并且拥有庞大的中间件生态系统，可以帮助你构建 API，以及帮助服务器呈现 Web 应用。但是，使用 Express.js 仍然需要服务器来承载应用，这意味着我们又回到本书试图通过使用无服务器技术来解决的问题。是否有一种方法可以在保持现有 Express.js 应用的同时，仍然具有无服务器的所有优点?

Express.js Web 应用框架基本上是 HTTP 服务器。无服务器应用不需要 HTTP 服务器，因为 HTTP 请求是由 API Gateway 处理的。但幸运的是，有一种方法可以在稍加修改的 AWS Lambda 中使用现有的 Express.js 应用。本章将向你介绍如何实现这一点，并介绍无服务器 Express.js 应用的一些最重要的局限性。

13.1 Roberto 叔叔的出租车应用

在你的家庭聚会上，Maria 姨妈一直在吹嘘自己的生意。她说现在比以往任何时候都要好，最重要的是，新的应用能够正常工作——无论是处理单笔订单还是同时处理几十个订单，一切都正常。

你的叔叔 Roberto 有些沮丧，他的出租车公司的应用存在很多问题。应用本身很好，但是当有更多的乘车请求时，应用往往会崩溃——例如，下雨时。遗憾的是，他的 IT 团队在这些情况下的反应不是很灵活，他正在失去客户和金钱。

Roberto 问你是如何为 Maria 姨妈施展魔法的，并且想知道这对他的应用是否也有效。你解释说这取决于应用使用的技术。

几天后，你收到一条消息，说 Roberto 叔叔的应用正在使用 Express.js 和 MongoDB。应用托管在一台小型的虚拟专用服务器上，该服务器为移动应用提供 RESTful API 服务，并为管理面板呈现服务器渲染的 HTML 页面。总的来说，这听起来像是一个典型的 Express.js 应用。你同意做一些调查，如果能做些什么来帮助 Roberto 叔叔，你会在几天后告诉他。

13.2 在 AWS Lambda 中运行 Express.js 应用

在开始研究之前，你需要创建一个简单的 Express.js 应用，并使用该应用测试 Express.js 在 AWS Lambda 中的工作方式。为此，创建一个新的项目文件夹，命名为 simple-express-app。然后在其中启动一个新的 NPM 项目，并通过运行 npm i express –S 命令安装 Express.js 作为依赖项。

作为第一个测试，应该使用 Express.js 路径创建一个文件，并尝试在 AWS Lambda 中运行它。

在 simple-express-app 文件夹中创建 app.js 文件。在这个文件中，需要 express 模块并使用它创建一个新的 Express 应用。然后添加 GET /route，它将返回文本 Hello World。最后，定义应用将使用的端口，并使用 server.listen 函数启动服务器。

此时，app.js 文件应该类似于代码清单 13.1。

代码清单 13.1 Express.js 应用

```
'use strict'

const express = require('express')
const app = express()
```

创建 Express.js 应用

```
app.get('/', (req, res) => res.send('Hello World'))

const port = process.env.PORT || 3000
app.listen(port, () => console.log(`App listening on port ${port}`))
```

将 PORT 设置为通过环境变量或端口 3000 传递的端口

创建使用 Hello World 文本的 GET 路径

在定义的端口上启动应用

然后使用下面的命令运行简单的 Express.js 应用：

```
node app.js
```

除非在端口 3000 上执行其他操作，否则上述命令将启动本地服务器。如果在 Web 浏览器中访问 http://localhost:3000，应该会看到 Hello World 文本。

在 AWS Lambda 中运行现有 Express.js 应用的最简单方法是使用 AWS -server -express Node.js 模块。这个模块只需要在创建的 Express.js 应用中进行少量更改。

要为 AWS Lambda 和 API Gateway 准备应用，请打开 app.js 文件并使用简单的导出替换 app.listen 函数，如代码清单 13.2 所示。这个导出允许 Express.js 在 AWS Lambda 中封装需要的应用。

代码清单 13.2　对 Express.js 应用为 AWS Lambda 所做的修改

```
'use strict'

const express = require('express')
const app = express()

app.get('/', (req, res) => res.send('Hello World'))

module.exports = app
```

导出应用实例而不是运行 app.listen 函数

但这样做会破坏本地主机上的 Express.js 应用，你将无法再使用 node app.js 命令运行本地版本。

要修复这个问题，请在项目文件夹中创建另一个文件，命名为 app.local.js。这个文件应该需要来自 app.js 文件的 Express.js 应用，然后调用 app.listen 函数，在提供的端口上启动本地服务器。

app.local.js 文件应该如代码清单 13.3 所示。

代码清单 13.3　在本地运行封装好的 Express.js 应用

```
'use strict'

const app = require('./app')

const port = process.env.PORT || 3000
app.listen(port, () => console.log(`App listening on port ${port}`))
```

需要来自 app.js 文件的应用

定义端口并启动应用

为了确认 Express.js 应用的本地版本仍然正常工作，请运行以下命令：

```
node app.local.js
```

上述命令应该会在http://localhost:3000上显示Hello World文本(除非指定了另一个端口)。

既然本地版本可以工作了，现在就可以为 Express.js 应用生成封装器了。生成封装器的最简单方法是使用 claudia generate-serverless- express-proxy 命令。这个命令需要--express-module 选项，其中包含到主文件的路径，但不包含.js 扩展名。例如，当索引文件为 app.js 时，应该运行以下命令：

```
claudia generate-serverless-express-proxy --express-module app
```

注意 需要 Claudia 3.3.1 或更高版本以调试本章的剩余代码。

上述命令将生成一个名为 lambda.js 的文件，并安装 aws-serverless-express 模块作为开发依赖项。

上述命令创建的文件是一个封装器，它会在 AWS Lambda 中运行 Express.js 应用。首先，使用 awsServerlessExpress.createServer 函数启动 Express.js 应用中的 Lambda 函数。然后，使用 awsServerlessExpress.proxy 函数将 API Gateway 请求转换为 HTTP 请求并传递给 Express.js 应用，转换响应后传递回 API Gateway。

代码清单 13.4 显示了 Lambda.js 文件的内容。

代码清单 13.4 用于 Express.js 应用的 AWS Lambda 封装器

```
'use strict'
const awsServerlessExpress = require('aws-serverless-express')
const app = require('./app')
const binaryMimeTypes = [
  'application/octet-stream',
  'font/eot',
  'font/opentype',
  'font/otf',
  'image/jpeg',
  'image/png',
  'image/svg+xml'
]
const server = awsServerlessExpress.createServer(app, null, binaryMimeTypes)
exports.handler = (event, context) => awsServerlessExpress.proxy(server,
      event, context)
```

创建 HTTP 服务器

需要 aws-serverless-express 模块

需要来自 app.js 文件的应用

这些是白名单，MIME 类型将被转换并传递给 Express.js 应用

导出一个处理函数，该处理函数会将事件代理到 Express.js 应用

下一步是将 API 部署到 AWS Lambda 和 API Gateway。可以使用 claudia create 命令来实现，但与前几章使用的 API 有如下重要区别：需要使用--handler 而不是

--api-module 选项来调用，还需要使用--deploy-proxy-api。这将设置代理集成，这意味着对 API Gateway 的所有请求都将直接传递到 Lambda 函数。

要部署 Express.js 应用，请执行以下命令：

```
claudia create --handler lambda.handler --deploy-proxy-api --region eucentral-1
```

当上述命令成功执行时，响应应该类似于代码清单 13.5。

代码清单 13.5　部署结果

```
{
  "lambda": {
    "role": "simple-express-app-executor",
    "name": "simple-express-app",
    "region": "eu-central-1"
  },
  "api": {
    "id": "8qc6lgqcs5",
    "url": "https://8qc6lgqcs5.execute-api.eu-central-1.amazonaws.com/latest"
  }
}
```

代理 API URL

可以看到，响应使用 url 参数进行了扩展。如果访问 URL(在我们的示例中是 https://8qc6lgqcs5.execute-api.eu-central1.amazonaws.com/latest)，那么应该看到 Hello World 文本。

13.2.1　代理集成

正如你在第 2 章中所了解到的，API Gateway 可以在以下两种模式下使用：

- 用于请求和响应的模型及映射模板。
- 通过代理传递集成。

第一种模式对于类型化语言很有用，比如 Java，但是因为 Claudia 只关注 JavaScript，所以总是使用第二种模式。在第二种模式下，API Gateway 会将任何请求直接传递给 AWS Lambda 函数，该函数负责路由和管理请求。

当为 Express.js 应用部署代理 API 时，Claudia 会为你做以下事情：

- 使用贪婪路径变量{proxy+}创建代理资源。
- 设置代理资源上的 ANY 方法。
- 将资源和方法与 Lambda 函数集成。

要了解有关代理集成的更多信息，请访问 https://docs.aws.amazon.com/APIGateway/latest/developerguide/api-gateway-set-up-simple-proxy.html。

13.2.2 serverless-express 模块的工作方式

Express.js 应用是 AWS Lambda 函数中的小型本地 HTTP 服务器，serverless-express 模块则充当 API Gateway 事件和本地 HTTP 服务器之间的代理。

当用户发送 HTTP 请求时，API Gateway 将 HTTP 请求传递给 AWS Lambda 函数。在你的函数中，serverless-express 旋转并缓存 Express.js 服务器以进行重复调用，然后将 API Gateway 事件转换为传递给本地 Express.js 应用的 HTTP 请求。

之后，Express.js 应用执行常规流程——路由器请求路径到选定的处理程序，并应用所有中间件功能。当 Express.js 发送响应时，serverless-express 模块会将响应转换为 API Gateway 期望的格式，然后由 API Gateway 将响应发送回用户，流程如图 13.1 所示。

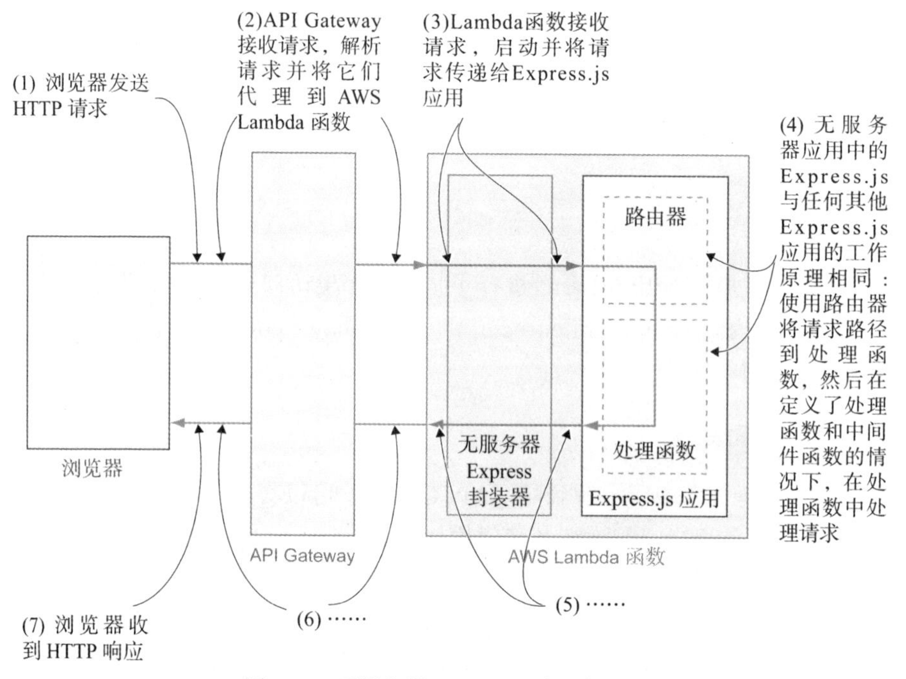

图 13.1 无服务器 Express.js 应用的流程

在 AWS Lambda 中运行 HTTP 服务器是反模式的吗？

无服务器应用仍然是新的，所以模式和最佳实践还没有完全形成，它们随着每个新特性而变化。在 AWS Lambda 中运行 HTTP 服务器听起来像是一种反模式，因为有多个缺点，比如增加了执行时间和函数大小。但也有很多好处，比如保留了现有的代码库和避免厂商锁定。不能称之为反模式的另一个原因是，带有 GoLang 运行时的 AWS Lambda 会使用类似的方法运行函数。

13.3　提供静态内容

我们想要测试的另一个场景是从 Express.js 应用中提供静态内容，因为 Roberto 叔叔的管理面板就是这样工作的。

为此，需要一个简单的静态 HTML 页面来进行测试。任何包含至少一张图片和一个简单 CSS 文件的页面都可以用于此次测试，因为这将允许测试几种不同的文件类型。

首先，在 Express.js 项目中创建名为 static 的新文件夹。然后创建 index.html 文件并加载 style.css，显示一些标题文本，并显示一张图片，如 Claudia 徽标 (Claudiajs.png)。CSS 和徽标图片都将从 static 文件夹加载。

index.html 文件应该如代码清单 13.6 所示。

代码清单 13.6　index.html 文件

```
<!doctype html>
<html>
  <head>
    <title>Static site</title>
    <link rel="stylesheet" href="style.css">   ◄── 加载 CSS 文件
  </head>
  <body>
    <h1>Hello from serverless Express.js app</h1>   ◄── 这是标题文本
    <img src="claudiajs.png" alt="Claudia.js logo" />   ◄── 在页面上显示 claudiajs.png 图片
  </body>
</html>
```

然后，将 Claudia 徽标添加到 static 文件夹中，并在同一个文件夹中创建 style.css 文件。

这个 CSS 文件不需要做任何特定的事情，但是你可以自由发挥创造力。作为一个简单的例子，可以将标题样式设置为蓝色，并设置阴影，将徽标居中后置于下方。代码清单 13.7 显示了这个 CSS 文件的样子。

代码清单 13.7　style.css 文件

```
body {
  margin: 0;
}

h1 {
  color: #71c8e7;
  font-family: sans-serif;
  text-align: center;
  text-shadow: 1px 2px 0px #00a3da;
}

img {
  display: block;
```

```
  margin: 40px auto;
  width: 80%;
  max-width: 400px;
}
```

最后，更新 app.js 文件以提供 static 文件夹中的静态内容。要做到这一点，应该使用 express.static 中间件，如代码清单 13.8 所示。

代码清单 13.8 在 Express.js 应用中提供静态内容

```
'use strict'

const express = require('express')
const app = express()

app.use('/static', express.static('static'))   ← 从 static 文件夹中提供静态内容

app.get('/', (req, res) => res.send('Hello World'))

module.exports = app
```

现在一切就绪，可以再次运行命令 node app.local.js，从而确认 Express.js 应用在本地运行，并访问 http://localhost:3000/static。

如果本地一切正常，请运行以下命令，更新应用：

```
claudia update
```

等待命令完成，并在浏览器中加载 https://8qc6lgqcs5.execute-api.eu-central-1.amazonaws.com/latest/static/。你应该会看到带有 Claudia 徽标的静态 HTML 页面，如图 13.2 所示。

图 13.2 AWS Lambda 上 Express.js 提供的静态 HTML 页面

13.4　连接到 MongoDB

到目前为止，只要稍加修改，一切似乎都运行良好。但是，能把 AWS Lambda 连接到 MongoDB 吗?

可以将 AWS Lambda 连接到任何数据库，但是如果数据库不是无服务器的，那么当 AWS Lambda 函数扩展并试图建立过多的数据库连接时，就会遇到问题，因为数据库不会自动扩展。

为了确保数据库可以使用 AWS Lambda 函数，需要

- 确保数据库可以快速扩展。
- 将 AWS Lambda 并发地限制在数据库能够处理的范围内。
- 使用托管数据库。

第一个操作需要 DevOps 和对数据库的良好理解，这已经超出本书的讨论范围。

第二个操作是有效的，但是如果用户超过并发执行限制，那么在达到限制之后，每个用户都会出现错误。如果想了解更多关于管理 AWS 并发性的信息，请访问 https://docs.aws.amazon.com/lambda/latest/dg/concurrent-executions.html。

最后一个操作最简单。对于 MongoDB，Roberto 叔叔的应用正在使用，可以使用 MongoDB Atlas，它由 MongoDB 公司提供。可将数据库托管到提供支持的云提供商，包括 AWS。有关 MongoDB Atlas 的更多信息，请参考 https://www.mongodb.com/cloud/atlas。

13.4.1　在无服务器 Express.js 应用中使用托管的 MongoDB 数据库

首先创建 MongoDB Atlas 账户并创建数据库，如附录 C 所述，还需要修改 app.js 文件以连接到 MongoDB。为此，需要安装 mongodb 和 body-parser NPM 模块作为 Express.js 项目的依赖项。前者允许连接到 MongoDB 数据库，后者允许 Express.js 应用解析 POST 请求。

安装模块之后，创建到数据库的连接。AWS Lambda 函数实际上并不是无状态的，因为如果在接下来的几分钟内再次调用函数的话，可能会重用相同的容器。这意味着处理函数之外的所有内容都将被保留，可以重用相同的 MongoDB 连接。

例如，如果将数据库连接存储到处理函数之外，那么可以使用以下函数检查连接是否仍然处于活动状态：

```
cachedDb.serverConfig.isConnected()
```

如果连接仍然是活动的，那么应该重用连接。如果连接不是活动的，那么可以使用 MongoClient.connect 函数创建新的连接，并在返回之前缓存连接。然后，

应该使用 Express.js 中间件激活 body-parser 模块。

重用现有的数据库连接非常重要，因为每个数据库都有最大数量的并发传入连接。例如，一个免费的 MongoDB Atlas 实例最多有 100 个并发连接，这意味着大约同时有 100 多个 Lambda 函数连接将导致一些请求失败。重用现有连接可以帮助解决这个问题，而且还可以降低延迟，因为每个数据库连接都需要一些时间才能建立。

来自 Lambda 函数的 MongoDB 连接流程如图 13.3 所示。

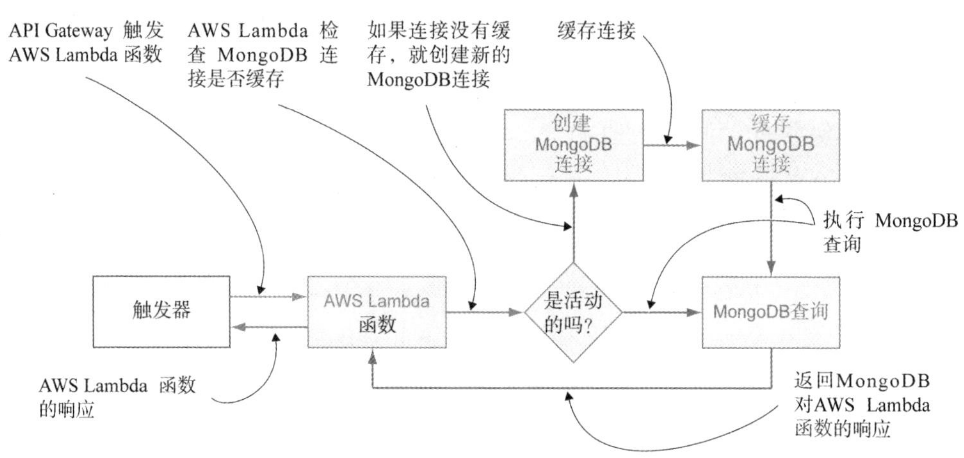

图 13.3 缓存和重用 MongoDB 连接的流程

此时，app.js 文件的开头应该类似于代码清单 13.9。

代码清单 13.9 app.js 文件的开头

```
const express = require('express')
const app = express()
const { MongoClient } = require('mongodb')       ← 需要 mongodb 模块
const bodyParser = require('body-parser')       ← 需要 body-parser 模块

let cachedDb = null                              ← 缓存数据库连接

function connectToDatabase(uri) {                ← 连接数据库
  if (cachedDb && cachedDb.serverConfig.isConnected()) {   ← 检查数据库连接是否缓存，如果缓存，就返回连接
    console.log('=> using cached database instance')
    return Promise.resolve(cachedDb)
  }

  return MongoClient.connect(uri)                ← 否则，创建新的连接并缓存
    .then(client => {
      cachedDb = client.db('taxi')
      console.log('Not cached')
      return cachedDb
    })
}

app.use(bodyParser.json())                       ← 启用 bodyParser 中间件
```

既然已经将 Express.js 函数连接到 MongoDB，现在就可以测试数据库连接了。测试连接的最简单方法是向 MongoDB collection 写入一些东西，然后读取 MongoDB collection 以确认项目已保存。

为此，可以添加两条连接到 MongoDB 数据库的路径：一条用于编写数据，另一条用于读取 MongoDB collection。例如：

- POST /orders 路径，用于添加新的订单。
- GET /orders 路径，用于返回现有的所有订单。

有了这两条新路径，创建和立即读取订单的流程将如下所示：

(1) POST /orders 请求由 API Gateway 接收并传递到 AWS Lambda 函数。

(2) Lambda 函数启动 Express.js 应用。

(3) Lambda 函数将 API Gateway 请求转换为 Express.js 应用的 HTTP 请求。

(4) Express.js 应用检查 MongoDB 连接是否已经存在，如果不存在，就创建新的连接。

(5) Express.js 处理函数将订单存储在 MongoDB 中并返回响应。

(6) Lambda 函数将 Express.js 应答转换为 API Gateway 预计的格式。

(7) API Gateway 将响应返回给用户。

(8) 用户立即发送 GET /orders 请求，API Gateway 将其传递给 Lambda 函数。

(9) Lambda 函数转换请求并将其传递给 Express.js 应用的现有实例。

(10) Express.js 应用检查 MongoDB 连接是否存在，并使用它从数据库获取所有订单。

(11) Lambda 函数接收来自 Express.js 的响应，转换响应并将其传递给 API Gateway。

(12) 用户从 API Gateway 接收带有订单列表的响应。

上述流程如图 13.4 所示。

注意 MongoDB 连接和 Express.js 应用都被缓存，这在函数冷启动时会发生一次。

要将新的路径处理程序连接到 MongoDB 数据库，可以使用创建的 connectToDatabase 函数。将 MongoDB 连接字符串传递给该函数，MongoDB 连接字符串可以存储在环境变量中。

建立连接之后，在 GET /orders 路径中，应该使用 db.collection('orders').find().toArray()函数从 orders 集合中获取所有条目，并将它们转换为普通的 JavaScript 数组。这将返回承诺(Promise)，当承诺被解析后，可以使用 Express.js 中的 res.send 函数发送结果或错误。

POST /orders 路径的唯一不同之处在于，应该将新的条目插入数据库中，而不是从数据库中获取条目。为此，使用 db.collection('orders').insertOne 函数。orders 可以是只包含地址的 JSON 对象。

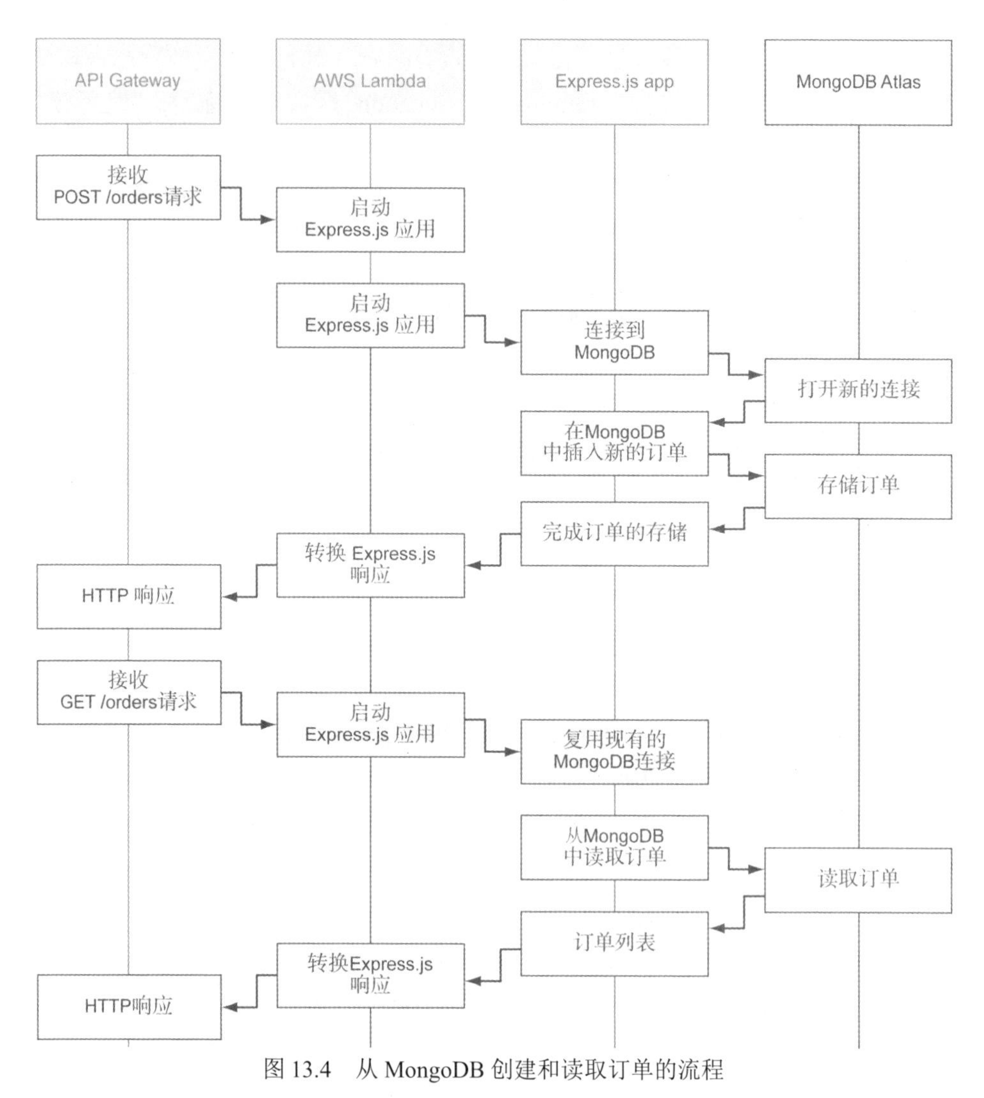

图 13.4 从 MongoDB 创建和读取订单的流程

要添加到 app.js 文件的路径如代码清单 13.10 所示。

代码清单 13.10 获取和添加新的出租车路线

```
app.get('/orders', (req, res) => {                          // 添加 GET 路径
  connectToDatabase(process.env.MONGODB_CONNECTION_STRING)  // 获取数据库连接
    .then((db) => {
      return db.collection('orders').find().toArray()      // 查找所有订单并转换为数组
    })
    .then(result => {                                        // 如果成功，返回结果
      return res.send(result)
    })
    .catch(err => res.send(err).status(400))                // 如果失败，返回状态码为 400 的错误
```

```
})

app.post('/orders', (req, res) => {
  connectToDatabase(process.env.MONGODB_CONNECTION_STRING)
    .then((db) => {
      return db.collection('orders').insertOne({
        address: req.body.address
      })
    })
    .then(result => res.send(result).status(201))
    .catch(err => res.send(err).status(400))
})
```

添加 POST 路径

将订单插入数据库

如果失败，返回状态码为 400 的错误

现在 MongoDB 连接已经准备好了，可以通过运行 node app.local 在本地进行测试了，但是不要忘记传递 MONGODB_CONNECTION_STRING 环境变量，例如：

```
MONGODB_CONNECTION_STRING=mongodb://localhost:27017 node app.local.js
```

如果在本地一切正常，使用--set-env 或--set-env-from-json 选项运行 claudia update 命令，并传递 MONGODB_CONNECTION_STRING。例如，命令可能如下所示：

```
claudia update --set-env MONGODB_CONNECTION_STRING=mongodb://<user>:
<password>@robertostaxicompany-shard-00-00-rs1m4.mongodb.net:27017,
robertostaxicompany-shard-00-01-rs1m4.mongodb.net:27017,robertostaxicompany
-shard-00-02-rs1m4.mongodb.net:27017/taxi?ssl=true&replicaSet=
RobertosTaxiCompany-shard-0&authSource=admin
```

注意 在本书附带的源代码中，我们使用另一种方法来演示拥有的选项：MongoDB 连接字符串位于 env.json 文件中，然后我们使用 claudia update--set-env-from-json env.json 将其传递给 AWS Lambda 函数。

因为只有一个环境变量，所以这两个选项都可以很好地工作。但是，如果应用中需要多个变量，我们建议使用包含变量的 JSON 文件，因为这样可以缩短命令长度并减少人为错误(例如，输入变量名或值时出错)。

在应用被部署之后，可以尝试发送 POST 请求到 https://8qc6lgqcs5.execute-api.eu-central-1.amazonaws.com/latest/orders 以添加新订单。还可以访问浏览器中的如下相同地址来列出所有订单：https://8qc6lgqcs5.execute-api.eu-central-1.amazonaws.com/latest/orders。

13.5 无服务器 Express.js 应用的限制

现在已经测试了所有最重要的情形，可以让 Roberto 叔叔知道他的 Express.js

应用将在 AWS Lambda 中工作。

但在此之前，一定要注意无服务器 Express.js 应用有一些限制。让我们来解决最重要的问题。

首先，可能也是最明显的，不能在无服务器 Express.js 应用中使用 WebSockets。如果 Roberto 叔叔使用 WebSockets 在移动应用和后端之间进行实时通信，那么无服务器 Express.js 将无法正常工作。AWS Lambda 对 WebSockets 的一些有限支持可以通过基于 WebSockets 协议的 AWS IoT MQTT 来实现。要了解更多关于 MQTT 协议的信息，请访问 https://docs.aws.amazon.com/iot/latest/developerguide/protocols.html#mqtt。

另一个限制与文件上传功能有关。如果应用试图将文件上传到除/tmp 外的任何文件夹，那么上传将失败，因为 AWS Lambda 磁盘空间的其余部分是只读的。即使将上传的文件保存到/tmp 文件夹中，它们也只会存在一小段时间。要确保上传功能正常，请将文件上传到 AWS S3。

下一个限制是身份验证。可以在无服务器中实现身份验证，就像在其他 Express.js 应用中所做的一样，例如使用 Passport.js 库，但需要确保会话没有保存在本地文件系统中。如果使用本机 Node.js 库，则需要使用运行 Amazon Linux 的 EC2 机器将它们打包成静态的二进制文件。要了解更多关于本机 Node.js 库(也称为插件)的信息，请访问 https://nodejs.org/api/addons.html。

此外，API Gateway 相比传统的 Express.js 应用有更严格的规则。例如，在 Node.js 和 Express.js 中，可以发送带有 GET 请求的主体。API Gateway 则不允许这样做。

此外，还有一些特定的执行限制——例如，API Gateway 的超时时间为 30 秒，AWS Lambda 的最大执行时间为 5 分钟。如果 Express.js 应用需要超过 30 秒的时间来回复，请求将会失败。另外，如果 Express.js app 应用需要响应 HTTP 请求并继续执行，这在 AWS Lambda 中将不起作用，因为一旦发送了 HTTP 响应，AWS Lambda 就会停止执行。这种行为依赖于 Lambda 环境的 callbackWaitsForEmptyEventLoop 属性；该属性的默认值为 true，这意味着回调将等到事件循环为空后才冻结进程并将结果返回给调用者。可以将该属性设置为 false，以请求 AWS Lambda 在调用回调后立即冻结进程，即使事件循环中有事件。

只要牢记这些限制，Roberto 叔叔的出租车应用就可以在 AWS Lambda 中正常工作。

13.6 试一试

现在是时候使用 Express.js 进行练习了。

13.6.1　练习

添加 DELETE /order/:id 路径，使用作为 URL 参数传递的请求 ID 删除请求。

下面是一些建议：

- URL 参数是在 Express.js 方法中定义的(使用:id)，而不是在 API Gateway 和 Claudia API Builder 中定义的(使用{id})。
- 可以使用 collection.deleteOne 函数从 MongoDB 中删除条目。
- 确保使用 new mongodb.ObjectID 函数将订单 ID 转换为 MongoDB ID。

如果需要额外的挑战，请尝试在 Express 中实现身份验证(对于现成的 Express.js 应用，也可以在 AWS Lambda 中运行它)。

13.6.2　解决方案

这个练习的解决方案类似于实现 POST /orders 路径。

首先需要使用 app.delete 方法向 app.js 文件添加新的 DELETE 路径。然后需要连接到数据库并使用 db.collection('orders').collection.deleteOne 函数从 orders 集合中删除条目。因为订单 ID 是作为字符串传递的，所以需要使用 new mongodb. ObjectID(req.params.id)函数将其转换为 MongoDB ID。

新路径应该如代码清单 13.11 所示。

代码清单 13.11　删除订单路径

```
app.delete('/orders/id', (req, res) => {      ← 添加 DELETE /orders/:id 路径

  connectToDatabase(process.env.MONGODB_CONNECTION_STRING)      ← 连接到数据库
    .then((db) => {
      return db.collection('orders').collection.deleteOne({      ← 从数据库中删除条目
        _id: new mongodb.ObjectID(req.params.id)      ← 将订单 ID 转换为 MongoDB ID
      })
    })
    .then(result => res.send(result))      ← 返回结果
    .catch(err => res.send(err).status(400))      ← 如果失败了，返回带有状态码 400 的错误
})
```

在使用 claudia update 命令部署函数之后，可以使用 curl 或 Postman 测试 delete 方法。

注意　通过使用--set-env 或--set-env-from-json 选项运行 claudia update 命令，可确保设置了 MongoDB 连接字符串。

13.7 本章小结

- 可以在 AWS Lambda 中使用 Claudia 和 serverless-express 模块运行 Express.js 应用。
- 可以使用无服务器 Express.js 提供静态页面，而不需要进行额外的修改。
- 对于 MongoDB 连接，除非自己管理扩展，否则请使用托管的 MongoDB 实例。
- 在位于处理函数外部的变量中缓存数据库连接。
- 存在一些限制，比如当使用 WebSockets 以及请求时间超过 30 秒时。

第 14 章

迁移到无服务器

本章要点：

- 学习如何迁移到无服务器
- 根据无服务器提供商的特征构造应用
- 组织应用架构，使其面向业务并能够增长
- 处理无服务器应用和传统服务器托管应用之间的架构差异

现在开始考虑如何将更改应用到生产中的无服务器应用，迁移现有应用，并评估业务需求对迁移的影响。

我们将关注无服务器函数的数量以及如何组织和维护它们，还可能需要考虑无服务器提供商的限制，比如函数“冷启动”以及它们可能如何影响应用。在本章中，我们将概述无服务器应用的架构，然后研究其中的一些问题，从而帮助你理解迁移到无服务器应用的基础知识，以及如何将无服务器应用投入生产。

14.1 分析当前的无服务器应用

在迁移到无服务器之前，比较好的起点是查看现有的无服务器应用及其底层服务的组织。Maria 姨妈的生意能够越来越好，主要是因为创建了以下无服务器服务。

- API：用于列出比萨、接收比萨订单，并将它们存储在无服务器的数据库中。此外，连接到交付服务，在无服务器的存储中存储比萨图片，并且支持授权。

- 图片处理服务：用于将比萨照片从大型图片转换为缩略图，为潜在的 Web 应用或移动应用做好准备。
- Facebook Messenger 聊天机器人：用于根据客户的请求，列出比萨、创建比萨订单并创建送货请求。另外还具有启用的自然语言处理功能，因此可以响应客户发起的闲聊。
- Twilio SMS 聊天机器人：用于列出比萨和接收比萨订单。
- Alexa skill：用于使客户的 Echo 设备能够列出 Maria 姨妈的比萨店，帮助顾客点比萨。
- 支付服务：通过将这项独立的支付服务连接到 Stripe，将允许在线向客户收取比萨订单的费用。
- Roberto 叔叔的出租车应用：可以轻松地将 Roberto 叔叔的 Express.js 出租车应用迁移到无服务器。

你为 Maria 姨妈开发的无服务器服务如图 14.1 所示。因为 Roberto 叔叔的出租车应用不在 Maria 姨妈的系统中，所以没有显示。

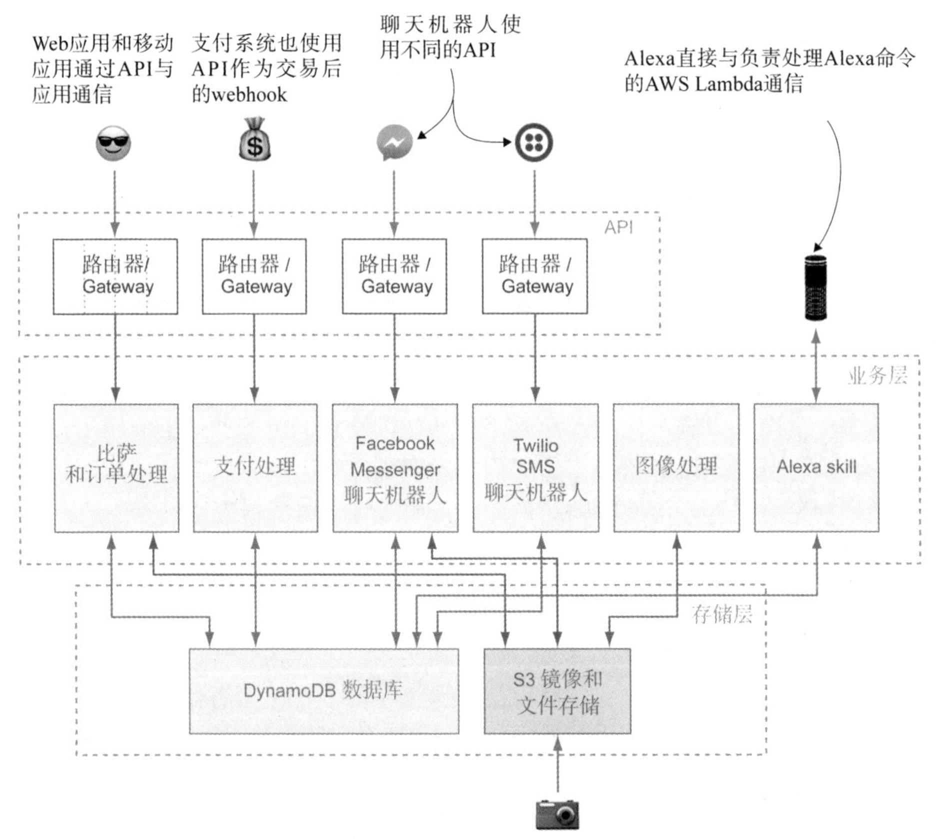

图 14.1 Maria 姨妈的无服务器服务

图 14.1 准确显示了你的无服务器服务是如何工作的，以及它们是如何分离的。但是，你可能想知道为什么 Maria 姨妈的服务结构是这样的，以及如何将现有的应用迁移到无服务器环境中。

14.2　将现有应用迁移到无服务器

从头开始构建无服务器应用需要转变思路。但是，一旦开始以一种无服务器的方式思考，所有的点都会很快连接起来。在工具的帮助下，例如 Claudia，开发和部署周期短而容易。

如果已经运行了一个应用并为客户提供服务，那么你不太可能从零开始。相反，你有一个包含几千行代码和几千个日常活跃用户的应用，具有由业务请求或以特定方式塑造代码的其他问题导致的决策历史。

你能够并且应该将这样的应用迁移到无服务器环境中吗?答案并不简单，因为它取决于应用的具体情况、团队的结构和许多其他内容。但在大多数情况下，无服务器可能对旧的应用有益。

一旦迁移了应用，无服务器架构将帮助你保持良好的状态。它鼓励进一步重构，因为可以降低成本，拥有良好而高效的代码库将成为商业决策。

如果决定尝试进行无服务器迁移，那么可能想知道应该如何进行迁移。第一个也是最明显的方法是从小处开始，使用应用中不太重要的部分，这些部分可以很容易地与整体解耦。

我们的客户要求将 PDF 目录转换为 JPG 图片的服务，因此可以在移动应用中对它们进行注释、链接和提供服务。当上传 PDF 文件时，处理 PDF 文件，然后为每个页面生成 JPG 图片，并通过移动推送通知近 10 万名用户新目录可用。

当客户试图在上传完第一个大的 PDF 目录之后立即上传第二个大的 PDF 目录时，出现了问题。收到推送通知的用户开始打开应用，但同一台服务器同时要做两件事：服务 API 请求和转换文件。由于从 PDF 目录到 JPG 图片的转换是 CPU 密集型的，自动扩展过程需要 2 到 3 分钟，因此 API 请求常常在最糟糕的时刻失效——当用户单击推送通知时。

他们有多种选择，包括使用单独的服务器处理 PDF(99%的时间都是空闲的)，以及在需要自动扩展之前触发自动扩展。但是，基础设施的成本已经太高了，所以他们决定将服务迁移到 AWS Lambda 并使其成为 100%的无服务器应用。

仅仅几天之后，他们就有了可完全运行的 PDF-JPG 转换服务，该服务独立于 API 服务器。他们能够直接将 PDF 文件上传到 AWS 简单存储服务(S3)——Amazon

的无服务器静态文件存储服务。S3 将触发 AWS Lambda 函数，使用 ImageMagick 将 PDF 文件转换为 JPG 图片。可以在第 7 章阅读更多关于使用 S3 集成 AWS Lambda 的信息，也可以在官方网站上阅读更多关于 S3 服务的信息：https://aws.amazon.com/s3/。

因为 PDF 转换很慢，而且一些 PDF 目录有几百页，所以使用了扇出模式：第一个 Lambda 函数接收请求并下载 PDF 文件，然后使用 Amazon Simple Notification Service (SNS)事件。当所有页面都被转换后，转换工具将与 API 联系，API 将向所有用户发送推送通知。转换服务的流程如图 14.2 所示。

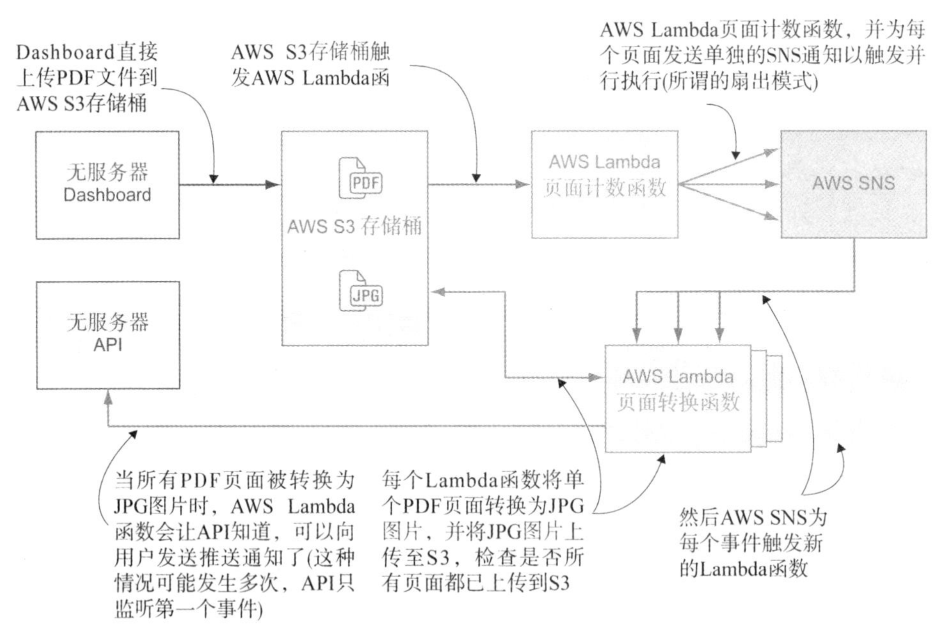

图 14.2　使用 Lambda 扇出模式将应用的一小部分移动到无服务器：PDF-JPG 转换器

扇出(fanout)模式

在无服务器架构中，函数是集中的单元，应该具有有限的范围，并且围绕单个业务单元执行一件事或少量操作。它们不适合处理长时间的任务或运行后台进程。

由于我们的应用经常需要处理大量数据或运行长时间的任务，因此一组新的模式开始围绕无服务器函数展开。最有用的新模式之一是扇出模式。扇出模式通过在多个函数之间分割工作来加速长进程或模拟后台进程。背后的思想是：一个函数接收请求，然后调用多个其他函数，并将工作的一部分委托给每个函数。

这种模式对于慢速处理(比如将PDF文件转换为JPG图片)和批处理(例如CSV

数据和许多其他情况)非常有用。在 AWS 中，可以使用 AWS SDK 或通过其他服务(如 AWS SNS)启动扇出模式。

在将服务迁移到无服务器时，如果进展顺利，那么下一步就是一步一步地处理单片应用。可以使用我们在第 13 章中解释的技术，并在 AWS Lambda 中运行完整的 Express.js 应用。这是开始使用无服务器的好方法，但不要将其视为最终解决方案。将单片应用迁移到 AWS Lambda 不会使其更快或更便宜，甚至这可能恰恰相反。无服务器需要在开发实践中进行更改。我们将在本章后面讨论一些最重要的挑战，比如冷启动。

另一种方法是将 API Gateway 放在应用的前面，并尝试使用 AWS Lambda 函数或其他适合需求的无服务器组件替换路径(见图 14.3)。然后可以观察服务的工作方式并优化它们。

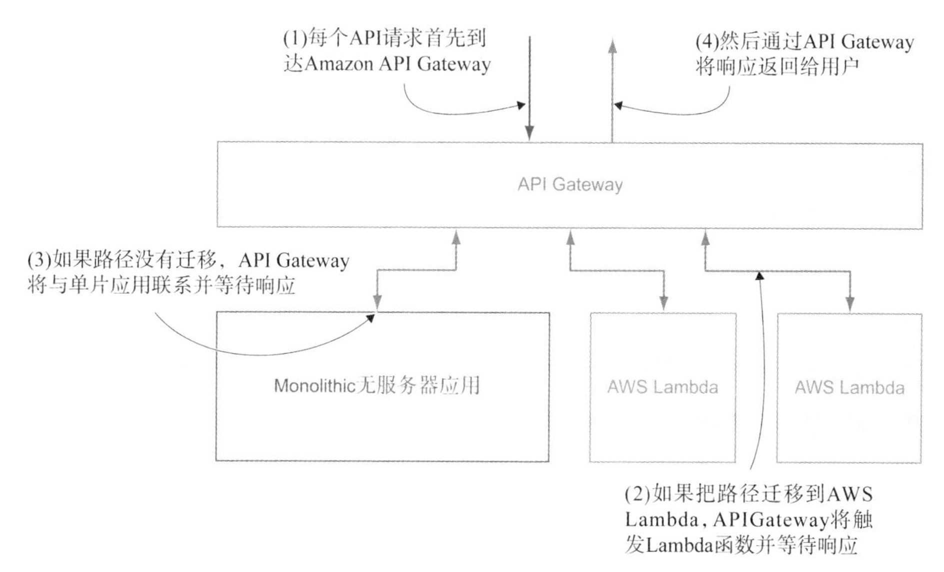

图 14.3　一步一步地将 API 迁移到无服务器

迁移路径到 AWS Lambda 函数相对容易，最难的部分是迁移应用的所有其他部分，比如身份验证和授权或数据库。要将整个应用迁移到无服务器平台，需要拥抱整个无服务器平台而不仅仅是函数。

14.3　拥抱平台

无服务器架构带来了一些好处，比如更便宜、更快、更稳定的应用。但是，要获得这些好处，不能只使用无服务器应用的子集，而应遵守并应用与非无服务器应用相同的原则。需要完全进入并调整应用，以使用所有无服务器服务，并允许用户直接连接到这些服务。

让用户直接连接到数据库或文件存储是一种反模式。但是，如果将无服务器与其他服务(如 Cognito)结合使用，这种模式可以显著降低基础设施的成本。

本节讨论一些我们经常听到的问题，这些问题来自那些试图将现有应用迁移到无服务器的人。

14.3.1 提供静态文件

与传统服务器类似(正如你在第 13 章中看到的)，API Gateway 和 AWS Lambda 可以提供静态文件，如服务器呈现的 HTML 和图片。但这增加了成本(和可能的延迟)，因为每当用户希望看到静态文件时，将为使用 API Gateway 接收请求并返回响应，以及使用 AWS Lambda 处理请求和进行数据传输付费。

虽然成本看起来并不高，但是 API Gateway 比 Amazon S3 要贵很多。此外，从 API Gateway 和 AWS Lambda 提供静态文件可能会干扰限制，并阻止更重要的请求通过。那么，如何在无服务器架构中提供最好的静态文件呢?

只要可能，就应该让用户直接与 Amazon S3 对话。如果需要限制对某些用户的访问，可以使用 Cognito 做到这一点。如果只想授予某些用户上传文件的权限，可以使用预签名的 URL(参见第 7 章)。

14.3.2 存储状态

另一个重要的问题是如何在无服务器应用中管理状态。一个流行的误解是 AWS Lambda 是无状态的，但事实并非如此，将无服务器视为无状态可能会在执行时间和金钱方面造成损失。

根据 Claudia 和 MindMup(一种流行的思维导图工具)的创建者 Gojko Adzic 的观点，不应该将无服务器视为无状态，而应该视为无共享架构设计。每个没有服务器的函数都有虚拟机(VM)，但是不知道 VM 将存在多久，以及相同的 VM 是否将处理下一个请求。

无共享架构

无共享(SN)架构是一种分布式计算架构，其中每个节点都是独立的且自给自足的，系统中没有单一争点。更具体地说，没有哪个节点共享内存或磁盘存储。人们通常将 SN 系统与保持大量集中存储状态信息的系统进行比较，无论是在数据库、应用服务器还是任何其他类似的单一争点中。有关无共享架构的更多信息，参见 https://en.wikipedia.org/wiki/Shared-nothing_architecture。

AWS Lambda 不应该用于存储状态，但应该用于优化。例如，在第 13 章中，在处理函数之外启动了 Express.js 应用，这就提高了重用相同 VM 的所有请求的性能。

对于持久状态存储，应该使用另一个服务，比如 DynamoDB 甚至 S3，这取决于想要保存的状态的复杂性。

如果需要状态机，可以使用 AWS Step 函数，从而使用可视化工作流轻松地协调分布式应用和微服务的组件，并且它们允许你具有半持久性状态。AWS Step 函数的更多信息，参见 https://aws.amazon.com/step-functions/。

14.3.3　日志

正如你在第 5 章中所了解到的，CloudWatch 具有与其他无服务器组件开箱即用的集成功能，比如 AWS Lambda 和 API Gateway。但是，当想要搜索日志或者只想有更好的概述时，CloudWatch 并不是很好的解决方案。

幸运的是，还有其他选项可以改进使用无服务器日志的体验，比如使用第三方解决方案、触发 Lambda 函数或 ElasticSearch 云监控。

最流行的第三方解决方案之一是 IOpipe(https://www.iopipe.com)，它是一个度量和监视服务，允许在漂亮的实时控制面板中查看功能性能度量、实时警报和分布式堆栈跟踪。设置 IOpipe 非常简单：注册服务并获取客户机 ID，然后运行命令 npm install @iopipe/iopipe --save，从 NPM 安装 IOpipe 模块。最后需要使用 iopipe 函数封装处理程序，如代码清单 14.1 所示。

代码清单 14.1　使用 IOpige

```
const iopipe = require('@iopipe/iopipe')

const iopipeWrapper = iopipe({
  clientId: process.env.CLIENT_TOKEN
})

exports.handler = iopipeWrapper(
  function(event, context, callback) {
    // Your Code Here
  }
)
```

导入 IOpipe 模块

使用客户机 ID 生成封装函数

用 IOpipe 封装器封装处理函数

如果将 IOpipe 与 Claudia API Builder 一起使用，那么集成应该如代码清单 14.2 所示。

代码清单 14.2　将 IOpipe 与 Claudia API Builder 一起使用

```
const iopipe = require('@iopipe/iopipe')

const iopipeWrapper = iopipe({
```

```
  clientId: process.env.CLIENT_TOKEN
})
// Your routes

api.proxyRouter = iopipeWrapper(api.proxyRouter)
module.exports = api
```

使用 api.proxyRouter 集成 IOpipe 和 AWS Lambda 函数

另一个选项是将日志流到 AWS Lambda 函数或 Amazon ElasticSearch 服务，并允许将日志连接到通常使用的其他工具，如弹性堆栈。弹性堆栈也称为 ELK 堆栈，是用于帮助执行简单的日志分析和可视化的三个开源产品(ElasticSearch、Logstash 和 Kibana)。要了解关于弹性堆栈的更多信息，参见 https://www.elastic.co/elk-stack。

提示 可以使用 AWS Web 控制台中的 CloudWatch 日志操作，在日志流(针对单个日志流)或日志组级别(针对应用的所有部分)启用到 AWS Lambda 函数或 Amazon ElasticSearch 服务的流日志。有关如何将日志流到 Amazon ElasticSearch 服务的更多信息，参见 https://docs.aws.amazon.com/AmazonCloudWatch/latest/logs/CWL_ES_Stream.html。

哪个选项更好？

答案取决于应用、工具和首选项。第三方日志库提供了其他不可用的值和数据监测。但是如图 14.4 所示，它们还为函数运行时增加了额外的延迟。大多数情况下，运行时只是稍微长一些，但是因为 Lambda 函数会消耗 100 毫秒，所以可能会直接增加开销。

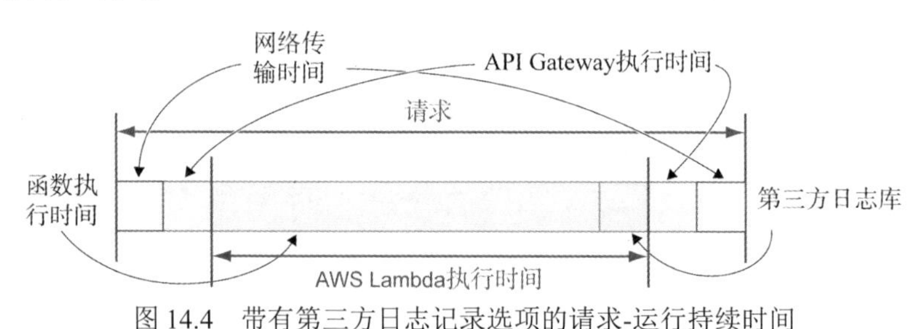

图 14.4 带有第三方日志记录选项的请求-运行持续时间

从第三方日志记录开始可能是个好主意，然后可以观察效果并进行优化，也可使用内置日志记录或弹性堆栈进行替换。

14.3.4 持续集成

无服务器基础设施的一大优点是，可以使用命令将团队中的每个人部署到任何环境中。但是这种设置带来了很多潜在的问题，比如在运行测试失败时执行回滚。

传统上，频繁部署的一些问题可以通过持续集成(CI)来解决。CI 是一种开发实践，要求开发人员每天多次将代码集成到共享存储库中。然后，通过自动构建验证每个签入(check-in)，允许团队尽早发现问题。因此，CI 允许快速检测错误并更容易地定位它们。

以下是一些流行的 CI 工具：

- Jenkins (https://jenkins.io)。
- Travis CI (http://travis-ci.org)。
- Semaphore CI (http://semaphoreci.com)。

所有这些工具都可以使用 AWS 上的无服务器应用，没有任何问题。为了整合它们，需要 claudia.json 文件。在每个测试套件成功运行之后，执行 claudia update 命令。只要确保将 AWS 访问密钥 ID 和秘密访问密钥添加到环境变量中即可。

除了上面列出的流行工具，AWS 还提供了多种集成工具，从而在无服务器应用中使用 CI，具体包括以下工具：

- CodePipeline，用于建模、可视化和自动化发布无服务器应用所需的步骤(http://docs.aws.amazon.com/codepipeline/latest/APIReference/)。
- CodeBuild，用于构建、本地测试和打包无服务器应用(http://docs.aws.amazon.com/codebuild/latest/userguide/)。
- AWS CloudFormation，用于部署无服务器应用(http://docs.aws. amazon.com/AWSCloudFormation/latest/UserGuide/)。
- CodeDeploy，用于逐步将更新部署到无服务器应用(https://docs.aws.amazon.com/codedeploy/latest/userguide/welcome.html)。

注意 AWS 平台中提供的某些工具无法正常使用 Claudia。例如，AWS CloudFormation 是一个免费的服务，它提供了创建和管理 AWS 基础设施的工具。这个特定的软件应用必须在 Amazon Web 服务上运行，用以部署 AWS Lambda 函数和无服务器应用的其他部分。

如果应用增长到包含大量不同的组件，可以考虑将 CloudFormation 作为管理应用的潜在解决方案。

14.3.5 管理环境：生产和开发

每次发布 Lambda 函数时，Lambda 函数都会被分配顺序的构建号。可以调用特定版本并将触发器设置为特定的构建号，这使得回滚部署和同时使用多个版本变得很容易。

除数字构建号外，AWS Lambda 还支持别名。这些指向特定数字版本的命名指针使得在开发、生产和测试环境中使用单个 Lambda 函数变得很容易。

例如，在开发期间，可以部署新的 Lambda 版本，并使用 development 别名对其进行标记。然后将 testing 别名推到相同的版本，并对其进行彻底的测试。最后，如果函数如预期的那样工作，可以将 production 别名指向相同的数字版本，并投入生产。

因为可以设置大多数触发器来调用别名，所以只要 production 标志指向新的数字版本，生产触发器就直接调用它而无须进行其他更改。

注意 某些事件源(例如 Lambda@Edge 的 CloudFront 触发器)不支持别名，并且要求指向 Lambda 函数的数字版本。在大多数情况下，Claudia 会自动获取别名的数字版本并为其分配触发器。有关 Lambda@Edge 的更多信息，请参阅 https://docs.aws.amazon.com/lambda/latest/dg/lambda-edge.html。如果想使用 Claudia 部署 Lambda@Edge，请参阅 https://claudiajs.com/news/2018/01/04/claudia-3.html。

当构建支持不同环境的无服务器函数时，需要记住的最重要的事情之一是保持函数与环境无关。永远不要硬编码函数访问的服务——例如 S3 桶或 DynamoDB 表名。相反，尝试使用发送事件的桶或从环境变量中获取表名。

14.3.6 分享机密

成功的多环境无服务器应用的关键部分之一是管理应用机密。在本书中，我们以两种方式管理机密：作为 API Gateway 阶段变量和 AWS Lambda 环境变量。两者都有各自的优缺点，使用哪一个将取决于用例和首选项。

如果使用别名管理测试/生产阶段，Lambda 环境变量将被绑定到 Lambda 函数的数值版本而不是别名，这意味着指向相同构建版本的所有别名共享相同的环境变量。例如，如果同时指向 production 和 development 别名来构建 42 个 Lambda 函数，那么它们不能有不同的 TABLE_NAME 环境变量。参见图 14.5 中 Lambda 环境变量如何工作的可视化表示。

与 Lambda 环境变量相反，API Gateway 阶段变量被绑定到 API Gateway 阶段，因此，如图 14.6 所示，两个 API Gateway 阶段可以指向相同的 Lambda 构建号，并且具有不同的变量值。

在新的部署中，Lambda 环境变量将从以前的版本中重用，除非提供了一组新的变量。这意味着，如果使用 claudia update --version production 部署变量，而不使用--set-env 或--set-env-from-json 标记覆盖它们，那么开发环境中的变量将被传递到生产环境。同样，要更新 Lambda 环境变量，需要再次提供所有活动变量，因为每次更新都会覆盖所有现有变量。例如，如果想更改 TABLE_NAME，请保留 S3_BUCKET 变量，需要再次提供它们，否则 S3_BUCKET 变量将丢失。另外，

Claudia 可帮助处理这种情况：可以使用额外的命令--update-env 更新单个环境变量，而无须指定其他环境变量。

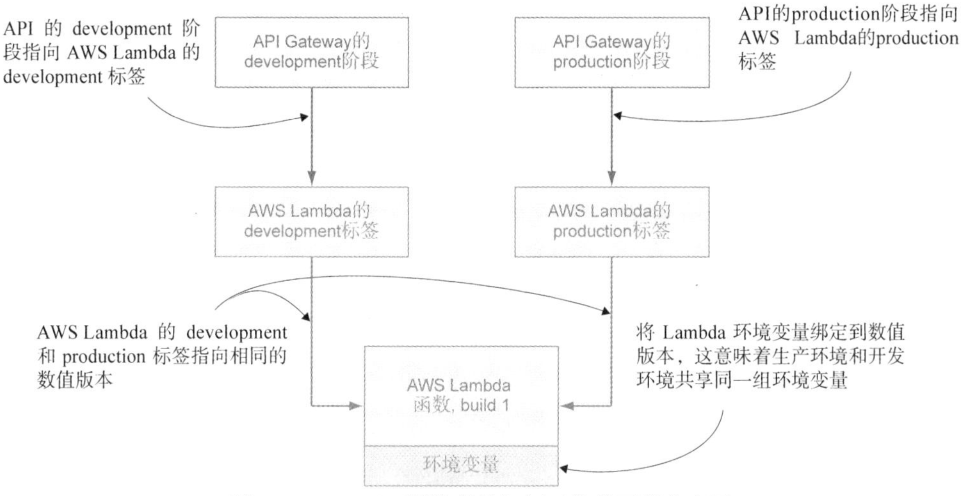

图 14.5　Lambda 环境变量如何工作的可视化表示

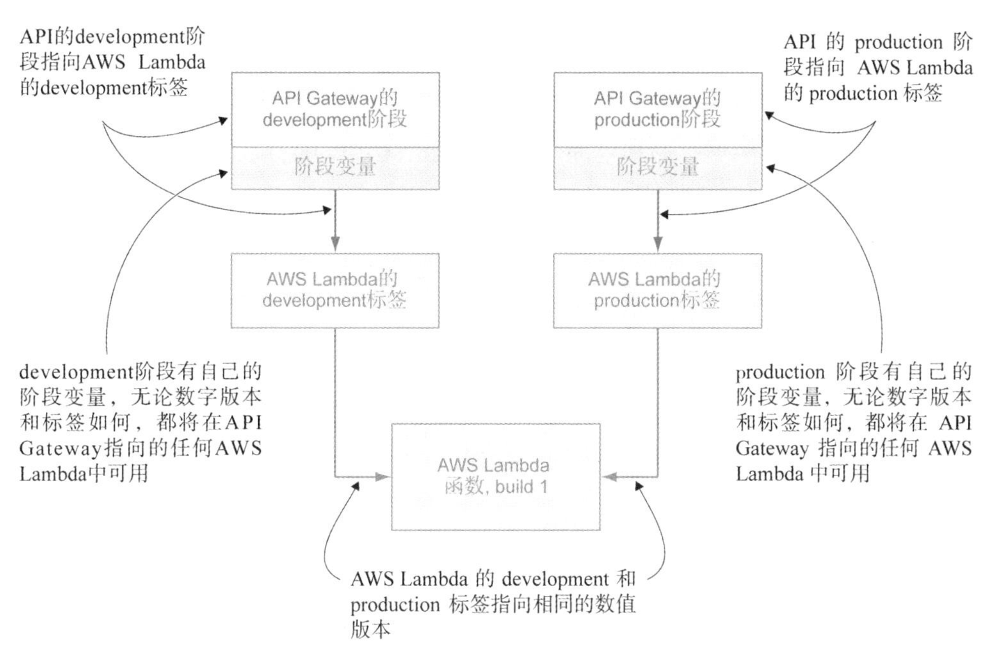

图 14.6　API Gateway 阶段变量如何工作的可视化表示

每个 API Gateway 阶段都保留 API Gateway 阶段变量，这意味着如果将新版本推到 development 阶段，那么仍然拥有 development 阶段的前一个版本的所有阶段变量。也可以添加一个阶段变量，而不会影响正在更新的状态或任何其他状态的其他阶段变量。

使用 API Gateway，可以更新单个阶段变量而不覆盖其他变量。

但是 Lambda 环境变量也有自己的优点。例如，它们被加密存储，这使得它们比 API Gateway 阶段变量更安全，而 API Gateway 阶段变量没有加密。无论触发事件如何，它们也可以使用 AWS Lambda。

Lambda 环境变量和 API Gateway 阶段变量的共同缺点是在不同的 Lambda 函数之间共享它们。如果有许多应该共享机密的函数，比如 DynamoDB 表名，那么只要不将相同的变量传递给每个函数，就无法实现这一点。例如，比萨店 API 使用 DynamoDB 表 pizza-orders，但是 Alexa skill 也使用，因此将表的名称传递给两个 Lambda 函数。

可以使用 AWS Systems Manager Parameter Store 来弥补这个缺点，为应用配置和机密提供对中心、安全、持久和高可用存储的访问。此外还集成了 AWS 身份和访问管理(IAM)，允许对分层树的各个参数或分支进行细粒度的访问控制。参数存储的缺点之一是引入了额外的延迟。有关 AWS Systems Manager Parameter Store 的更多信息，参见 https://docs.aws.amazon.com/systems-manager/latest/userguide/systems-manager-paramstore.html。

14.3.7 VPC(虚拟私有云)

在决定是否迁移到无服务器时，你的公司可能面临遵守特定规则或法律的挑战——例如，个人数据存储和处理规则，甚至公司内部的特殊网络安全措施。这些限制可能会阻止你使用 AWS Lambda 或其他无服务器资源。

幸运的是，对于这些情况，无服务器提供商有一种名为 Virtual Private Cloud (VPC)的解决方案。VPC 是一种服务，允许在虚拟专用网络中创建无服务器资源。VPC 使你能够完全控制网络环境，例如 IP 范围、网络 Gateway 等。在虚拟专用网络中使用无服务器资源可以提高安全性，并帮助公司将资源保存在特定的区域、地区或国家。例如，如果正在处理敏感的客户数据(可能在客户的居住国内需要这些数据)，VPC 使你能够在与该国数据中心相同的网络中拥有无服务器资源。

简而言之，VPC 使你可以与无服务器提供商的资源(例如 AWS Lambda)建立虚拟专用网络，并限制对这些资源的访问，以便只能从 VPC 的实例或资源中访问它们。

然而，VPC 也有缺点。封闭的网络有冷启动的问题，冷启动显著增加，因为 AWS Lambda 需要创建到 VPC 的弹性网络接口(ENI)。在单个请求上创建 ENI 可以很容易地将冷启动的时间增加到 10 秒。此外，默认情况下，VPC 中的 Lambda 函数没有 Internet 访问，可以使用网络地址转换(NAT) Gateway 进行配置。因此，在使用它们时需要小心。

14.4 优化应用

使用无服务器确实可以降低应用的基础设施成本，但只有在正确完成时才会这样。需要理解的最重要的事情之一是，无服务器架构是一种新的架构，一些常见的最佳实践不再重要，甚至可能适得其反。无服务器应用的成本节约不仅体现在 AWS 的账单上，无服务器应用还可以节省更多，因为上市时间更短、效率更高、更容易进行周转。

尽管出现了良好的实践和模式，但是拥有良好的无服务器应用的唯一方法是不断地观察和优化，这将降低应用的成本并改善用户体验。

14.4.1 捆绑或单用途功能

你可能已经注意到，在 Maria 姨妈的无服务器应用关系图(见图 14.1)中，她的比萨列表和订购 API 是执行多个任务的单一无服务器函数。有些人可能认为这是对无服务器函数的不当使用。上述观点基于 FaaS(函数即服务)概念，即每个函数都应该有单一的目的，并且由于更松散的耦合、重用性和更易维护的好处，不应该在无服务器函数中包含单个函数。

其他人可能会争辩说，可以将一些独立的服务加入同一个 API 中——例如，支付服务。由于这些服务的使用率不高，冷启动可能会更慢。最好拥有经过预热的无服务器函数，而不是让用户在为服务付费时等待。

应该采取哪种方法呢？这总是取决于正在构建的应用的类型。

最初，建议根据域名划分特性，比如 Maria 姨妈的无服务器应用中的域名。将这些功能分成捆绑的“比萨相关”服务和支付服务，然后为每个附加服务(如聊天机器人或图片处理)分别提供功能。稍后，当系统规模开始增长时，应该为单一目的的功能而努力。在本例中，可以将比萨列表和订购应用分为两个函数：一个用于显示比萨列表，另一个用于订购比萨。因为客户群将会不断增长，冷启动将会减少，所以反应速度需要更快。

14.4.2 为 Lambda 函数选择合适的内存大小

每个无服务器函数都有指定的内存分配。尽管无服务器架构承诺没有服务器配置，但某些任务可能需要更多内存或计算能力。因此，无服务器提供商使你能够指定要分配多少内存。你可能会注意到，我们在这里没有提到 CPU 功率，因为它与内存大小有关，这意味着如果想要更大的 CPU 份额，必须增加内存。例如，如果将 Lambda 函数配置为 2 GB 而不是 1 GB 的内存，那么很可能得到更多的 CPU 功率。为了获得更精确的信息，并且因为将来可能会发生变化，我们建议在 AWS 文档页面上阅读更多关于 Lambda 配置的信息：https://docs.aws.amazon.com/lambda/

latest/dg/resource-model.html。

但是，指定更大的内存大小也会带来更高的成本。如果将 Lambda 的内存分配增加到 1GB，那么每月 100 万个空闲请求很容易就会变成 10 万个空闲请求。为 Lambda 选择正确的内存大小非常棘手。你很容易陷入以下两个陷阱之一：

- 最小化 Lambda 的内存大小，通过猜测需要多少内存或 CPU 功率来最小化成本。
- 最大化 Lambda 的内存大小，以加速所有请求和后续计算，并为任何潜在的内存使用增加做好准备。

应该尝试使用日志记录或监视工具检查函数内存的使用情况。例如，在 CloudWatch 日志中，可以发现使用了多少函数内存，需要多长时间才能完成，以及其他许多细节。基于这些事实，也许能得到正确的估计，但总是要根据一天中不同的时间和特定的事件来做出估计。

14.5 面对挑战

新架构带来了一系列新的挑战，但也有一些旧的挑战仍然以相同或稍微不同的方式在应用。在无服务器的情况下，一些新的挑战是超时和冷启动。但是还必须处理一些旧的挑战，比如供应商锁定、安全性和分布式拒绝服务(DDoS)攻击。本节讨论迁移到无服务器架构时将面临的一些最重要的挑战。

14.5.1 处理超时

迁移时可能面临的第一个挑战是理解无服务器函数限制，其中之一是函数超时限制。超时允许函数安全地关闭，而不会浪费金钱或时间，如果由于某种原因它们停止或阻塞的话。超时限制迫使你考虑如何在指定的时间内完成请求。尽管这本身可能是一个挑战，但真正的挑战是如何在超时发生时监视、跟踪和调试问题。此外，虽然可能没有漏洞，但是某个服务完成或返回响应的时间可能比预期要长。

有几种方法可以跟踪这一点：第一种也是最简单的方法是查看 CloudWatch 日志，其中记录了所有超时的 Lambda 函数。但是这样做可能没有什么用，因为仍然没有处理超时本身。有一种更好的方法可以处理这个问题。你希望能够处理这些超时情况，并且至少记录哪些服务花了太长时间或含有漏洞。解决方案是创建看门狗定时器(watchdog timer)，这是一个基本的服务，它的唯一目的是检测应用或软件何时超时。这个简单的定时器可放入函数以检查函数还剩多少时间，它根据 Lambda 函数的超时设置计算剩余时间，超时设置定义在 AWS 控制台网站的 Lambda 函数控制面板中。

看门狗定时器会检测函数何时到达超时，因为需要处理函数没有按时完成所有任务的情况。当 Lambda 函数接近超时时，看门狗定时器将调用另一个 Lambda 函数。这个 Lambda 函数的目的是记录此事件或以可能需要的其他方式进行处理。要实现看门狗定时器，需要创建定时器函数，以不断地检查直到 Lambda 函数的超时时间少于一秒，在这种情况下调用另一个 Lambda 函数并将当前函数上下文(context)发送给它。然后，可以记录新的超时事件细节，或者跟踪超时事件的发生。

作为另一个 AWS Lambda 函数的替代，还可以使用一些第三方错误处理服务，比如 Bugsnag(https://www.bugsnag.com)或 Sentry(https://sentry.io)。

14.5.2　冷启动

使用无服务器应用的另一个挑战是函数延迟，也称为冷启动。因为 AWS 可以管理扩展性和容器，所以第一次调用每个函数时都会有额外的延迟。这是因为需要启动容器，并且需要初始化函数。在第一次调用之后，函数将保持热度一段时间(最多几分钟)，因此可以更快地处理下一个请求(见图 14.7)。

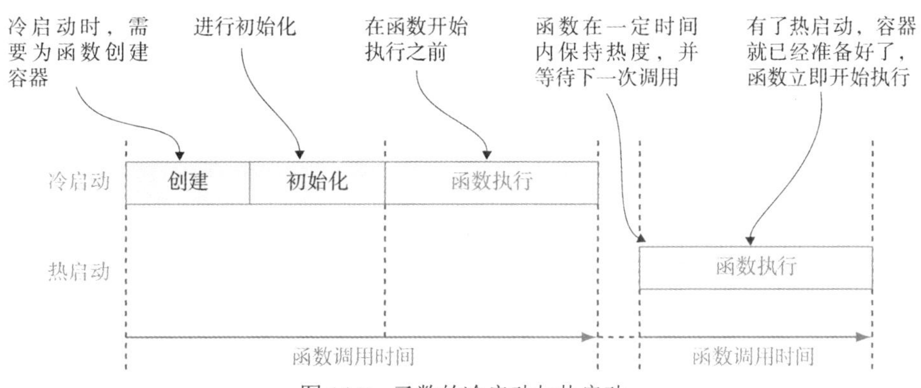

图 14.7　函数的冷启动与热启动

然而，冷启动并不只在第一次调用函数时发生。如果有多个并行或几乎并行的执行，那么每个执行都将进行冷启动，因为 AWS 可能会启动多个 VM 来处理所有请求(见图 14.8)。

如何对抗冷启动？不可能完全避免它们。可以试着预热一些功能，但这又增加了一层复杂性，迫使你尝试预测峰值负载下的请求数量。另一个可能更好的选择是使函数尽可能小(最多几兆字节)，因为如果应用启动更快，冷启动就会更快。

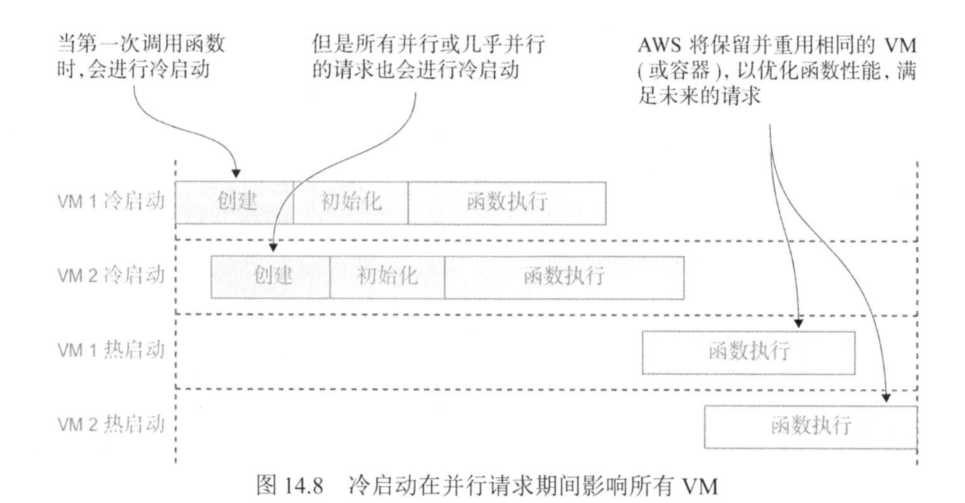

图 14.8 冷启动在并行请求期间影响所有 VM

而且，在无服务器的情况下，编程语言的选择和使用的库集直接影响应用托管的价格，因此这成为重要的业务决策。运行 Node.js 或 Golang 函数要比使用 Java 编写函数节省很多，因为初始化速度更快。

14.5.3 DDoS 攻击

通过对使用的时间而不是保留的时间收费，无服务器完全改变了业务模式。这是一个不可思议的变化，但是你可能想知道如何处理 DDoS 攻击。这些攻击向应用发送大量垃圾数据，因此应用服务器无法快速扩展以响应有效的客户请求，从而阻止服务器向客户提供服务。现在，由于无服务器提供商自动为你处理扩展和负载平衡，因此你可能认为 DDoS 攻击会使你破产。然而，发生这种情况的可能性实际上是不存在的，因为在面对此类攻击时，无服务器提供商(例如 AWS)相比典型的服务器托管提供商能够更好地提供安全性和稳定性。

此外，还可以指定以下内容：

- API Gateway 级别的最大限制(更多信息可参阅 https://docs.aws.amazon.com/apigateway/latest/developerguide/api-gateway-request-throttling.html)
- AWS Lambda 函数的最大并发性(更多信息可参阅 https://docs.aws.amazon.com/lambda/latest/dg/concurrent-executions.html)
- 设置 CloudWatch 警报，以便得到关于可能的未知峰值的通知。

注意 在无服务器的情况下，DDoS 攻击被称为 DDoW(分布式拒绝钱包)攻击。因为无服务器提供商会对每个请求收取费用，所以增加账单意味着“拒绝钱包”。

14.5.4　厂商绑定

当使用无服务器时，主要的关注点之一是厂商绑定。我们很容易依赖于无服务器提供商的资源及相应的 API。这听起来可能不是很糟糕，但是当想要从一个无服务器提供商迁移到另一个时，问题就出现了。原始提供商的资源将不再可用，这可能需要对应用进行完整的重构，甚至重写。

在某些情况下，这可能是阻滞剂。企业不希望与单一的资源提供商紧密结合，要求它们提交任何定价、资源稳定性和可用性方面的潜在更改。与服务器托管应用相反的观点是，无论使用哪个提供商，都可以在服务器上安装相同版本的数据库或工具。

但偶尔也会出现一些令人困惑的担忧。当分析厂商绑定时，以下两个不同的层有时会混淆在一起：

- 基础设施层
- 服务层

基础设施层中的耦合是指应用与特定基础设施的耦合，而服务层中的耦合是指应用与特定软件服务(数据库、文件存储、搜索服务等)的耦合。

当使用无服务器时，可能会忍不住开始比较服务器和无服务器计算服务(比如 AWS Lambda)。但这实际上是在拿苹果和橘子做比较，因为无服务器计算服务属于服务层，而服务器属于基础设施层。

即使理解了这种关注点的分离，有些人也可能会想，“我们还和厂商绑定在一起。这不会改变任何事情，因为在使用 AWS 时仍然需要使用 AWS 资源。”这是正确的，但这种理解揭示了隐藏的两个好处：

- 切换无服务器提供商/厂商就像将 MySQL 数据库切换到 PostgreSQL 数据库一样。
- 应用 Hexagonal Architecture 而不是直接与无服务器资源交互，几乎可以完全消除所有潜在的厂商绑定问题。

当切换无服务器提供商时，应用的规则与将一个服务迁移到另一个服务时相同——可以通过更改与 API 的交互将单个服务安全地迁移到另一个服务。

一些无服务器框架抽象出了无服务器提供商的细节，但是通过使用它们，你将被绑定到无服务器框架，而不是被绑定到厂商与无服务器提供商。此外，你仍将与无服务器提供商绑定，因为你仍然期望来自无服务器提供商的响应和消息采用无服务器提供商的格式。例如，如果正在使用 AWS Kinesis，并且希望代码中包含 Kinesis 消息格式，那么你将仍然被锁定在厂商身上，而不能直接跳到 Google 或其他人的替代方案。

出于这个原因，Claudia.js 没有抽象出无服务器提供商的细节，因此它是特定于 AWS 的。

减少这种“厂商绑定”的推荐方法是应用 Hexagonal Architecture，定义边界对象，唯一目的是与无服务器提供商的资源 API 进行细节交互。业务逻辑将保持不变，这意味着切换到另一个无服务器提供商时只需要更改边界对象协议逻辑。

14.6 试一试

本章的练习很简单，但并不容易：迁移现有的 Node.js 应用到无服务器。

遗憾的是，没有可以复制和粘贴的解决方案。但我们相信这个练习会很有趣，更重要的是，它将对你的应用和你今后开发应用的方式产生巨大的影响。

注意 在将应用迁移到无服务器时，你可能希望查看 AWS 无服务器应用资源库——由无服务器应用和组件组成的开放市场。找到现有的组件，简单地将其插入新的无服务器应用中。要了解关于应用的更多资源库，请参阅 https://aws.amazon.com/serverless/serverlessrepo/。

14.7 本章小结

- 在 AWS Lambda 和 API Gateway 中运行现有的应用是迁移到无服务器的良好开端，但是如果不完全使用该平台，最终可能会花费更多成本。
- 可以将应用迁移到无服务器，方法是在应用的前面放置 API Gateway，然后将路径一个一个地迁移到无服务器。
- 要获得无服务器的全部好处，比如更低的成本和更快的开发时间，需要使用所有的无服务器服务。
- 使用无服务器时，对编程语言、库以及何时重构所做的选择将成为业务决策和风险，因为它们将直接影响基础设施的成本。因此，持续的观察和优化对于成功的无服务器应用非常重要。
- 无服务器是一种新的架构，它需要一组新的模式和最佳实践。
- 迁移到无服务器会带来一系列新的挑战，比如冷启动和超时处理。但是一些旧的挑战仍然存在——有些比以往任何时候都要多，比如厂商绑定。

第 15 章

实际案例研究

本章要点：

- CodePen 如何将无服务器用于预处理器
- MindMup 如何运行客户端 API 和文件转换

我们已经走到这段无服务器旅程的终点。通过本书，你了解了什么是无服务器，如何在新应用中使用它，以及如何将现有应用迁移到无服务器架构。但是，是谁在生产中使用无服务器？

了解公司在生产中使用的新方法，以及遇到的问题和它们如何运作总是有用的。在这种情况下，另一个有趣的问题是，为什么这些公司认为使用 Claudia.js 的无服务器是正确的解决方案。

为了回答这个问题，我们选择了两家公司并咨询他们正面临的挑战，他们是如何以及因何决定使用无服务器的，他们在使用无服务器之前和之后的架构，以及大约成本。

许多公司在生产中使用了无服务器，很难选出两个最好的例子。但是因为可以在 AWS 博客上阅读许多使用无服务器的企业成功案例，我们选择了两家拥有成功产品的公司，它们背后都有小型团队。我们认为无服务器允许使用较小的团队和相对较低的基础设施成本快速移动和扩展，我们决定向你展示 CodePen 和 MindMup 是如何做到这一点的。

15.1 CodePen

CodePen(https://codepen.io)是一个流行的 Web 应用，用于创建、显示和测试用户创建的 HTML、CSS 和 JavaScript 代码片段。CodePen 是在线代码编辑器和开放源代码学习环境，开发人员可以在其中创建代码片段(创造性地命名为 pen)，与其他开发人员进行测试和共享，并进行协作。

CodePen 开发人员已经在他们的播客上做了关于 Node 和 Claudia.js 的无服务器应用的专题。CodePen 的创始人之一 Alex Vazquez 说，他们广泛使用 AWS Lambda 和 Claudia 作为预处理器，所以我们联系了 Alex 进行采访。下面是对我们所学知识的描述。

15.1.1 无服务器之前

CodePen 允许开发人员在编辑器中编写和编译 HTML、CSS 和 JavaScript。为此，需要能够显示开发人员的代码。如果开发人员正在使用预处理器(如 SCSS、Sass、LESS for CSS 甚至 Babel for JavaScript)，那么需要进行预处理。

因此，最初的 CodePen 架构基于两个单独的 Ruby on Rails 应用——主网站和另一个专门用于预处理的应用——以及相对较小的数据库服务。

在迁移到无服务器之前，可以在图 15.1 中看到 CodePen 架构。

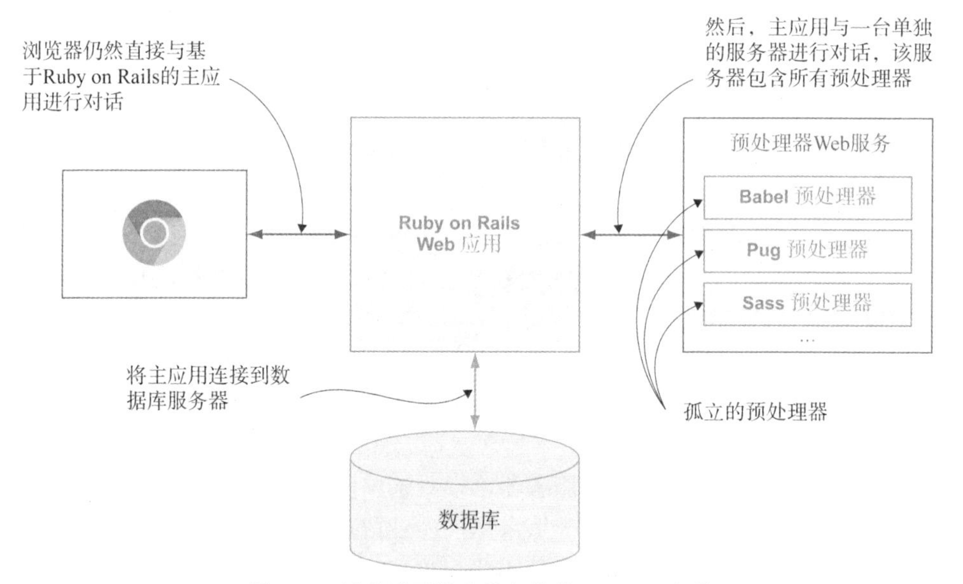

图 15.1 迁移到无服务器之前的 CodePen 架构

CodePen 的一个目标是允许用户尽可能频繁地运行他们自己的代码。CodePen 的另一个目标是让人们对他们在网站上找到的代码示例感到兴奋，并让 CodePen 得到快速传播。很自然地，不同 CodePen 的代码页会出现巨大的峰值，而这些峰值是不可预测的。对于这些情况，CodePen 需要能够快速扩展。同时，大多数 CodePen 用户是免费使用 CodePen 的，因此需要一种快速且廉价的方法来确保可以为所有用户提供服务。

CodePen 背后的团队很小，分布在世界各地。因为 CodePen 运行其他人的代码，所以他们总是努力将安全性保持在最大值。为了安全起见，他们开始研究如何分离用户的代码执行。这是他们第一次听说 AWS Lambda：他们的 DevOps 工程师 Tim Sabat 建议将其作为一种可能的解决方案。最初，CodePen 开发人员拒绝了这个想法，因为他们没有真正意识到这一点，认为设置和配置会很麻烦。他们已经预先配置好了服务器，而且似乎不需要单独的 Lambda 服务。

但是有一天，他们需要使用一种新的工具来按需格式化代码，“Lambda 概念”似乎是这个任务的完美解决方案，尤其是因为使用了 Claudia.js 作为部署工具。Alex 说，他们了解了很多关于使用无服务器函数可以做的不同事情，比如使用 API Gateway 设置完整的 HTTP API、连接到 S3 和设置 cron 作业。这个团队突然意识到无服务器应用是多么强大。

15.1.2　无服务器迁移

CodePen 运行了许多预处理器。每个预处理器都专门处理特定的代码类型，不管是 HTML、CSS 还是 JavaScript。它们的执行方式也不同，CPU 和内存需求也不同，应该异步运行。可以在图 15.2 中看到预处理器是如何工作的。

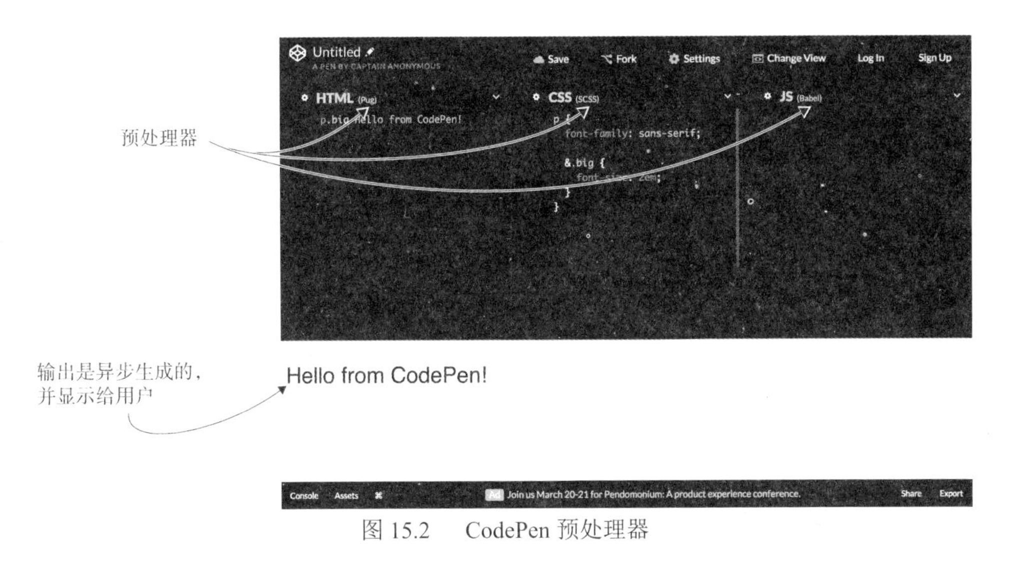

图 15.2　CodePen 预处理器

正如你所看到的，每个预处理器执行不同的任务，其中一个预处理器的执行可能会影响另一个。因此，当开发人员分析他们当前的架构时，他们意识到将它们分开对于性能和安全都很重要。在同一台服务器上运行所有单独的预处理器使得优化每个处理器和确定漏洞所在变得更加困难。他们决定将它们拆分并运行单独的 AWS Lambda 函数，就像他们之前的“代码美化随需定制”服务一样，这样做很有意义。

团队决定彻底重构他们的 Ruby on Rails 单片预处理器应用，将其划分为一个称为路由器(router)的单一无服务器函数和许多其他独立的无服务器预处理器函数。路由器的工作内容是调用所需的预处理函数，每个预处理函数的目标都是预处理特定的代码类型。

通过 Claudia，团队意识到，甚至他们的前端工程师也可以帮助迁移，减轻单个 DevOps 工程师的压力。CodePen 的首席前端开发人员 Rachel Smith 能够处理路由器的整个重构到 AWS Lambda，这使得 CodePen 能够在高峰时间处理超过 20 万个并发请求。与此同时，Alex 和其他开发人员重构并迁移了各个预处理器。可以在图 15.3 中看到最终的架构。

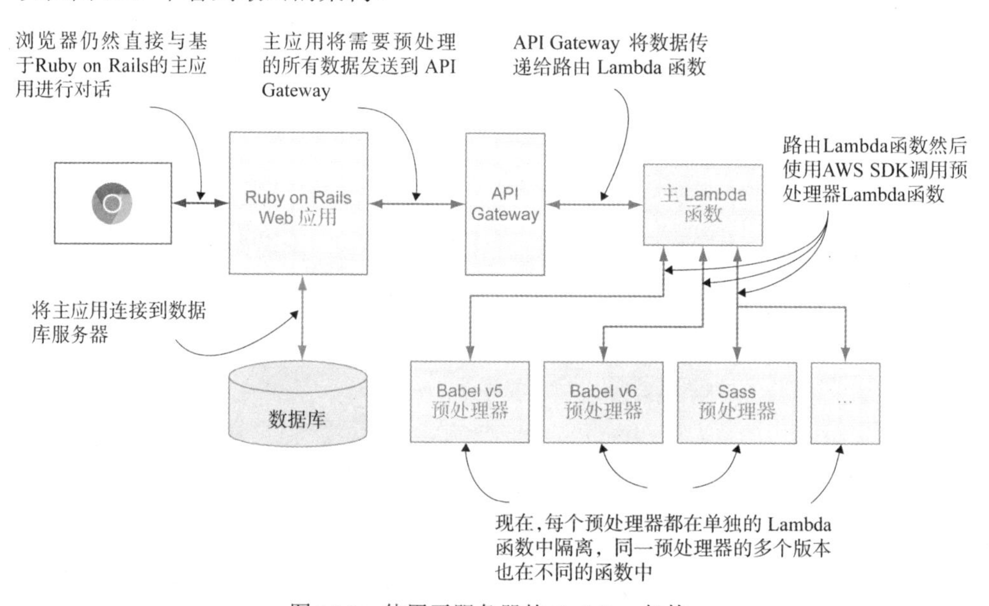

图 15.3 使用无服务器的 CodePen 架构

迁移到无服务器之后，CodePen 仍然拥有主要的单片 Ruby on Rails 应用，但它已经不是单片预处理器应用，而是具有路由器无服务器函数和大约 12 个无服务器预处理器函数。路由器可以通过 API Gateway 使用，并使用 AWS SDK 直接调用需要的每个无服务器函数，它接收要在有效负载中完成的任务数组。例如，其中一个预处理器是 Babel，它有默认版本，发送到路由器的有效负载声明了需要的 Babel 版本。路由器知道哪些 Babel 版本可用，因为每个预处理器 Lambda 函数都有相关的版本号。设计遵循命令模式，提供要运行的命令，并且路由器知道需要调用哪个 Lambda。

注意 命令模式是一种行为设计模式，其中的对象用于封装执行操作或事件触发器所需的所有信息。更多信息可参阅 https://en.wikipedia.org/wiki/Command_pattern。

除了性能和安全性方面的好处之外，将单片预处理器应用分离为无服务器函数意味着随着 CodePen 的增长，将更多的预处理器添加为无服务器函数并使其对用户可用变得非常简单。对于 CodePen 开发人员来说，这是最大的好处。在此之前，所有的东西都被困在“迷你单元”中，他们将之前的 Ruby on Rails 预处理器应用称为“迷你单元”，更改或添加新特性并不容易。

AWS Lambda 和 Claudia 的组合

Alex 说，AWS Lambda 和 Claudia 可一起作为 CodePen 的完美解决方案。开发团队的大多数问题都得到了解决，AWS Lambda 和 Claudia 的组合让他们可以使用现有的技能做更多的事情。在此之前，前端工程师必须等待 DevOps 工程师编写脚本、设置服务器和工具，并自动化部署所需的所有任务。使用 AWS Lambda 和 Claudia，前端开发人员现在可以自己做任何事情。

15.1.3　基础设施成本

在无服务器之后，CodePen 的成本显著降低，因为之前必须预先保留实例，现在则根据需求支付。负载是波动的，所以当没有太多的流量时，不需要为额外的容量付费是很好的。此外，使用 API Gateway 缓存，CodePen 可以节省更多的费用。与支付预订服务器相比，AWS Lambda 的成本很低。

此外，大多数人没有考虑的一个重要因素是管理服务器的时间和固有的复杂性。为了看看有什么不同，CodePen 甚至尝试将所有 Lambda 更改为最大内存(3 GB)。一切都更快了，因为运行在更棒的硬件上(实际上比要求的要好)。每月的花费增加了 1000 美元，这是个很大的数目，但仍然可以负担——而且根据 Alex 的说法，即使最大的 AWS Lambda 额外成本，也无法与开发人员设置和部署服务器所需的时间成本相比。

合适的 Lambda 大小

CodePen 没有定义无服务器函数大小的标准。单体和函数(如果它们变大的话)使用逻辑单元(logical unit)方法分离。例如，如果需要执行图片操作，将创建无服务器函数，其中包含与图片操作相关的所有内容。

同样，对于音频操作，将创建专用于相应音频类型的无服务器函数。

在 CodePen 中，预处理器是逻辑单元：Babel、Autoprefixer、Sass、LESS，等等。对于每个节点，创建一个单独的 Node.js 无服务器函数，这允许部署指定预处理器的多个版本。进一步分解函数对 CodePen 来说没有意义，因为使用所有目录和存储库将很难管理这些函数。

此外，每个 CodePen 无服务器函数必须具有特定的内存分配。为通用的 CodePen 无服务器函数分配 512MB 内存，Babel 是唯一启动时间较慢的预处理器，因此分配了 1024MB。

15.1.4　测试与挑战

CodePen 的单元测试是用 Jest 编写的。因为 CodePen 的这两个无服务器函数都是用 Node.js 和 Claudia 编写的，所以他们的前端工程师也能够编写测试。没有很多集成测试，但是有很多定义好的测试用例——主要用于调试或手工测试整个系统。

额外的扩展

AWS Lambda 对并发请求数量的默认限制是 1000，由于站点不可预测的流量模式，CodePen 设法达到了这个限制。

在向 AWS 发送简单的请求之后，CodePen 几乎立即收到升级到 5000 个并发请求的通知。

冷启动

CodePen 预处理器的异步特性减轻了它们的无服务器函数冷启动的影响，但不影响操作或用户体验。CodePen 还严重依赖 API Gateway 缓存。它们为每个定义的数据集创建唯一的 URL，因为 API Gateway 只能缓存唯一的 URL。

监控

为了监控他们的无服务器系统，CodePen 团队只使用 CloudWatch。对于错误报告，他们使用 HoneyBadger 及其 Node.js SDK。整个系统被监控，每当超时或错误发生时，都会向 HoneyBadger 报告。

安全

CodePen 使用 JSON Web 令牌(JWT)实现安全性。令牌由整体生成，并与客户机共享，以便客户机可以轻松地对随后发送到路由器无服务器函数的请求进行身份验证。

15.2　MindMup

MindMup(https://www.mindmup.com)是一个流行的主要用 JavaScript 编写的思维导图 Web 应用。MindMup 的联合创始人之一 Gojko Adzic 表示，MindMup 团队仅由两个人组成，每月为近 50 万活跃用户提供服务。为了实现这一点，他们开始广泛地在 AWS 上使用无服务器，这大大降低了成本。更重要的是，无服务器促使他们改进架构，现在允许他们快速移动并进行更多的实验。

思维导图

思维导图是用来可视化组织信息的图表。思维导图是层次化的，显示了各部分之间的关系。思维导图通常围绕概念创建，在空白页面的中心以图片的形式绘制，将图片、单词等相关的思想表示添加到概念图中。主要思想直接与中心思想相联系，其他思想则从中心思想衍生出来。要了解更多信息，可参阅 https://en.wikipedia.org/wiki/Mind_map。

15.2.1　无服务器之前

MindMup 自 2013 年成立以来，一直针对小型团队、相对廉价的基础设施和快速开发进行优化。一开始，开发人员选择结合 Heroku 与 AWS 一起构建基础设施，虽然只需要很少的维护，但仍然是可扩展的。

Heroku

Heroku 是云平台即服务(PaaS)，支持作为 Web 应用部署模型使用的几种编程语言。Heroku 于 2007 年 6 月作为首批云平台之一发布。当时，Heroku 只支持 Ruby 编程语言，但现在支持 Java、Node.js、Scala、Clojure、Python、PHP 和 Golang。作为多语言平台，Heroku 允许开发人员以类似的方式跨所有语言构建、运行和扩展应用。

想了解更多关于 Heroku 的信息，可访问 https://www.heroku.com。

MindMup 以一个 Heroku 应用为系统核心，并且提供了一个单页面的 Web 应用和一个 API。API 负责身份验证、授权、提供数据和订阅。MindMup 最初是一项免费服务，但近两年来，创建者增加了付费合作选项。为了支持付费用户，他们需要一个简单但可扩展的数据库，因此添加了 AWS DynamoDB。

与用于创建思维导图的单页应用一样，MindMup 最重要的部分之一是导出器——一种功能，允许用户导出他们以不同文件格式创建的思维导图，例如 PDF、Word 甚至 PowerPoint 演示文稿。他们有很多转换器，它们的使用和内存消耗各不相同。例如，PDF 导出器一直在使用，并且需要大量 CPU 和内存来生成文件。文本导出器只需要少量的资源，而 Markdown 导出器使用的频率要低得多。此外，不同的导出器需要不同的申请：

- 对于 PDF，他们需要 Ghostscript——一套用于 PDF 操作的软件。
- 对于 Word，他们使用 Apache POI——一个库，提供了用于读取和写入 Microsoft Office 格式文件的 Java 库。
- 对于其他导出器，他们需要 Ruby 和 Python。

为了以不同的格式导出思维导图，他们使用了 AWS S3 文件存储。但是他们没有从 API 上传文件，而是直接从浏览器上传文件到 AWS S3 存储桶，使用 API 生成的带符号 URL。然后，关于新上传的转换请求文件的通知被推送到 AWS Simple Queue Service (SQS)队列。每种转换文件类型都有 SQS 队列，还有几个应用可以从队列中读取并将文件转换为指定的文件类型。

转换器应用是 Heroku 应用，但是为了支持许多独立的导出器，需要近 30 个 dyno(Heroku 基于 Linux 的轻量级容器)，这太贵了。为了降低成本，他们将导出器捆绑到几个 Heroku 应用，每个 Heroku 应用都是一组所有需要相同编程语言的导出器，因为 Heroku dyno 需要在安装时选择编程语言。此时的 MindMup 架构类似于图 15.4。

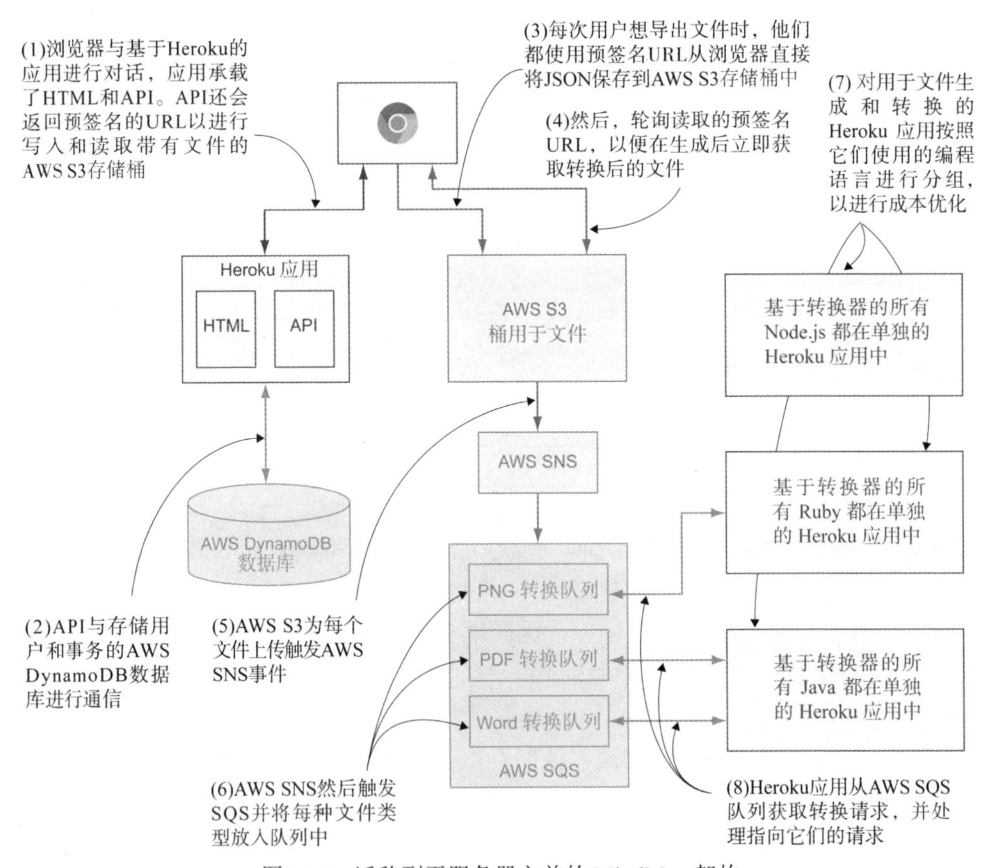

图 15.4 迁移到无服务器之前的 MindMup 架构

捆绑导出器降低了基础设施的成本，但也带来了一些问题，例如：

- 隔离程度较低，而且不同库可能会发生冲突。
- 添加新的导出器需要大量的协作，因为需要新的应用和 SQS 队列。SQS 队列虽然不太昂贵，但是它们增加了一层复杂性。

- 因为这些都是捆绑在一起的，所以进行小型实验有些困难。
- 用不同的编程语言为不同的 Heroku 应用更新包是很难管理的。

此外，Heroku 的路由方式也有一点问题——将请求路由到随机 dyno 而不是空闲 dyno，即使随机 dyno 已经很忙了。要了解关于此事件的更多信息，可参阅 https://genius.com/James-somers-herokus-ugly-secret-annotated。

当时，导出器是 MindMup 架构的最大痛点。

15.2.2 无服务器迁移

2016 年 1 月，开发人员计划添加新的导出器，他们正在研究 AWS Lambda，因为他们看到保存在 S3 中的文件可以调用 Lambda 函数。作为实验，Gojko 使用 bash 脚本在 Node.js 中创建了一个导出器，以自动部署新的 Lambda 函数。他们喜欢这个导出器的工作方式，与 Heroku 不同的是，后者要求他们保留容量，AWS Lambda 模型是按使用付费的。这意味着它们可以为每个导出器提供单独的功能。在那一刻，他们决定开始逐步把所有的导出器逐个转移到 AWS Lambda。

Gojko 发现，对于第一个导出器，有 30 行 Node.js 代码，甚至 200 多行 bash 脚本。他意识到风险已经从代码转移到部署，他需要一个经过测试的工具以完全迁移到无服务器环境中。然而，无服务器工具的生态系统还不够发达，所以他决定开发 roll his own 解决方案——后来开源并以 Claudia.js 的形式发布。

因为 MindMup 网站是提供 API 并执行服务器端呈现的整体，所以开发人员决定开始将每个 API 服务迁移到 AWS Lambda 函数。API 的迁移可以通过 API Gateway 完成，但 Gojko 说，他们利用这个机会重写并重构了一些遗留代码，并修复了“以许多奇怪的方式”增长了三年的代码库。

随着迁移的进行，最终在 Heroku 上只有一个应用负责呈现 index.html 文件。取而代之的是 AWS S3 存储桶(简称 S3 桶)上的静态站点，它以 AWS CloudFront 作为 CDN 和缓存层。Heroku 上只剩下一个用 Java 编写的 PowerPoint 导出器，它运行良好。

整个迁移过程花费了大约一年的时间，MindMup 在 2017 年 2 月成为完全的无服务器应用。所有的东西都被划分成以逻辑单元组织的小型 Lambda 函数，单个函数不一定只做一件小事。在当前架构中，MindMup 网站是由 AWS S3 和 CloudFront 加载的。浏览器直接与所谓的 Gold API——API Gateway 后面的 Lambda 函数——通信。Gold API 已连接到 DynamoDB 数据库，并由 Stripe 和 PayPal webhook 使用。

Gold API 还生成预签名的 URL，允许浏览器直接将文件写入 S3 桶，并轮询 S3 桶以检查是否生成了文件。当文件上传到 S3 桶时，触发 SNS 通知，然后由 SNS 通知触发转换器。

最大的不同在于导出器，因为每个导出器(不管处理多少请求)都有自己的Lambda函数。

提示 将每个导出器隔离到自己的Lambda函数中还允许MindMup优化成本：它们可以让Lambda函数中的一些导出器具有最小内存(128MB)，但是必须为需要内存的导出器使用更多内存。

当文件被转换时，导出器将结果直接存储到S3桶中，浏览器将获得转换后的文件。

有更多的Lambda函数可用于分析目的，由系统的不同部分(例如，由API或某个导出器)通过SNS通知触发。这些Lambda函数处理数据并将它们存储到一些不同的服务中，比如S3桶和DynamoDB表。

API的前面还有授权组件，用于与静态网站和Gold API Lambda函数通信。MindMup使用Cognito来登录谷歌，但他们也为应用的其他部分定制了授权器。

当前的MindMup架构如图15.5所示。

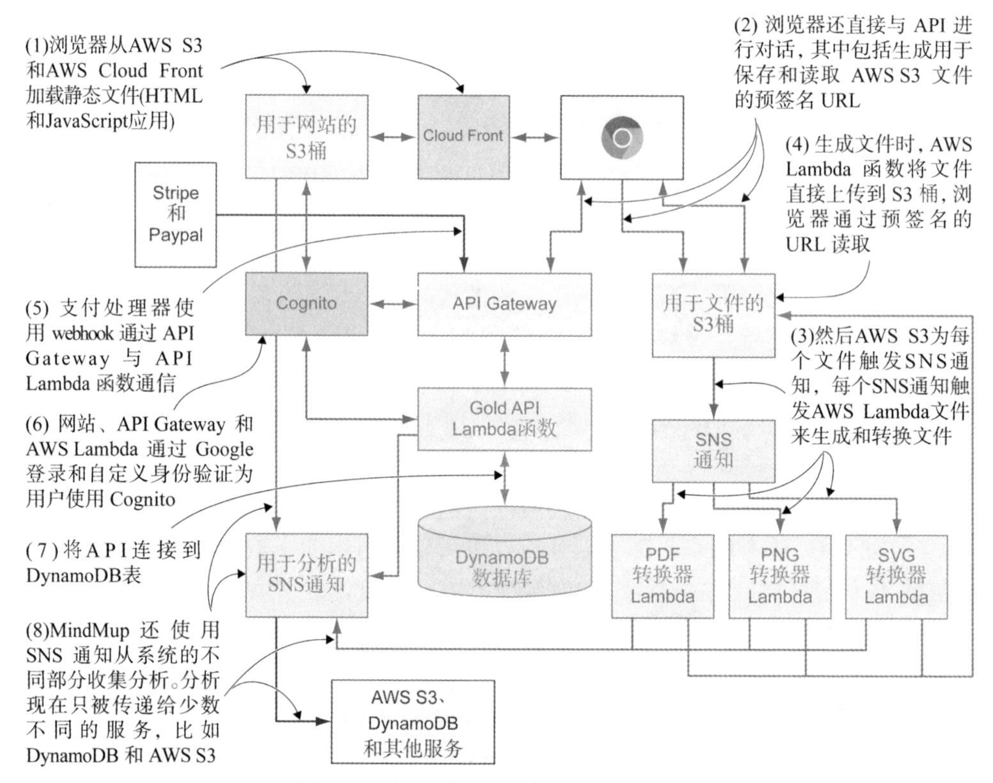

图15.5　使用无服务器的MindMup架构

尽管MindMup现在是完全的无服务器，但团队仍在不断改进。例如，下一步是使用 Kinesis 流和 AWS Lambda 函数添加可扩展的实时协作支持。

15.2.3 基础设施成本

对于 MindMup 的无服务器迁移，最令人惊奇的事情之一是基础设施成本的改善。对比 2016 年 12 月和 2015 年 12 月的基础设施成本和用户数量，用户基数增长了约 50%，而成本下降了约 50%。那时候，他们决定完全放弃 Heroku 和 SQS，他们把所有东西都转移到 AWS 上，以减少数据传输和延迟。在 Heroku 上，他们一直在为保留的容量付费。当他们变成无服务器时，情况就变了。Gold API 是其他所有东西的门户，是它们的主要瓶颈。作为无服务器函数，Gold API 可以自动扩展，因此不再是瓶颈。

2017 年 9 月，MindMup 拥有约 40 万活跃用户。他们每月的 AWS 账单为 102.92 美元。按服务分列的费用见表 15.1。

表 15.1 按服务分列的费用

AWS 资源	每月的成本
Lambda	$0.53
API Gateway	$16.41
DynamoDB	$0
Cloud Front	$65.20
S3	$5.86
数据传输	$4.27

他们设法降低了成本，因为他们让前端应用直接与一些服务通信，比如 S3，而不需要在浏览器和 S3 之间放置 API。这将影响成本，因为不同的 AWS 服务具有不同的定价模型。例如：

- AWS 对请求的数量、执行时间和内存消耗收费。
- API Gateway 对请求数量和数据传输收费。
- Amazon S3 只对数据传输收费。

在传统的应用中，可以通过 API 上传图片，但是这样做会增加 S3 和 API Gateway 中的数据传输成本，以及 AWS Lambda 中的请求数量、请求持续时间和内存消耗。在无服务器应用中，可以从一个 API 获得 S3 的预签名 URL，该 API 花费不到 100 ms，并且需要最小的内存。然后，可以将文件直接从前端上传到 S3 桶，并只支付数据传输费用。

15.2.4 测试、日志和挑战

Claudia 被自动化测试覆盖得很好，从 Gojko 那里我们得知 MindMup 的测试过程是很有趣的。正如预期的那样，MindMup 有很多单元测试和集成测试。所有的东西都被分割成库，它们广泛使用了 Hexagonal Architecture。

测试是使用 Jasmine 框架编写的。每个 Lambda 函数都有许多单元测试，在需要时还有一些集成测试。对于大多数 Lambda 函数，它们都有 lambda.js 文件，该文件几乎什么都不做，只负责连接其他组件。lambda.js 文件很少包含测试，因为它只包含三行或四行代码。然后是 main.js 文件，这是 Lambda 函数的主文件，用于从 lambda.js 接收事件并进行处理。main.js 文件可连接到不同的库(例如 FileRepository)，配置并从 lambda.js 文件传递。

测试的最大部分是 main.js 文件的单元测试。此外还进行了集成测试，将 main.js 与 MemoryRepository 连接起来。FileRepository 同时使用单元测试和集成测试进行测试，并且是单独的，因为它是一个单独的库。

典型 AWS Lambda 函数的测试流程如图 15.6 所示。

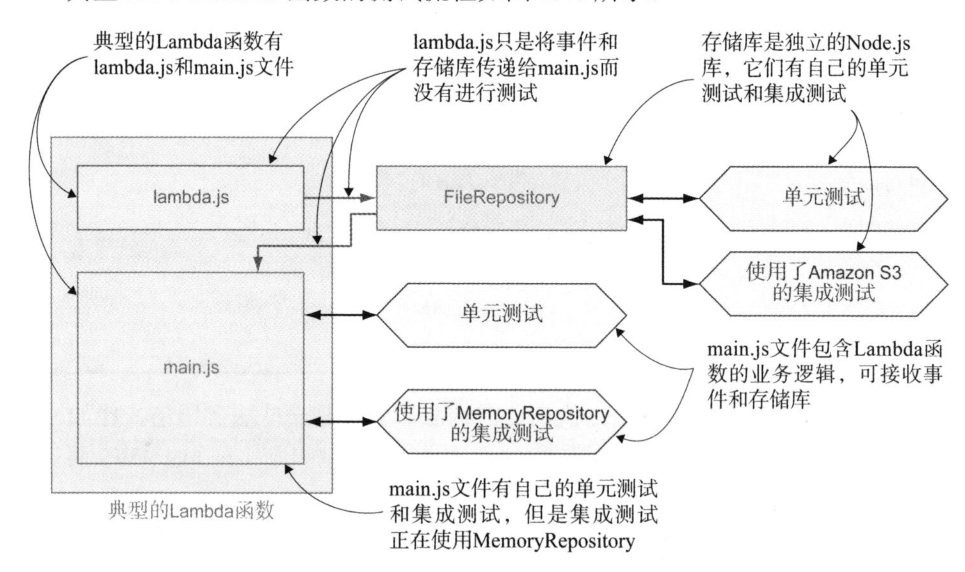

图 15.6 典型 AWS Lambda 函数的测试流程

对于一些导出器，使用 Appraise 进行可视化测试，这是我们在第 11 章中提到的用于可视化审批测试的工具。要了解更多关于 Appraise 的信息，可参阅 http://appraise.qa/。

对于日志，MindMup 使用 CloudWatch。它们还跟踪错误、支付信息和访问。例如，前端异常可通过 Google Analytics 进行跟踪。它们将一些事件存储在 S3 中，以便进行搜索。它们不需要具有广泛搜索功能的实时日志记录。

需要注意的是，MindMup 使用环境的标签，这与 AWS 的最佳实践有点背道而驰。MindMup 标签函数用于开发；然后，这些函数将与开发 S3 桶、DynamoDB 表等进行通信。从开发到生产只需要更新标签。对于不同的环境拥有不同的账户会更安全，小规模团队使得这种方法可行，MindMup 能够更快地增长。

15.3　本章小结

- 无服务器架构允许使用小型团队和廉价的基础设施快速构建可扩展的产品。
- Claudia 和 AWS Lambda 的组合允许前端开发人员在不需要大量后端知识的情况下开发和部署随时可以生产的服务。
- 如果想要为平台优化应用，那么使用无服务器可以显著降低成本。
- 在无服务器的情况下，风险从代码转移到部署和集成，重要的是用测试覆盖这些内容。
- 使用 Hexagonal Architecture 可以降低代码的复杂性，并允许更容易地测试无服务器应用。
- 迁移到无服务器可用于重构整个遗留应用。

附录 A

安装和配置

本附录提供有关如何为生态系统安装和配置 Claudia 以及其他库的详细信息，这些库包括 Claudia API Builder 和 Bot Builder。

本附录假定你熟悉 AWS 平台的基础知识，并且拥有一个账户。如果上述假设不成立，我们强烈建议你在阅读之前创建一个账户并尝试更熟悉 AWS，特别是 AWS 的用户和权限系统。你可以在 AWS 网站上创建一个账户，详见 https://aws.amazon.com。为了更好地理解用户和角色，官方文档是很好的起点，网址为 http://docs.aws.amazon.com/IAM/latest/UserGuide/id.html。

A.1 安装 Claudia

Claudia 是一个常规的 Node.js 模块，发布在 NPM 上。

要安装 Claudia 并在终端使用 claudia 命令，请运行以下命令：

```
npm install claudia -g
```

另一种选择是在项目中运行以下命令，将 Claudia 作为开发依赖项安装到 Node.js 项目中：

```
npm install claudia --save-dev
```

在这种情况下，Claudia 将不会在全球范围内安装，因此无法在终端使用它。相反，需要将它作为 NPM 脚本运行。代码清单 A.1 显示了 package.json 的最小版本，其中 Claudia 作为开发依赖项安装，并带有所需的 NPM 脚本。

代码清单 A.1　具有本地版本 Claudia 的 package.json 文件示例

```
"name": "pizza-api",
  "version": "1.0.0",
```

```
  "description": "",
  "main": "api.js",
  "scripts": {
    "create": "claudia create --region eu-central-1 --api-module api",
    "update": "claudia update"
  },
  "keywords": [],
  "license": "MIT",
  "devDependencies": {
  "claudia": "^4.0.0"
  },
}
```

用于在 eu-central-1 区域中创建 API 的 NPM 脚本

用于更新 API 的 NPM 脚本

Claudia 被保存为开发依赖项

使用代码清单 A.1 中的内容更新 package.json 文件后，就可以从项目文件夹的终端运行 npm run create 命令来创建 Lambda 函数和 API 网关定义了，也可以通过运行 npm run update 命令来更新它们。

A.1.1 配置 Claudia 的先决条件

尽管安装很简便，但 Claudia 有如下先决条件：AWS 配置文件的密钥。

如果尚未创建 AWS 配置文件，请参阅 A.1.2 节。

Claudia 使用 AWS SDK for Node.js 来运行，该 SDK 需要 AWS 配置文件的密钥。有几种方法可以配置密钥。最简单的方法是在操作系统的主目录中创建.aws 文件夹。然后，在没有扩展名的情况下在.aws 文件夹中创建凭证文件，其中包含以下内容：

```
[default]
aws_access_key_id=YOUR_ACCESS_KEY
aws_secret_access_key=YOUR_ACCESS_SECRET
```

AWS 配置文件的名称

AWS 配置文件的访问密钥 ID

AWS 配置文件的访问密钥

注意 确保使用实际密钥替换 YOUR_ACCESS_KEY 和 YOUR_ACCESS_SECRET。

如果使用默认名称之外的任何其他名称来命名配置文件，则需要将配置文件的名称提供给 Claudia。可以通过传递带有配置文件名称的--profile 标志(例如，claudia update --profile *yourProfileName*)或设置 AWS_PROFILE 环境变量(例如，AWS_PROFILE = *yourProfileName* claudia update)来实现。

有关为 Node.js 配置 AWS 开发工具包的完整指南，请访问 http://docs.aws.amazon.com/sdk-for-javascript/v2/developerguide/configuring-the-jssdk.html。

A.1.2 创建 AWS 配置文件并获取密钥

要为 Claudia 创建新的 AWS 配置文件，请转至 AWS Web 控制台(https://console.aws.amazon.com)并登录。

然后转到 IAM 部分的 Users 选项卡(https://console.aws.amazon.com/iam/shome#

/users)。单击 Add user 按钮，创建新用户，如图 A.1 所示。

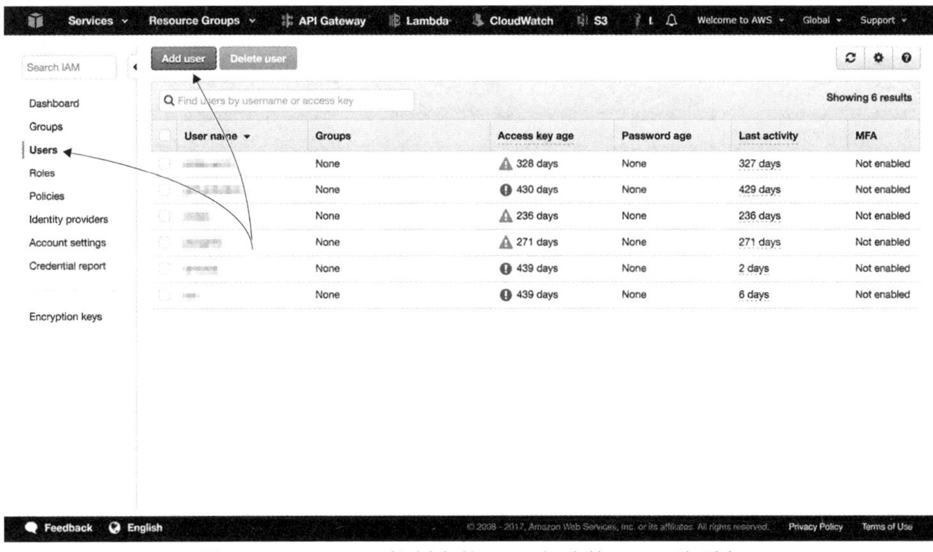

图 A.1　AWS Web 控制台的 IAM 部分的 Users 选项卡

为了添加新用户，需要完成一个包含四个步骤的过程。第一步，需要对你的用户命名(对于第一个用户，claudia 是个不错的名字)并设置访问类型。因为只能通过 AWS CLI 和 AWS SDK for Node.js 使用它，所以选择 Programmatic access 选项。单击 Next:Permissions 按钮(见图 A.2)。

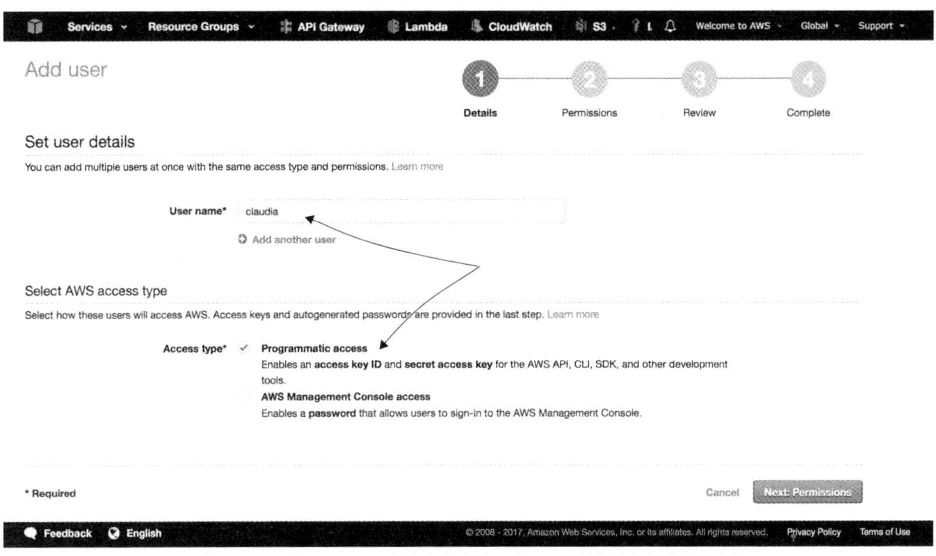

图 A.2　添加 AWS 用户的第一步：设置用户详细信息

第二步，需要向用户添加权限。选择 Attach existing policies directly 选项，如

图 A.3 所示。然后使用输入字段搜索要添加的策略。

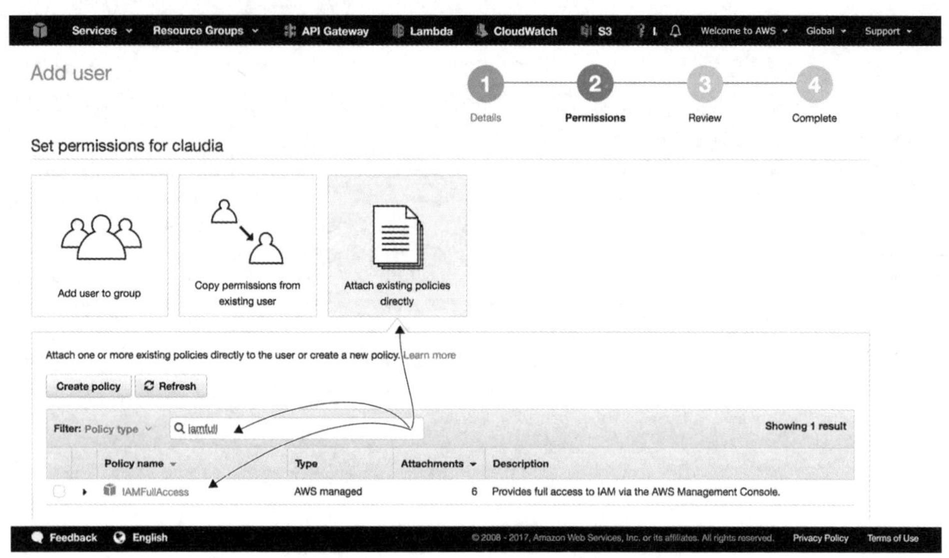

图 A.3　添加 AWS 用户的第二步：设置用户权限

本书所需的建议策略如下所示。

- IAMFullAccess：如果希望 Claudia 自动为 Lambda 函数创建执行角色(建议初学者使用)，请使用该策略。另一种选择是自己执行此操作，并在发出 claudia create 命令时使用--role 标志传递现有角色的名称。
- AWSLambdaFullAccess：执行 Claudia 部署所必需的。
- AmazonAPIGatewayAdministrator：Claudia API Builder 和 Claudia Bot Builder 所必需的。
- AmazonDynamoDBFullAccess：管理 DynamoDB 数据库所必需的。
- AmazonAPIGatewayPushToCloudWatchLogs：可选的，用于记录来自 API Gateway 的完整请求和响应。

需要谨慎选择为用户提供的权限，这个主题超出了本书的讨论范围，但我们建议在将更正式的应用部署到生产环境之前了解有关 AWS 角色和策略的更多信息。

第三步是审核新用户，如图 A.4 所示。如果所有信息都正确，请单击页面底部的 Create User 按钮，创建新用户。

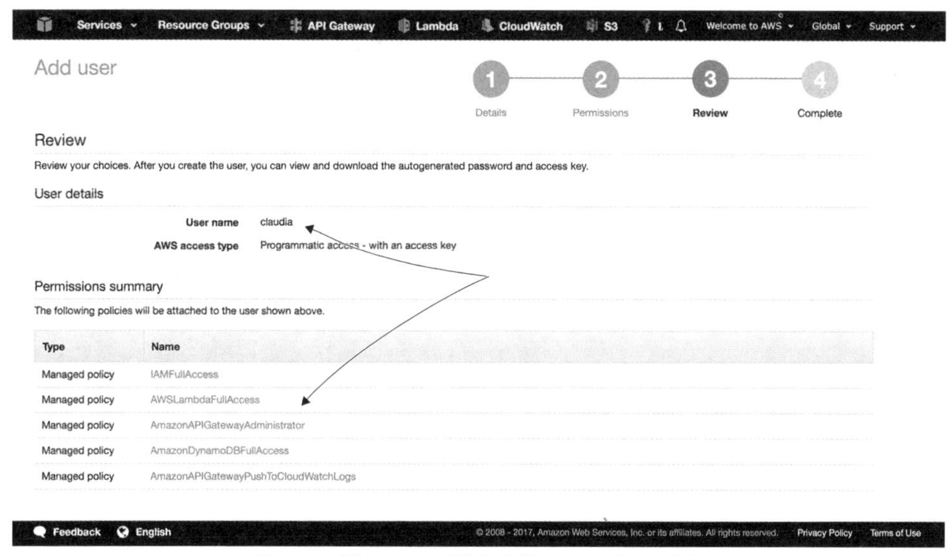

图 A.4　添加 AWS 用户的第三步：审核用户

完成确认步骤，如图 A.5 所示。此步骤很重要，因为它为新用户提供了访问密钥 ID 和访问密钥。

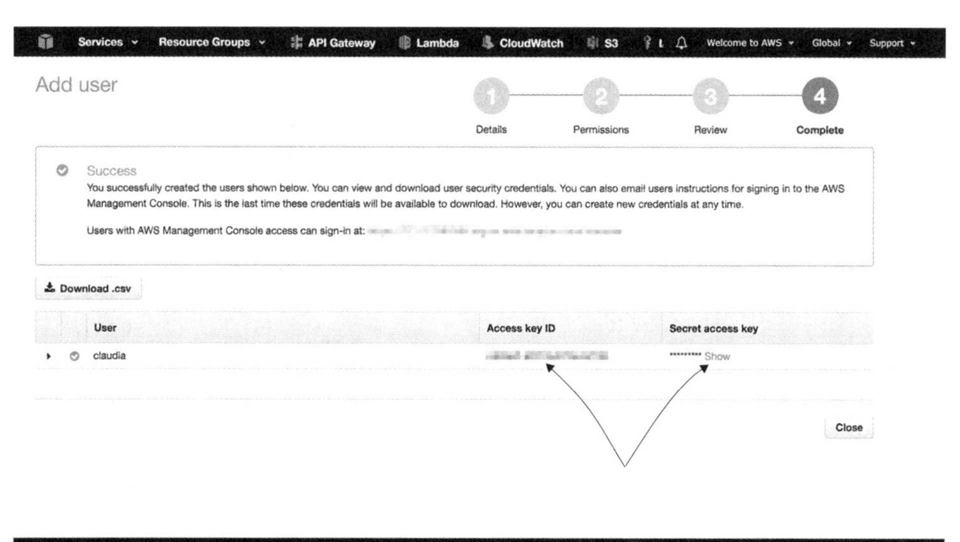

图 A.5　获取用户密钥

现在已拥有访问密钥 ID 和访问密钥，可以返回 A.1.2 节进行设置了。

A.1.3　安装 Claudia API Builder

Claudia API Builder 在 NPM 上作为包提供。它不需要任何配置，因此，要安装它并将其保存为 Node.js 项目中的依赖项，请运行以下命令：

```
npm install claudia-api-builder --save
```

本书示例的版本是 4.0.0。

A.1.4 安装 Claudia Bot Builder

与 API Builder 类似，Claudia Bot Builder 是常规的 NPM 包，不需要任何特殊配置。要安装它并将其另存为项目中的依赖项，请运行以下命令：

```
npm install claudia-bot-builder --save
```

本书示例的版本是 4.0.0。

A.2 安装 AWS CLI

AWS CLI(Command Line Interface，命令行界面)是用于管理 AWS 服务的统一工具。本书使用 AWS CLI 执行了许多操作，包括创建角色和权限以及访问 DynamoDB 表。

要在 Windows 上安装 AWS CLI，请访问 https://aws.amazon.com/cli/并下载 Windows 安装程序。

如果是 Mac 或 Linux 用户，则需要通过 pip 来使用 Python 2.6.5 或更高版本。若使用的是 Python，则可以运行以下命令来安装 AWS CLI：

```
pip install awscli
```

要确认上述命令有效，请运行 aws --version。

我们在本书中用于示例的版本如下：

```
aws-cli/1.11.138 Python/2.7.10 Darwin/16.7.0 botocore/1.6.5。
```

有关 AWS CLI 的更多信息，请访问 https://aws.amazon.com/cli/。

附录 B

配置Facebook Messenger、Twilio和Alexa

本附录提供有关如何设置第 8～10 章所要求的以下内容的详细信息：

- Facebook Messenger 页面和应用
- Twilio 账户
- Amazon Alexa 账户和 Amazon skill

注意　我们使用的所有服务都处于活动开发阶段，在某些时候，用户界面甚至某些步骤可能会发生变化。如果你看到的用户界面与我们提供的屏幕截图不同，请访问相关服务的官方文档。

B.1　Facebook Messenger 设置

为第 8 和 9 章配置 Facebook Messenger 聊天机器人需要执行以下步骤：

(1) 创建 Facebook 页面。

(2) 创建 Facebook 应用。

(3) 使用 Claudia Bot Builder 创建 Facebook Messenger 聊天机器人。

(4) 启用内置 NLP(自然语言处理)。

B.1.1　创建 Facebook 页面

要创建 Facebook 页面，请访问 https://www.facebook.com/pages/create/，将显示一个类别列表，如图 B.1 所示。你需要选择所要创建的页面类型。

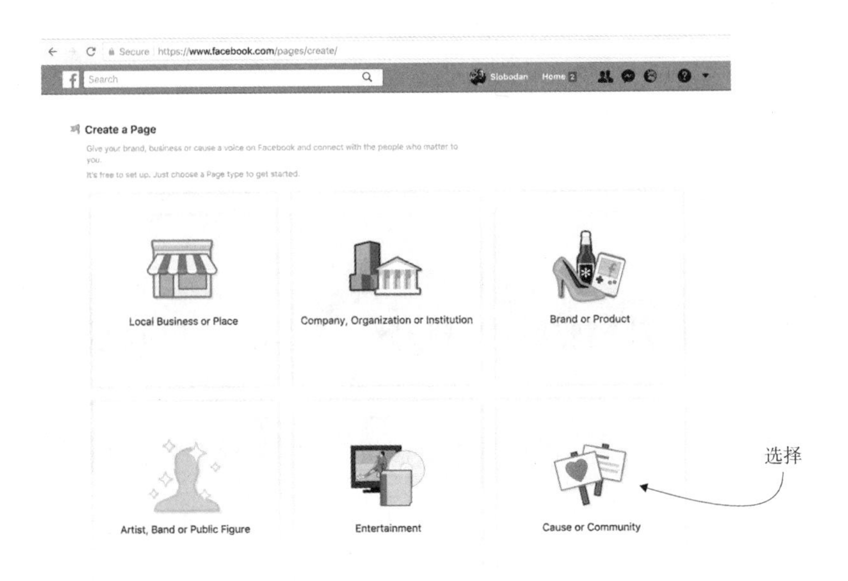

图 B.1 创建 Facebook 页面

注意 如果此处显示的屏幕截图与你在网站上看到的屏幕截图不一致，请参阅 Facebook 的帮助文章，以便在 https://www.facebook.com/business/help/104002523024878 上创建页面。

可以选择任何类别，我们选择了 Cause or Community，因为该类别需要的配置最少。当选择 Cause or Community 类别时，Facebook 会询问页面的名称。将页面命名为 Aunt Maria's pizzeria，就像我们在图 B.2 中所做的那样，然后单击 Get Started 按钮。

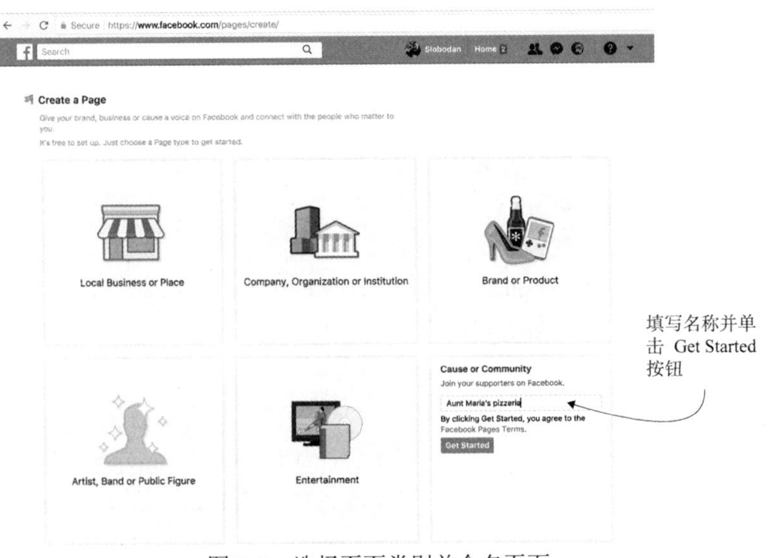

图 B.2 选择页面类别并命名页面

在命名页面后，Facebook 会要求上传个人资料和标题图片并填写一些其他数据。当完成或跳过所有步骤后，新的 Facebook 页面应如图 B.3 所示。

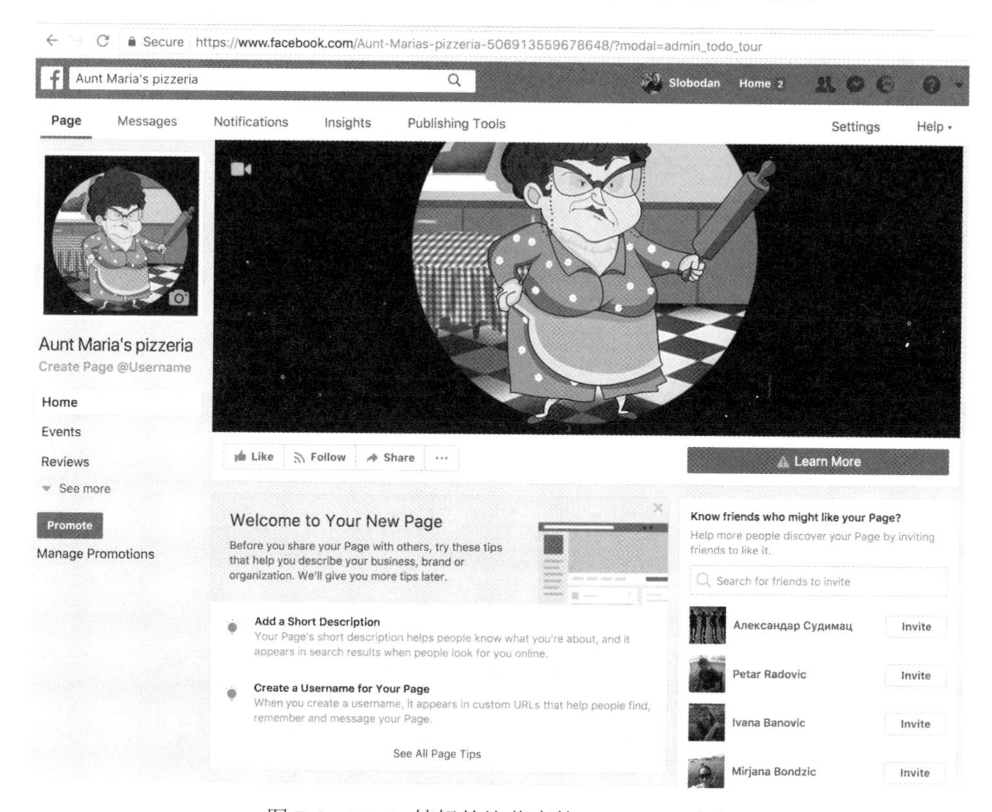

图 B.3　Maria 姨妈的比萨店的 Facebook 页面

B.1.2　创建 Facebook 应用

下一步是创建 Facebook 应用。为此，请转到 https://developers.facebook com，然后从 My Apps 下拉菜单中选择 Add a New App，如图 B.4 所示。

注意 如果此处显示的屏幕截图与你在网站上看到的屏幕截图不一致，请参阅 Facebook 的帮助文章，以便在 https://developers.facebook.com/docs/apps/register 上创建应用。

接着将出现标题为 Create a New App ID 的窗口，如图 B.5 所示，询问应用的名称和电子邮件地址。填写表格(使用 Aunt Maria's pizzeria 作为应用的名称)，然后单击 Create App ID 按钮，创建新的 Facebook 应用。

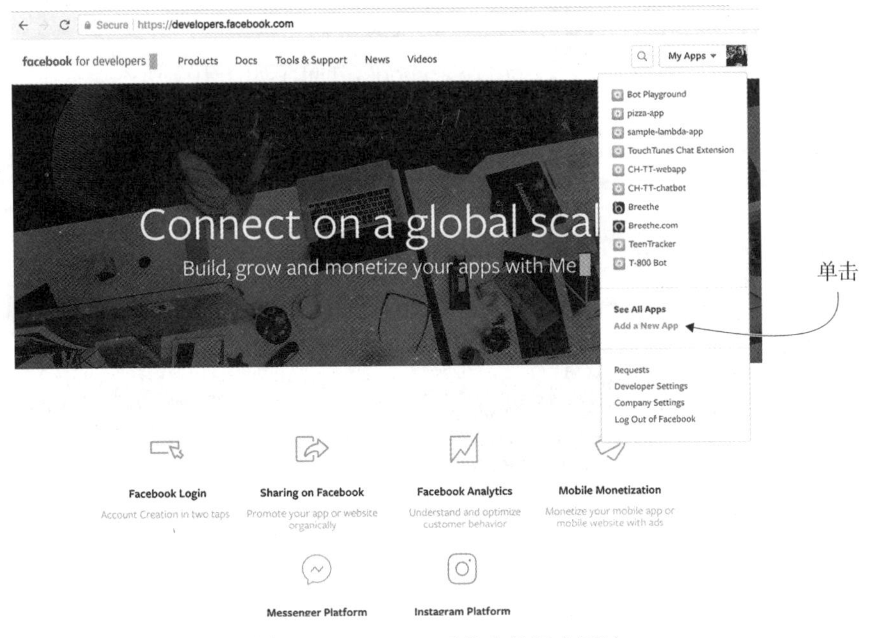

图 B.4　Facebook 开发人员门户网站

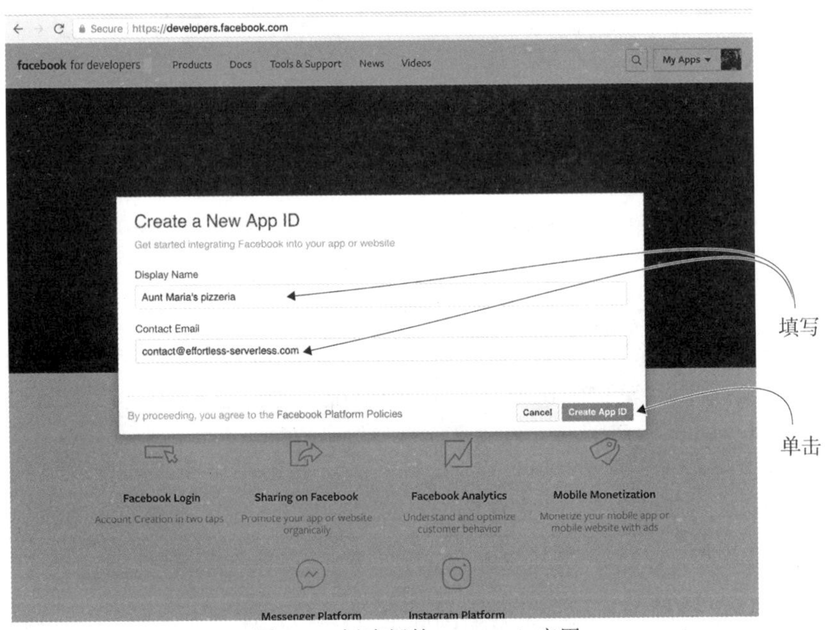

图 B.5　创建新的 Facebook 应用

这时会出现一个列出了一些推荐产品的屏幕。将鼠标光标悬停在产品上时，会出现两个按钮：Read Docs 和 Set Up。找到 Messenger 产品并将鼠标光标悬停在它的上面，如图 B.6 所示。单击 Set Up 按钮。

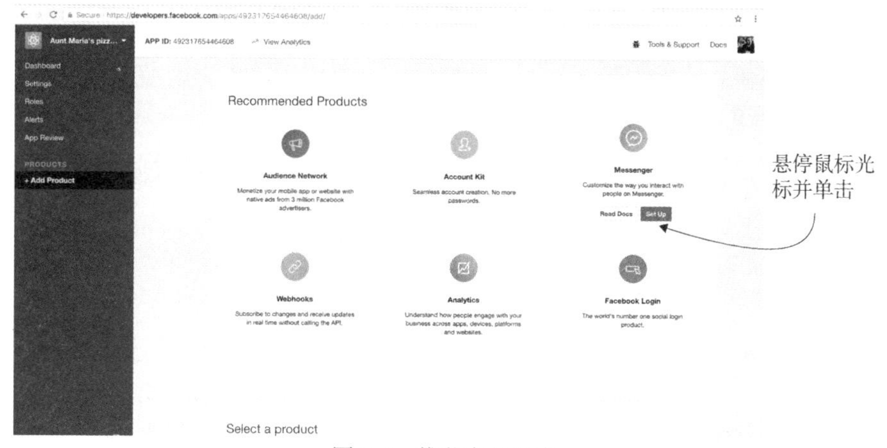

图 B.6　推荐产品列表

接下来将转到 Messenger Platform 设置屏幕，如图 B.7 所示。

不要关闭这个页面，因为片刻之后会再次需要显示。

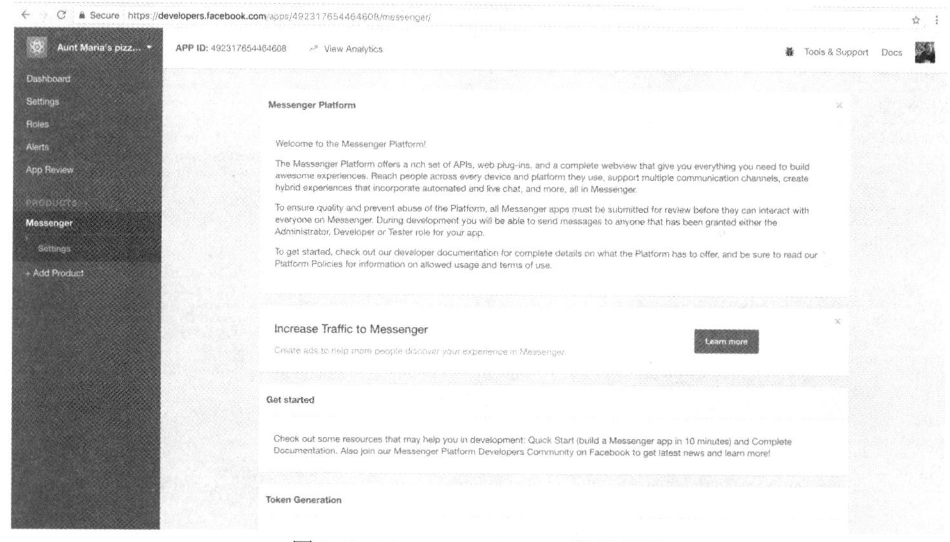

图 B.7　Messenger Platform 设置屏幕

B.1.3　使用 Claudia Bot Builder 创建 Facebook Messenger 聊天机器人

既然有了 Facebook 页面和 Facebook 应用，现在是时候创建 Facebook Messenger 聊天机器人了。

注意 在执行下一步之前，确保全局安装了 Claudia，如附录 A 所述。此外，需要初始化 NPM 项目并将 Claudia Bot Builder 作为依赖项安装。

最后，需要准备好聊天机器人的代码。

打开终端并导航到项目文件夹。然后运行代码清单 A.1 中的命令，创建 AWS Lambda 函数并配置聊天机器人。

注意 以下代码中显示的多行命令可能不适用于每个操作系统。如果操作系统不支持它们，请在一行中键入命令：只需要确保删除反斜杠(\)，它们会告诉终端—— 命令将在另一行继续执行。

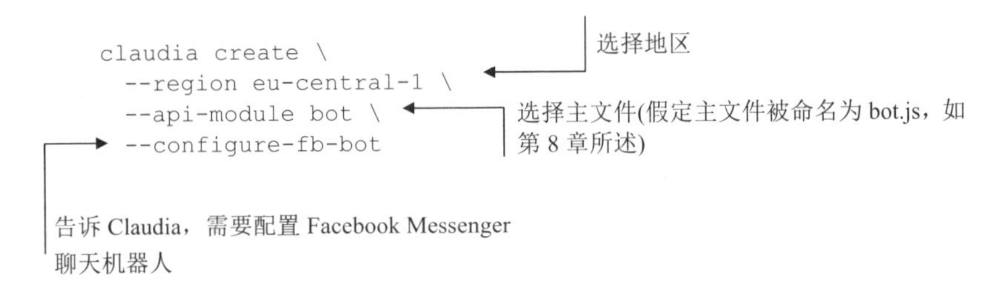

与常规 Claudia 部署不同，带有--configure-fb-bot 选项的命令是交互式的。将代码部署到 AWS Lambda 函数后，打印 webhook URL 并验证配置聊天机器人所需的令牌，如图 B.8 所示。对于下一步操作，将需要这些值。

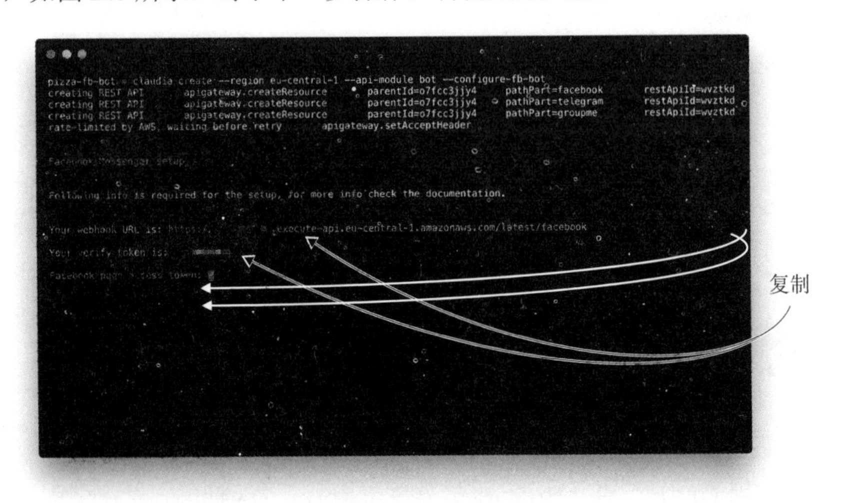

图 B.8 使用 Claudia Bot Builder 设置 Facebook Messenger 聊天机器人

保持终端打开，因为该过程尚未完成。

返回到浏览器中的 Messenger Platform 设置屏幕(见图 B.7)，然后单击 Webhooks 部分的 Setup Webhook 按钮。这将打开类似于图 B.9 的窗口。在这个窗口中，使用终端在上一步中打印的值填写 webhook URL 并验证令牌。在 Subscription Fields 部分，选中 messages 和 messaging_postbacks 选项。然后单击

Verify and Save 按钮。

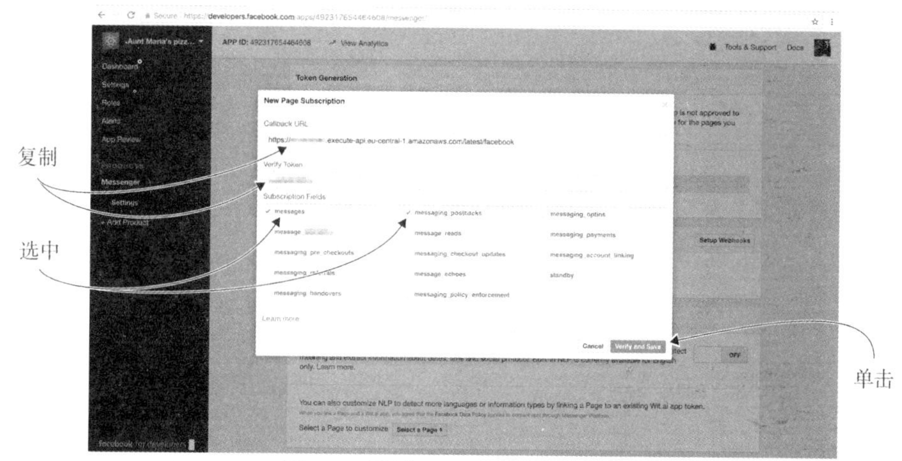

图 B.9 设置 webhook 和验证令牌

片刻之后，这个窗口将关闭，你将看到 webhook 已配置，如图 B.10 所示。

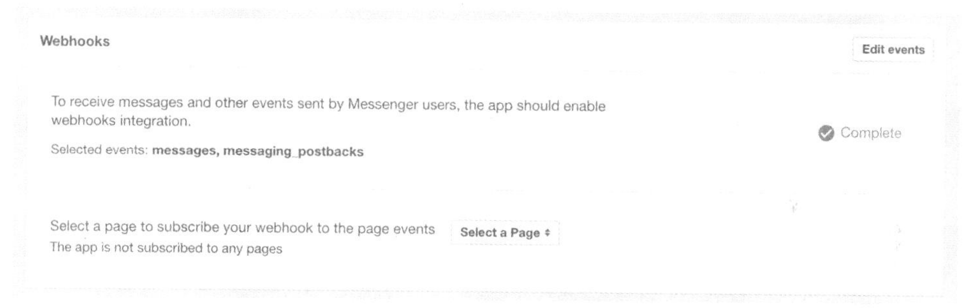

图 B.10 webhook 激活确认

下一步是获取 Facebook 页面的访问令牌。为此，请转到设置屏幕的 Token Generation 部分，从下拉菜单中选择创建的页面，然后复制令牌，如图 B.11 所示。

返回到终端，粘贴上一步的访问令牌，按 Enter 键，如图 B.12 所示。

之后，交互式命令会要求提供 Facebook 应用密钥。应用密钥是必需的，因为它用于验证是否从聊天机器人那里收到消息。应用密钥将存储在 API Gateway 阶段变量中。

要得到 Facebook 应用密钥，请返回浏览器，然后选择左侧 Facebook 应用菜单中的 Dashboard 选项卡。单击 App Secret 字段旁边的 Show 按钮，如图 B.13 所示。复制此值，然后返回终端窗口。

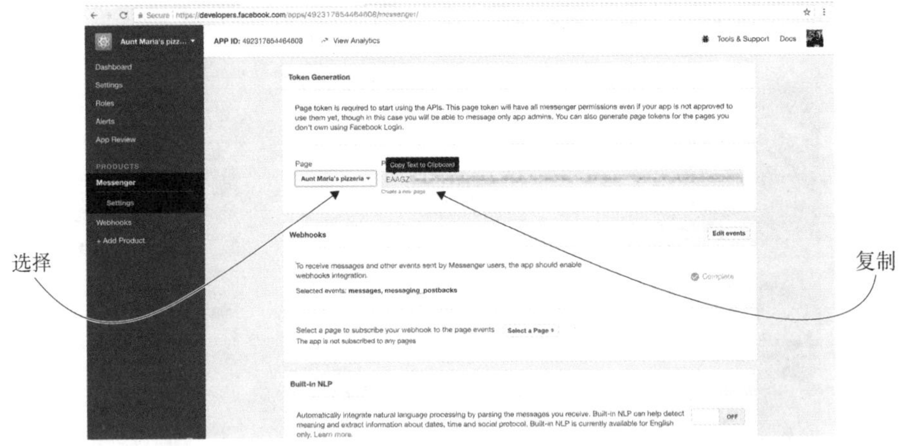

图 B.11　生成页面令牌

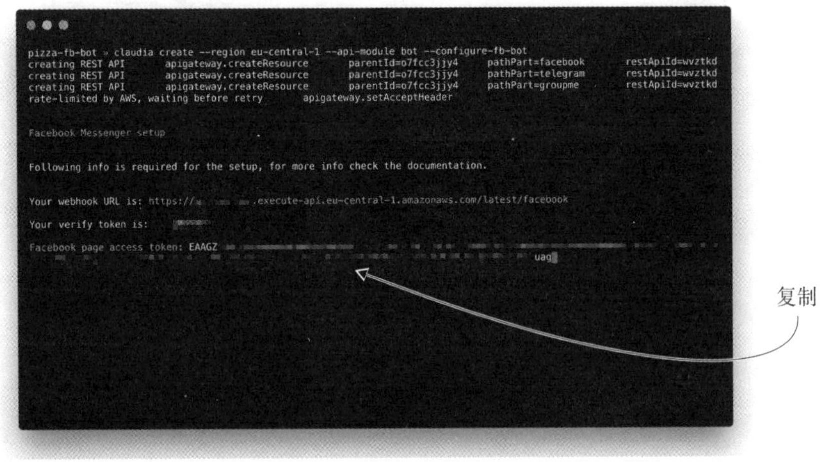

```
pizza-fb-bot > claudia create --region eu-central-1 --api-module bot --configure-fb-bot
creating REST API      apigateway.createResource      parentId=o7fcc3jjy4      pathPart=facebook      restApiId=wvztkd
creating REST API      apigateway.createResource      parentId=o7fcc3jjy4      pathPart=telegram      restApiId=wvztkd
creating REST API      apigateway.createResource      parentId=o7fcc3jjy4      pathPart=groupme       restApiId=wvztkd
rate-limited by AWS, waiting before retry      apigateway.setAcceptHeader

Facebook Messenger setup

Following info is required for the setup, for more info check the documentation.

Your webhook URL is: https://          .execute-api.eu-central-1.amazonaws.com/latest/facebook

Your verify token is:

Facebook page access token: EAAG
                                                                     uag
```

复制

图 B.12　配置页面令牌

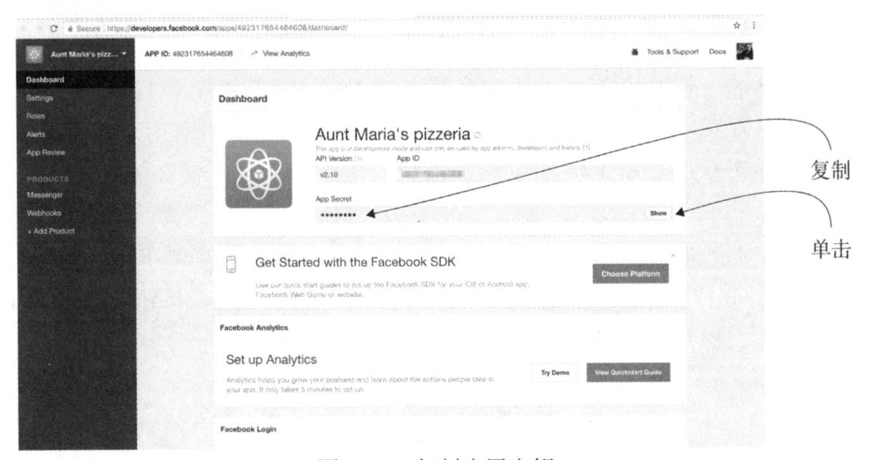

图 B.13　复制应用密钥

粘贴应用密钥并按 Enter 键，如图 B.14 所示。

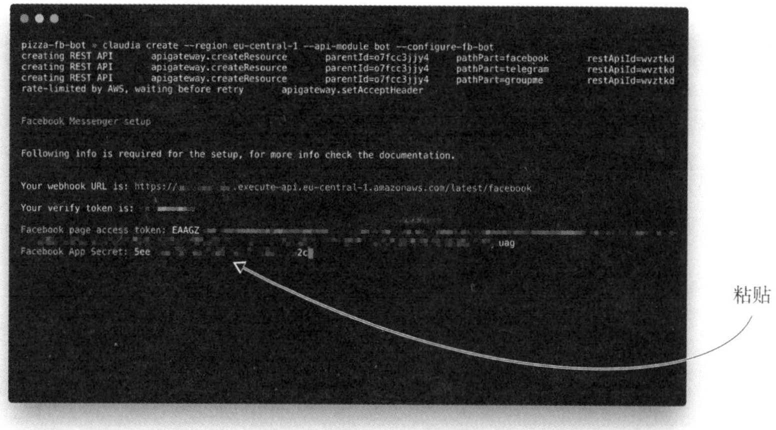

```
pizza-fb-bot » claudia create --region eu-central-1 --api-module bot --configure-fb-bot
creating REST API      apigateway.createResource      parentId=o7fcc3jjy4     pathPart=facebook      restApiId=wvztkd
creating REST API      apigateway.createResource      parentId=o7fcc3jjy4     pathPart=telegram      restApiId=wvztkd
creating REST API      apigateway.createResource      parentId=o7fcc3jjy4     pathPart=groupme       restApiId=wvztkd
rate-limited by AWS, waiting before retry      apigateway.setAcceptHeader

Facebook Messenger setup

Following info is required for the setup, for more info check the documentation.

Your webhook URL is: https://.execute-api.eu-central-1.amazonaws.com/latest/facebook

Your verify token is:

Facebook page access token: EAAGZ                                                    uag
Facebook App Secret: 5ee                    2c
```

粘贴

图 B.14　配置应用密钥

稍等片刻，在命令结束后，应该会看到类似于代码清单 B.1 的响应。

代码清单 B.1　创建响应

```
{
  "lambda": {                                  ← AWS Lambda 信息
    "role": "pizza-fb-bot-executor",
    "name": "pizza-fb-bot",
    "region": "eu-central-1"
  },
  "api": {                                     ← API Gateway 信息
    "id": "wvztkdiz8c",
    "module": "bot",
    "url": "https://wvztkdiz8c.execute-api.eu-central-1.amazonaws.com/
    latest",
    "deploy": {                                ← webhook 适用于所有支持的平台，包括 Facebook Messenger
     "facebook": "https://wvztkdiz8c.execute-api.eu-central-1.amazonaws.com/
    latest/facebook",
     "slackSlashCommand": "https://wvztkdiz8c.execute-api.eu-central-1.
    amazonaws.com/latest/slack/slash-command",
     "telegram": "https://wvztkdiz8c.execute-api.eu-central-1.amazonaws.com/
    latest/telegram",
     "skype": "https://wvztkdiz8c.execute-api.eu-central-1.amazonaws.com/
    latest/skype",
     "twilio": "https://wvztkdiz8c.execute-api.eu-central-1.amazonaws.com/
    latest/twilio",
     "kik": "https://wvztkdiz8c.execute-api.eu-central-1.amazonaws.com/
    latest/kik",
     "groupme": "https://wvztkdiz8c.execute-api.eu-central-1.amazonaws.com/
    latest/groupme",
     "line": "https://wvztkdiz8c.execute-api.eu-central-1.amazonaws.com/
    latest/line",
     "viber": "https://wvztkdiz8c.execute-api.eu-central-1.amazonaws.com/
    latest/viber",
```

```
      "alexa": "https://wvztkdiz8c.execute-api.eu-central-1.amazonaws.com/
     latest/alexa"
    }
  }
}
```

上述响应会打印出所有的 webhook，但你不需要它们，因为 Claudia 已经为你设置好了。Claudia 还会自动将聊天机器人订阅到你的页面，如图 B.15 所示。

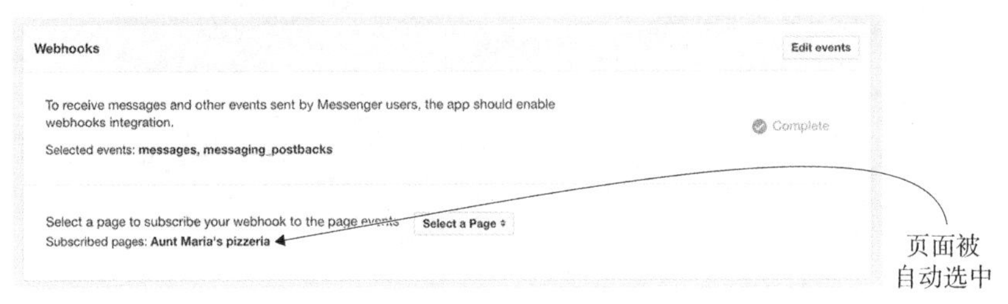

图 B.15 将聊天机器人订阅到你的页面

现在，尝试在 Facebook Messenger 中找到你的页面。你应该看到类似于图 B.16 的内容。

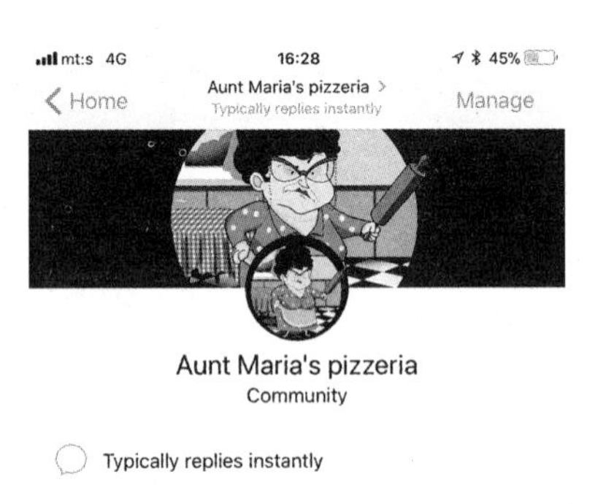

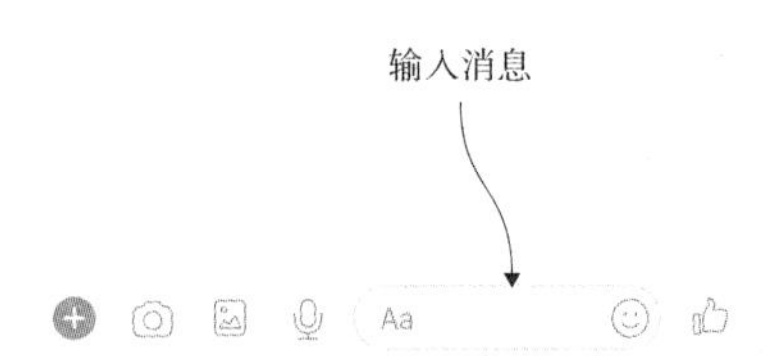

图 B.16 Facebook Messenger 聊天机器人的启动页面

如果向聊天机器人发送消息，回复应该如图 B.17 所示。

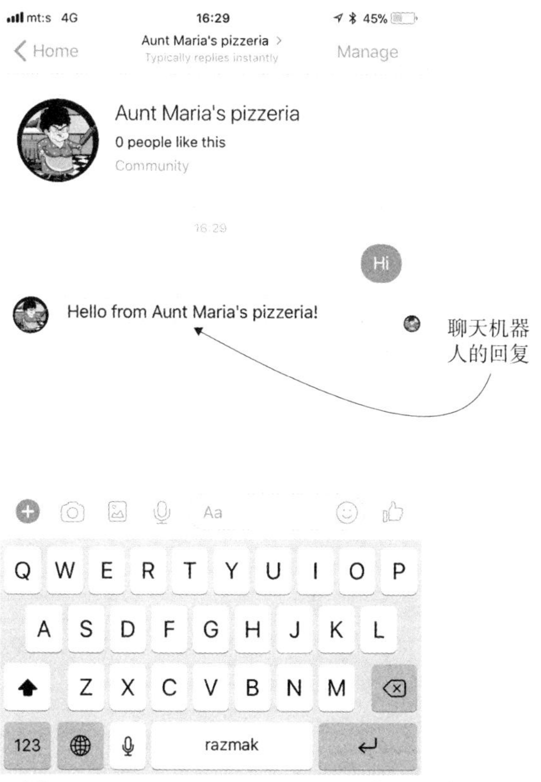

图 B.17　Facebook Messenger 聊天机器人的回复

B.1.4　启用内置 NLP

要启用内置 NLP，请返回到 Facebook 开发人员门户中的 Messenger Platform 设置屏幕，向下滚动到 Built-In NLP 部分。然后在 Select a Page to Customize Built-In NLP 下拉列表中选择 Facebook 页面，如图 B.18 所示。

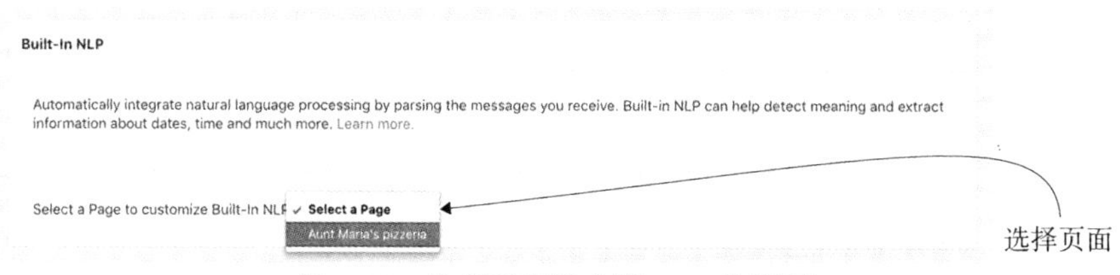

图 B.18　选择要启用内置 NLP 的页面

现在，可以启用内置 NLP，选择默认语言，并查看高级设置。对于比萨店应用，由于将使用英语，因此需要启用内置 NLP，如图 B.19 所示。

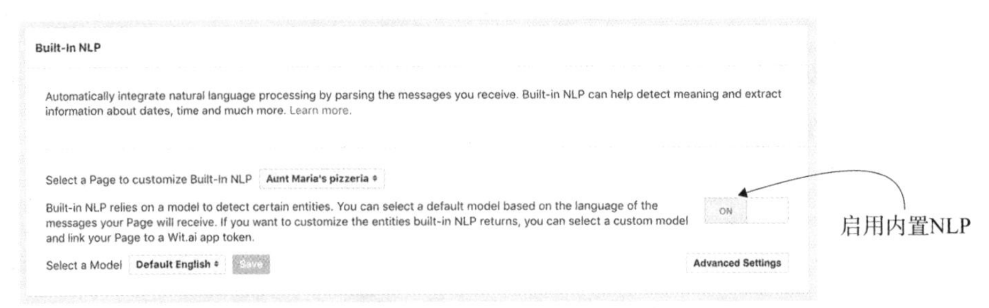

图 B.19　启用内置 NLP

B.2　设置 Twilio

为了配置第 10 章的 Twilio SMS 聊天机器人，需要执行以下步骤：

(1) 注册 Twilio 账户。

(2) 获取 Twilio 号码。

(3) 设置 Twilio 可编程 SMS 服务。

注意 Twilio 有免费试用期，因此无须立即付款，但在一段时间过后，会要求支付服务费用。

B.2.1　注册 Twilio 账户

如果已经拥有 Twilio 账户，请跳至 B.2.2 节“获取 Twilio 号码”。

要注册 Twilio 账户，请访问 https://www.twilio.com/try-twilio，输入账户的详细信息。你还会看到四个下拉字段，如图 B.20 所示。

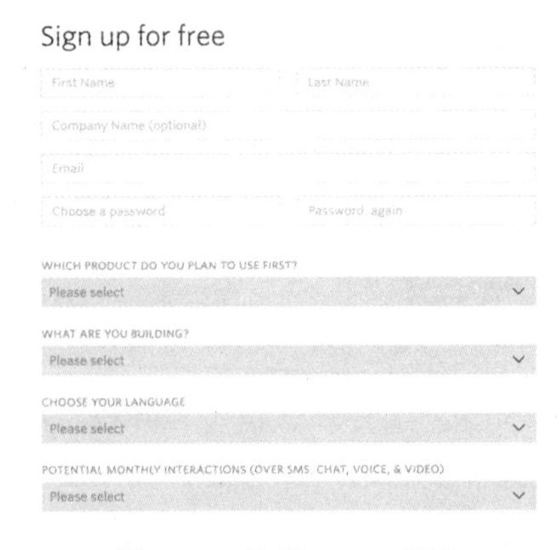

图 B.20　注册 Twilio 账户

在下拉字段中，可以进行以下选择：

- 对于要使用的产品，请选择 SMS。
- 对于要构建的内容，请选择 SMS Support。
- 对于要使用的语言，请选择 Node.js.
- 对于潜在的每月互动，请选择 Less Than 100,000(如果已经计划更多，请随意选择更高的值)。

填写完所有字段后，Twilio 会通过向你发送验证短信来验证你是否为本人。你需要输入手机号码，并且将收到带有身份验证码的短信。

验证成功之后，Twilio 会要求你创建一个新的项目，如图 B.21 所示。

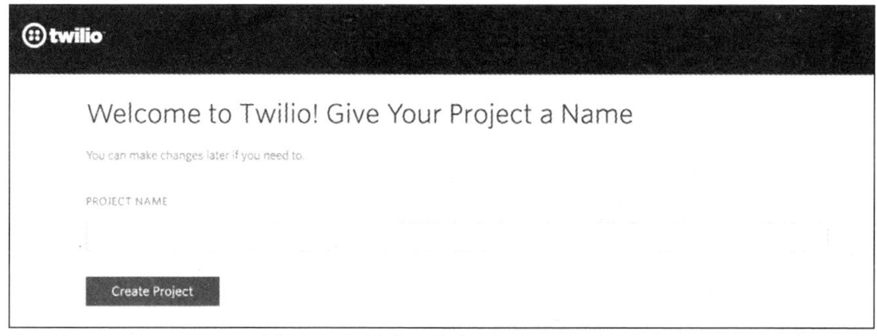

图 B.21　创建一个新的 Twilio 项目

填写项目名称并单击 Create Project 按钮，即可创建项目。之后，你将看到可编程 SMS 项目页面，如图 B.22 所示。

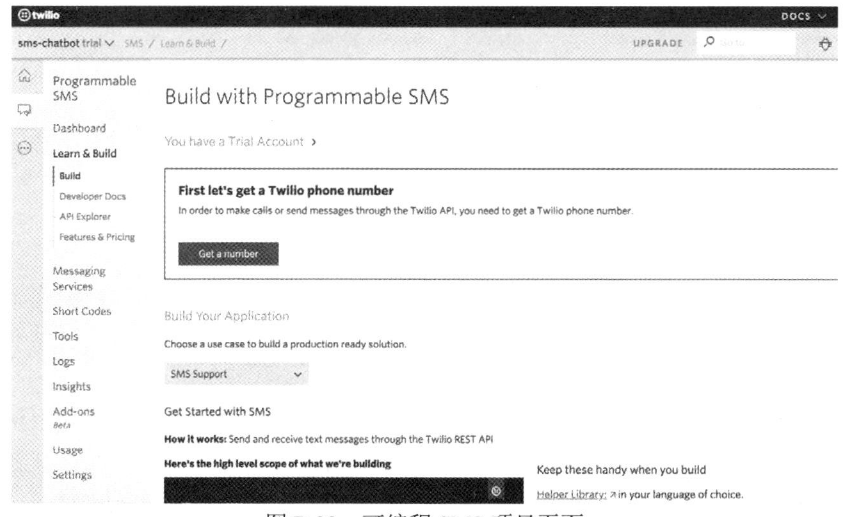

图 B.22　可编程 SMS 项目页面

B.2.2　获取 Twilio 号码

如果已有 Twilio 号码，请跳至 B.2.3 节“设置 Twilio 可编程 SMS 服务”。否则，在可编程 SMS 项目页面上，单击 Get a number 按钮。你会看到带有 Twilio 建议的号码模式。如果不喜欢这种号码，或者想要不同的号码，可以单击模式中的 Search for a Different Number 链接。如果对号码无疑问，请单击 Choose This Number。

当 Twilio 处理完新的号码请求后，你会看到 Congratulations 模式，其中包含你选择的号码。单击 Done 按钮，Twilio 将打开可编程 SMS 项目页面，选择 Learn & Build 选项卡。

B.2.3　设置 Twilio 可编程 SMS 服务

Twilio SMS 聊天机器人应该能够自动发送和接收消息。要启用消息传递，需要在可编程 SMS 项目页面中将其配置为消息服务。可以在可编程 SMS 项目页面左侧的导航菜单中找到 Messaging Services 菜单项(见图 B.23)。

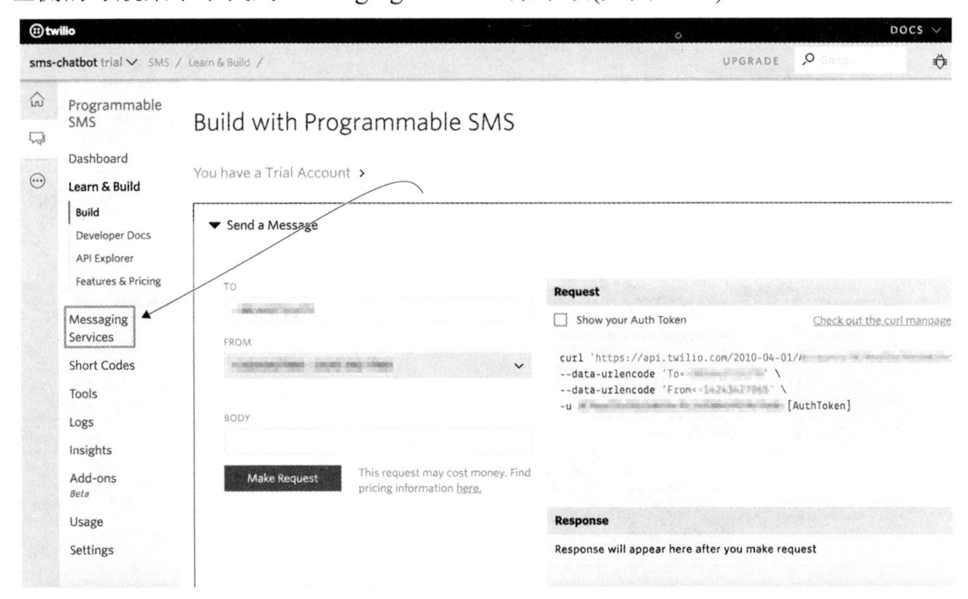

图 B.23　可编程 SMS 项目页面的导航菜单中的 Messaging Services 菜单项

然后单击 Create New Service，将出现一个窗口，询问服务的名称和用例。将名称设置为 Aunt Maria's Pizzeria chatbot，将用例设置为 Mixed。这将打开新添加的消息服务的配置页面，如图 B.24 所示。

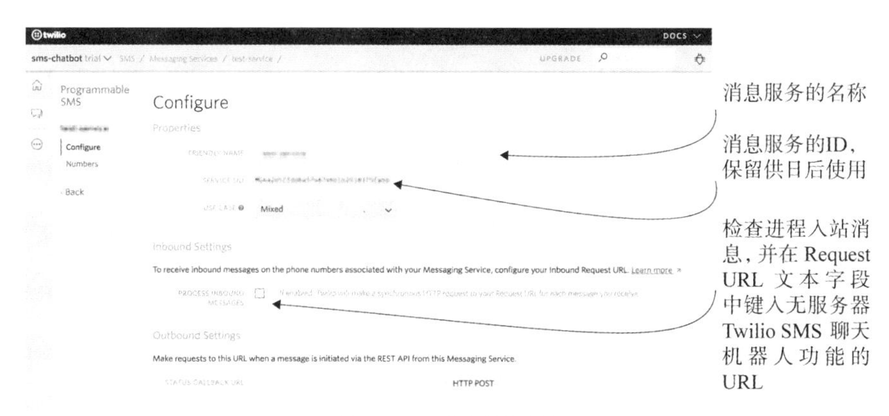

图 B.24　配置消息服务

检查进程入站消息，并在 Request URL 文本字段中键入无服务器 Twilio SMS 聊天机器人功能的 URL。选择 Process Inbound Messages 选项，出现的两个文本字段如下：

- Request URL
- Fallback URL

在 Request URL 文本字段中，粘贴或输入使用 Claudia Bot Builder 创建的无服务器 Twilio SMS 聊天机器人的 URL，然后单击 Save 按钮。

接下来，需要在消息服务中添加请求的 Twilio 号码。为此，单击 Messaging Services 选项卡左侧导航菜单中的 Numbers 链接。

在 Numbers 页面中，单击 Add an Existing Number 按钮，弹出的窗口如图 B.25 所示。

图 B.25　将 Twilio 号码添加到消息服务

在上述窗口中，可以看到可用的 Twilio 数字列表。

要添加这些数字中的一个或多个，请使用复选框选中它们，然后单击 Add Selected 按钮。

如果顺手把创建的无服务器 Twilio SMS 聊天机器人的 URL 一起粘贴到了 Request URL 文本字段中，那就对了！——你已正确设置了 Twilio 账户和可编程 SMS 项目。恭喜！现在可以通过向选中的 Twilio 号码发送短信来试用聊天机器人了。

B.3 设置 Alexa skill

要设置 Alexa skill，请访问 https://developer.amazon.com/alexa 并使用 Amazon 账户进行登录。然后单击 Add Capabilities to Alexa 链接，如图 B.26 所示。

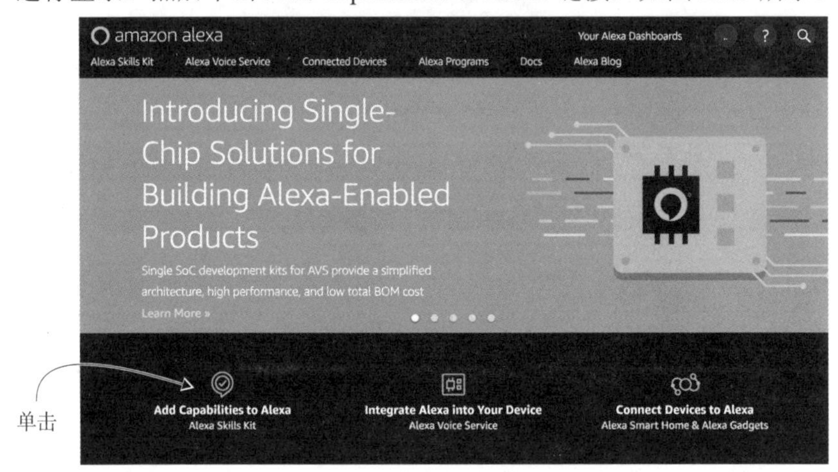

图 B.26 Amazon Alexa 面板

稍后将出现 Alexa Skills Kit 界面，可以在其中找到有关设计、构建和启动 Alexa skill 的文档和教程。还可以在此处创建新的 Alexa skill。要执行此操作，请单击 Start a Skill 按钮，如图 B.27 所示，这将转到 Create a New Alexa Skill 界面。

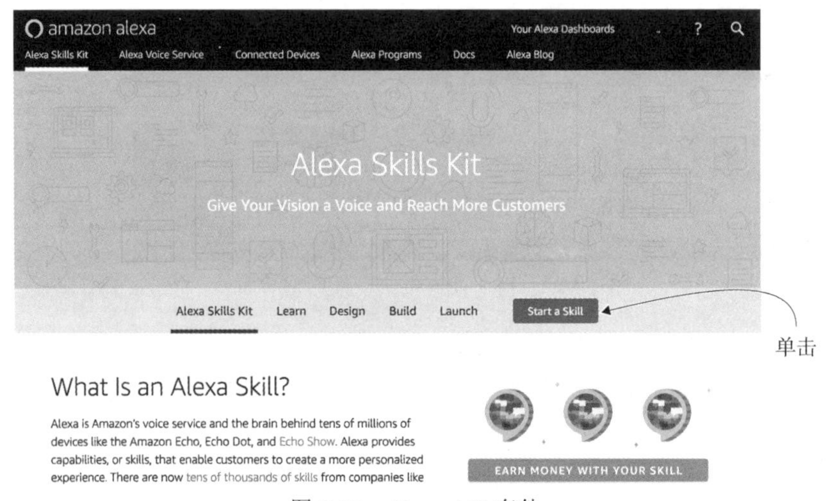

图 B.27 Alexa skill 套件

第一个屏幕显示了 skill 信息。可以选择 skill 类型，设置 skill 的名称和调用名称，以及配置全局字段，如 Audio Player、Video App 和 Render Template。

默认会选择 Custom Interaction Model 类型，因为该类型允许你构建新的自定义 skill。除该类型外，还可以构建 Smart Home skill、Flash Briefing skill 或 Video skill(适用于 Amazon Echo Show 或其他可视化的 Alexa 设备)。

将 Name(名称)和 Invocation Name(调用名称)都设置为 Aunt Maria's Pizzeria，确保所有全局字段都已关闭，然后单击 Save 按钮，如图 B.28 所示。单击 Next 按钮，转到下一个屏幕。

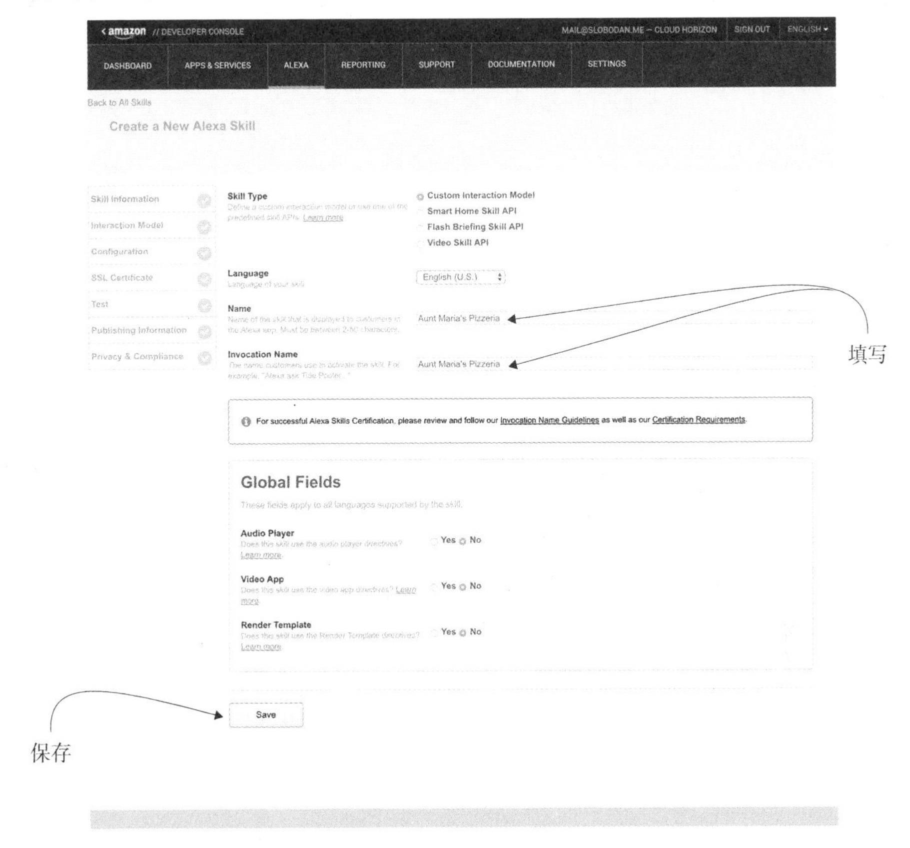

图 B.28　设置 skill 信息

下一个屏幕用于设置 Interaction Model(交互模型)。为此，需要你在第 10 章中构建的 intent 模式、自定义插槽和样本话语。

首先，将构建的 intent 模式(见代码清单 10.9)粘贴到 Intent Schema 文本字段中。然后，填写 Custom Slot Types 表单，添加自定义插槽的名称(LIST_OF_ PIZZAS)并使用第 10 章(见代码清单 10.10)中的值。之后单击 Add 按钮，如图 B.29 所示。

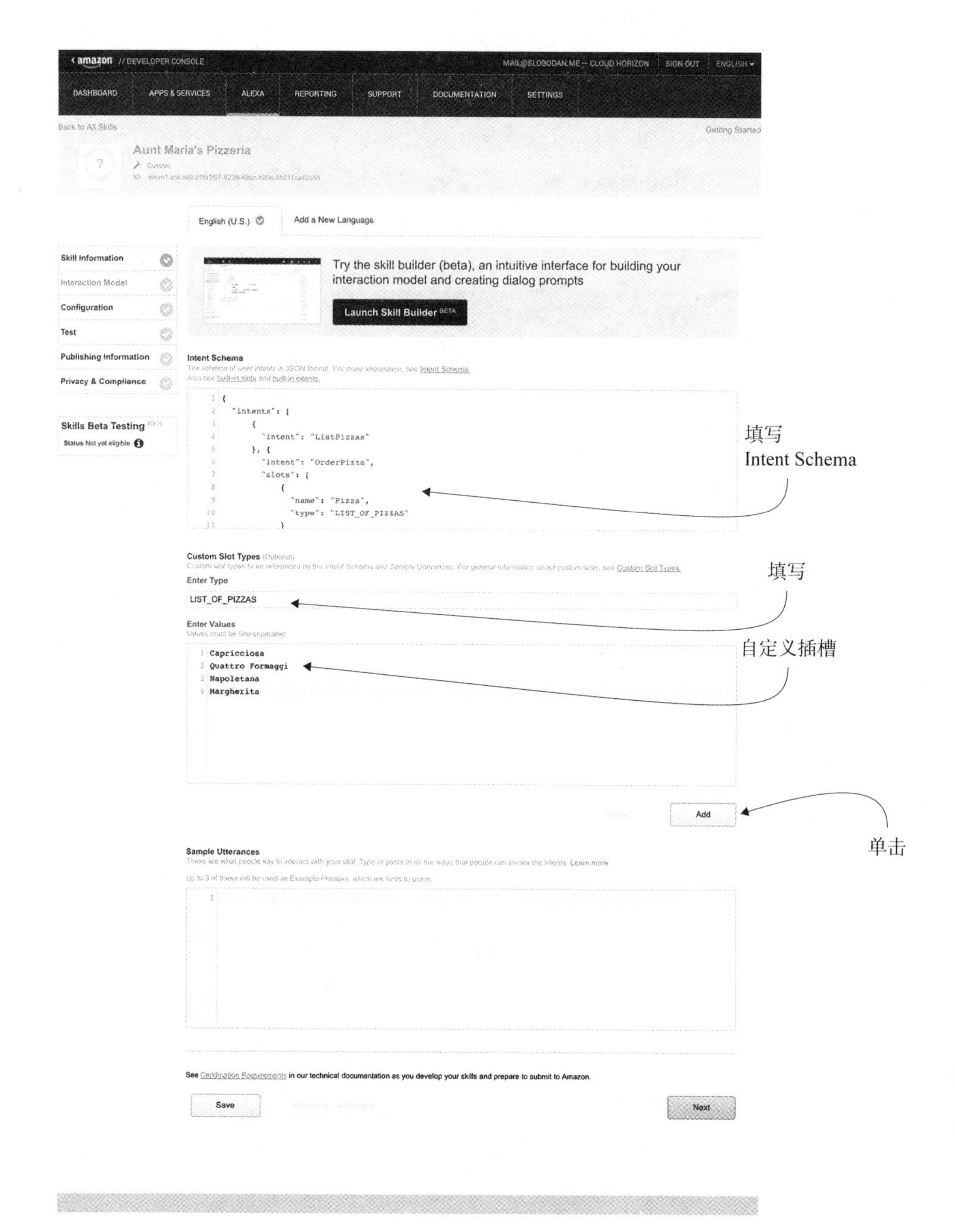

图 B.29　配置交互模型

添加自定义插槽的类型后，请填写第 10 章中的自定义话语，然后单击 Next 按钮，如图 B.30 所示。

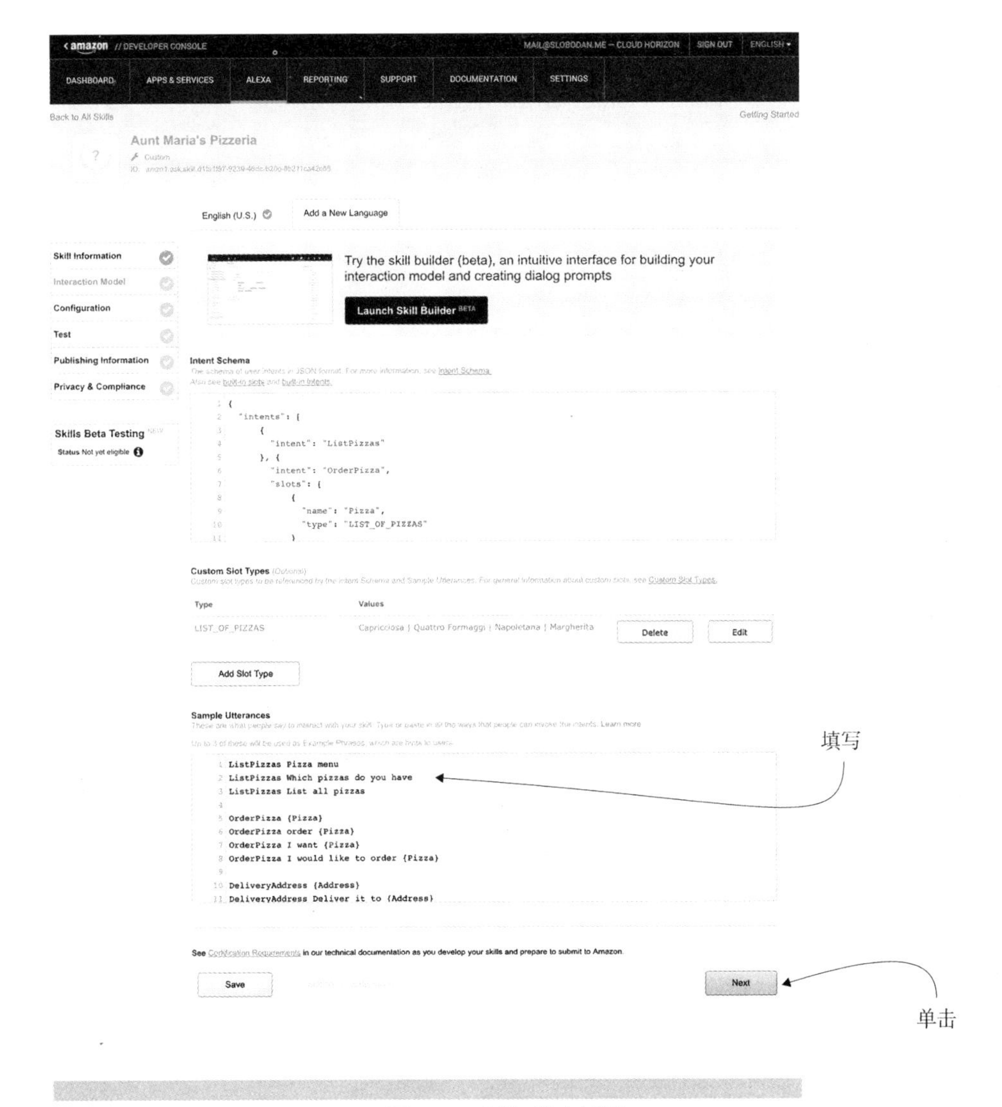

图 B.30　添加样本话语

下一个屏幕显示了 Configuration(配置)信息，可以在其中设置 skill 的 webhook 或 AWS Lambda 功能。在此之前，如果尚未执行上述操作，请将代码部署到 Lambda 函数。在执行上述操作时，请保持浏览器页面处于打开状态，因为需要稍后返回到 Create a New Alexa Skill 页面的 Configuration 部分。

要部署 Lambda 函数，请打开终端，导航到 Alexa skill 代码文件夹，然后运行以下命令：

```
claudia create --region eu-west-1 --handler skill.handler --version skill
```

上述命令会将代码部署到 eu-west-1 区域中的 AWS Lambda(Alexa 仅支持

us-east-1 和 eu-west-1 区域)，并将版本设置为 skill。

稍后，你将看到标准的 claudia create 响应，如下所示：

```
{
  "lambda": {
    "role": "pizza-alexa-skill-executor",
    "name": "pizza-alexa-skill",
    "region": "eu-west-1"
  }
}
```

在为 Alexa skill 使用 Lambda 函数之前，需要允许它由 Alexa 触发。为此，请运行以下命令：

```
claudia allow-alexa-skill-trigger --version skill
```

上述命令允许 Alexa 触发 Lambda 函数的 skill 版本。片刻之后，你会看到如下响应：

```
{
  "Sid": "Alexa-1518380119842",
  "Effect": "Allow",
  "Principal": {
    "Service": "alexa-appkit.amazon.com"
  },
  "Action": "lambda:InvokeFunction",
  "Resource": "arn:aws:lambda:eu-west-1:721177882564:function:pizza-
     Alexa skill:skill"
}
```

复制 Lambda ARN(终端中 JSON 响应里的资源)，然后返回到浏览器中的 skill 配置页面。选择 AWS Lambda ARN 作为 Service Endpoint Type，并将 Lambda 函数的 ARN 粘贴到下面的输入字段中，如图 B.31 所示。

由于没有构建具有多个地理区域端点的 skill(例如，美国和英国的不同区域)，因此选择 No 作为 Provide geographical region endpoints? 问题的响应，然后单击 Next 按钮。

配置完 skill 后，将显示 Test 屏幕。可以在 Test 屏幕上测试 skill，例如在 Service Mimulator 中输入话语，然后单击 Listen 按钮收听响应，如图 B.32 所示。

现在，可在 Alexa 设备上使用 skill，但如果想让所有人都可以使用，需要提交认证 skill，参见 https://developer.amazon.com/docs/custom-skills/submit-an-Alexa skill-for-certification.html。

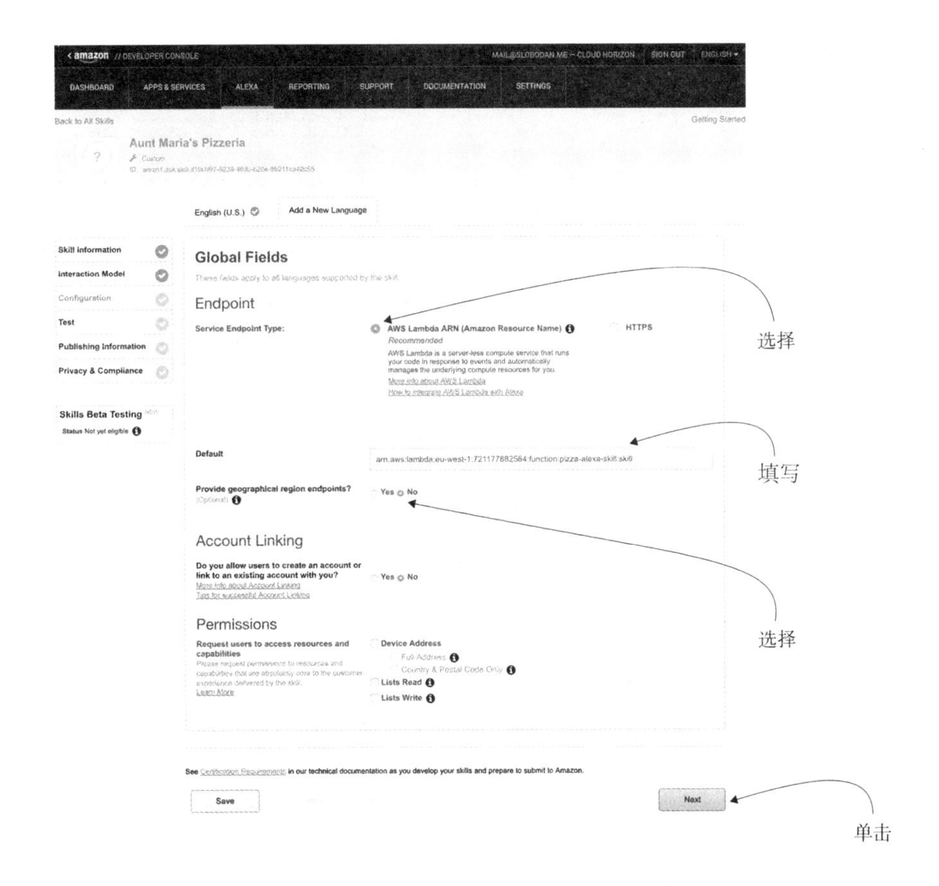

图 B.31 配置 skill

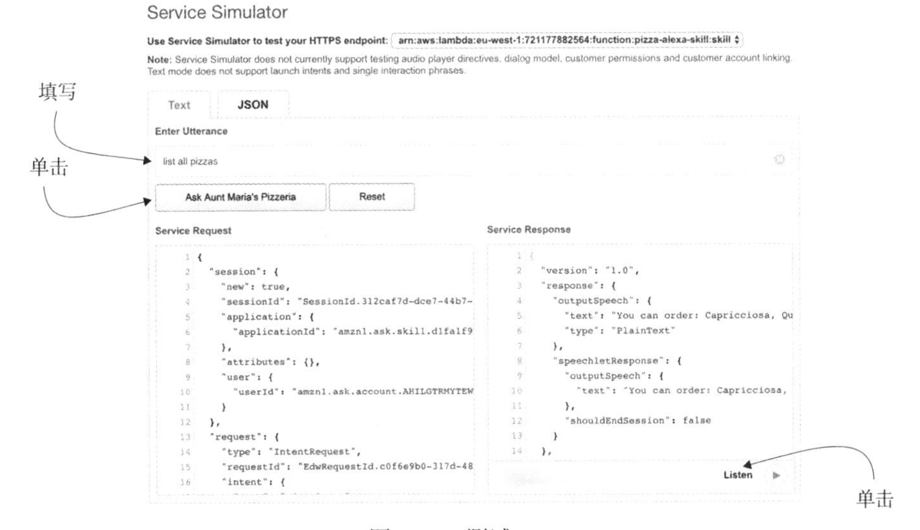

图 B.32 测试 skill

附录 C

设置Stripe和MongoDB

内容提要：

- 设置 Stripe 账户并检索 Stripe API 密钥
- 安装和配置 MongoDB

C.1 设置 Stripe 账户并检索 Stripe API 密钥

创建无服务器支付服务时，需要创建和配置 Stripe 账户并获取 Stripe API 密钥，步骤如下：

(1) 注册 Stripe 账户。

(2) 检索 Stripe API 密钥。

(3) 使用 Claudia API Builder 创建无服务器 Stripe 支付服务。

如果有 Stripe 账户但尚未检索到密钥，请跳至 C.1.2 节“检索 Stripe API 密钥”。

C.1.1 注册 Stripe 账户

注册 Stripe 账户既快捷又简单。打开浏览器并转到 https://stripe.com。单击 Create Account，将进入 Stripe 注册页面。

输入电子邮件地址、全名和密码。提交表单后，Stripe 会要求添加移动恢复号码。我们建议在忘记密码的情况下这样做。

之后，Stripe 账户已创建，但请不要忘记确认电子邮件地址——在确认之前，Stripe 不允许接收实时付款。

C.1.2 检索 Stripe API 密钥

如果要在应用中使用 Stripe 接收付款，则需要使用 Stripe API。Stripe 需要能够在你使用 Stripe API 时识别你的身份。为了识别你的身份，Stripe 提供了一对秘密散列密钥，用于你与 Stripe API 进行的所有通信。最初创建 Stripe 账户时，Stripe 会自动为你生成这些密钥。

创建账户后，需要检索 Stripe API 密钥。为此，请通过 Stripe Dashboard 从导航菜单中选择 API 选项(见图 C.1)。

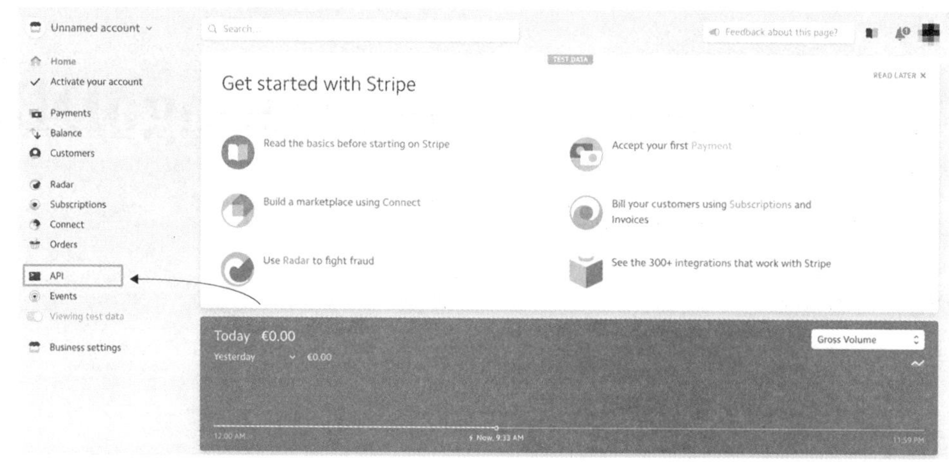

图 C.1　Stripe Dashboard

API 页面中包含两个表格，用于标准 API 密钥和受限 API 密钥(见图 C.2)。你需要标准 API 密钥，它们是最常用的密钥类型，用于无服务器支付服务。

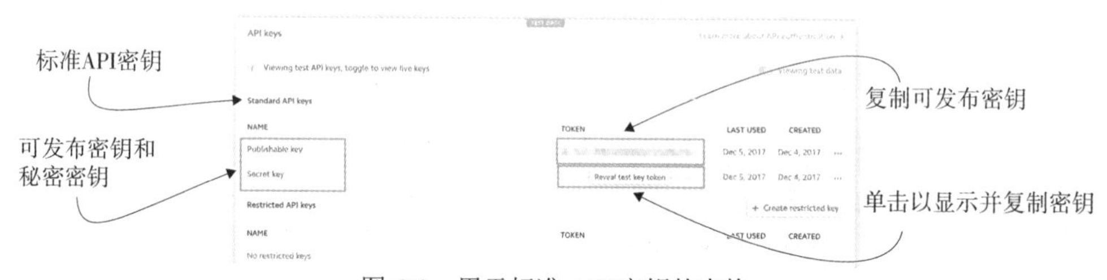

图 C.2　用于标准 API 密钥的表格

如前所述，在创建账户时会自动生成两个标准 API 密钥：可发布密钥和秘密密钥。可发布密钥可用作前端 Web 应用或移动应用中的公钥。它可能是公开的，因为它是你的电子邮件。但不管怎样，你不希望每个人都拥有它。

秘密密钥为应用或 API 提供对 Stripe 资源的访问。这就是 Stripe 知道你在使用它的资源的原因。秘密密钥类似于密码，必须隐藏起来，但不要担心，如果怀疑有人已经看到了，可以重新生成公钥和秘密密钥。

将两个密钥复制到计算机上的空白文档以便于访问，但务必在完成第 12 章后删除该文档。

警告 确保秘密密钥安全并仅保存在自己的服务器上。务必谨慎对待秘密密钥，因为它可用于访问甚至操纵 Stripe 账户。

C.2　安装和配置 MongoDB

MongoDB Atlas 是由云托管并管理的 MongoDB 服务，由构建数据库的同一团队设计和运行。在本节中，你将创建和配置 MongoDB 的免费实例，这足以支持第 13 章中的代码示例并运行小型的实际应用。

C.2.1　创建账户

要了解有关 MongoDB 产品的更多信息并创建 MongoDB Atlas 账户，请在浏览器中访问 https://www.mongodb.com/cloud/atlas(见图 C.3)。

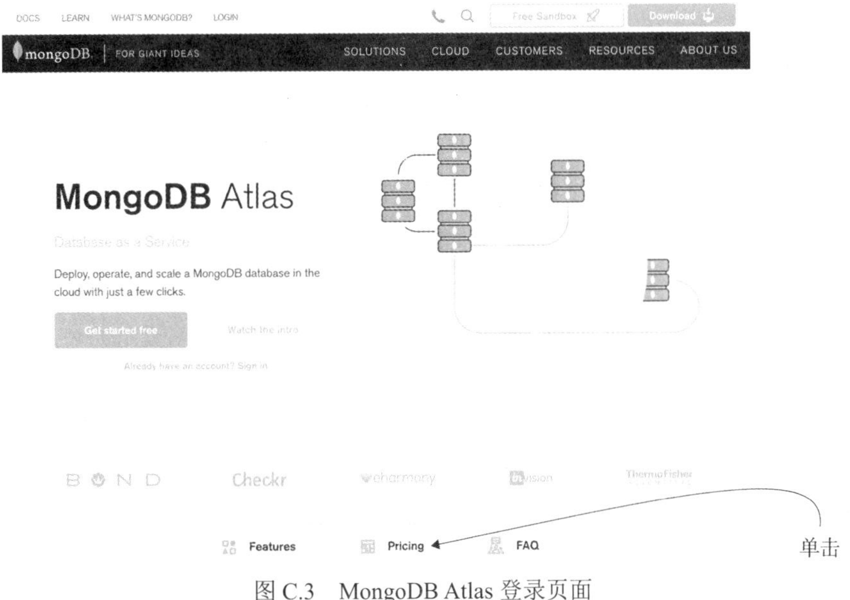

图 C.3　MongoDB Atlas 登录页面

单击 Pricing，打开 Pricing 选项卡，可以在其中选择云提供商、区域和实例大小。选择 AWS，如图 C.4 所示，然后向下滚动。

在云提供商部分的下方，选择用于 Lambda 函数的区域(我们使用 eu-central-1)。然后选择 M0 实例，之后单击 Get Started Free，如图 C.5 所示。

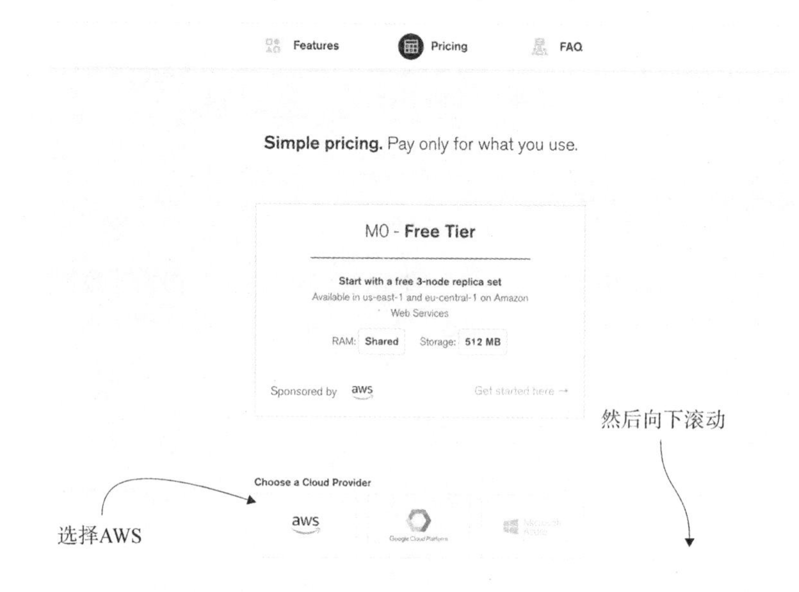

图 C.4　在 Pricing 选项卡中选择云提供商

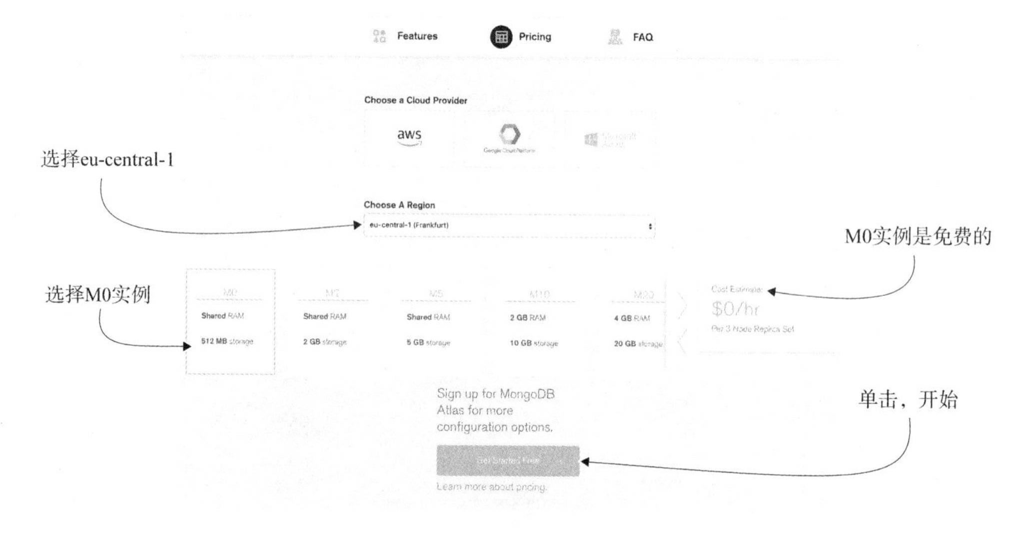

图 C.5　选择区域和实例大小

在出现的注册表单中，填写必填字段，然后单击 Continue 按钮，如图 C.6 所示。MongoDB Atlas 不要求提供免费账户的信用卡详细信息，因此单击 Continue，创建账户并转到配置页面。

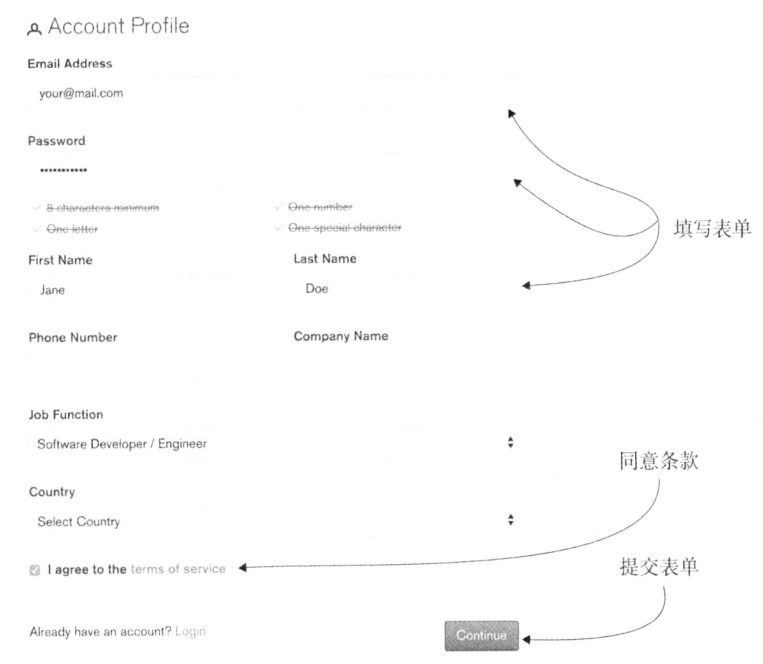

图 C.6　创建 MongoDB Atlas 账户

C.2.2 配置集群

创建账户后，需要创建第一个集群。数据库集群是由正在运行的数据库服务器的单个实例管理的数据库集合。如图 C.7 所示，需要添加集群名称(例如 RobertosTaxiCompany)。确保价格仍为$0.00，然后单击 Confirm & Deploy 按钮。

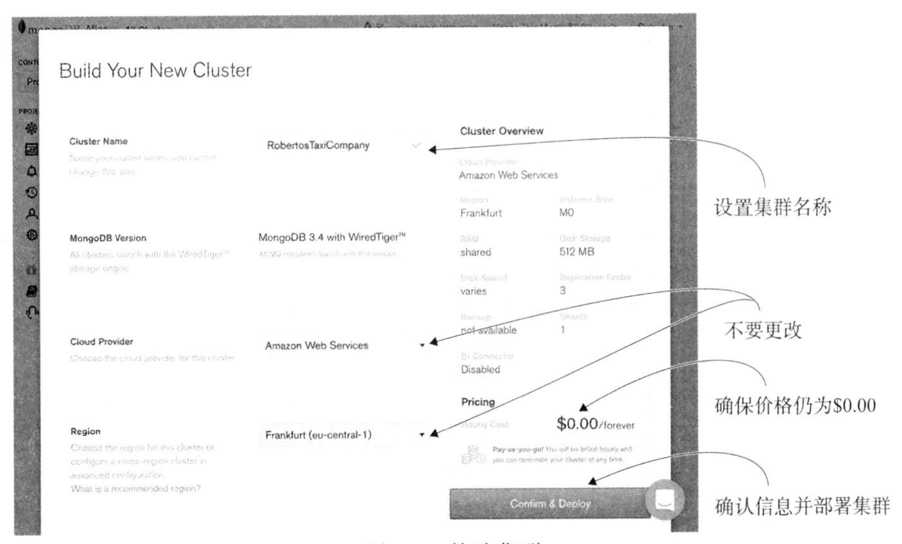

图 C.7　构建集群

现在集群已创建，你将能够看到 MongoDB Atlas 仪表板。下一步是为 MongoDB 数据库创建新用户。为此，请选择 Security 选项卡，然后单击 Add New User 按钮，如图 C.8 所示。

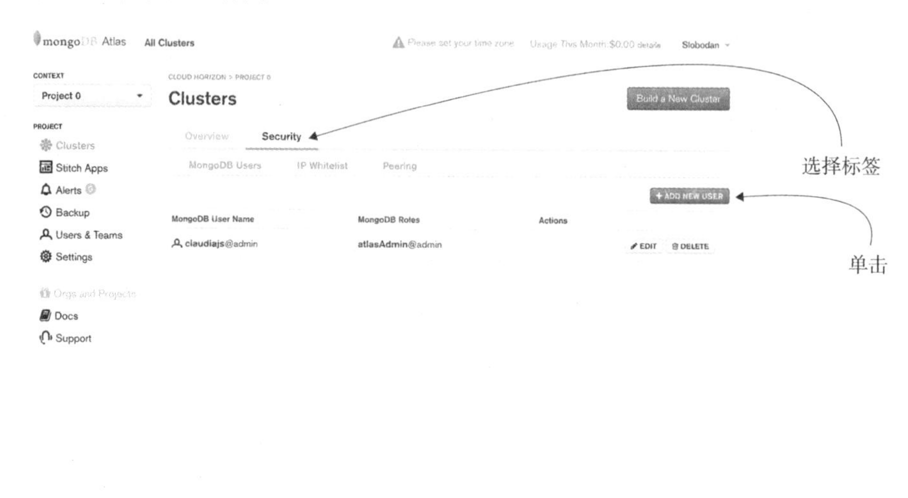

图 C.8　MongoDB Atlas 仪表板中的 Security 选项卡

在弹出的 Add New User 窗口中，输入新数据库的用户名(例如 roberto)和密码。然后在 User Privileges 部分显示高级选项，这允许你为新用户选择更精细的权限。要仅为单个数据库添加用户，请从左侧的下拉列表中选择 readWrite，然后在数据库字段中输入数据库名称，如图 C.9 所示。由于你的数据库尚不存在，因此可以输入 taxi，这将自动为你创建数据库。完成后，单击 Add User 按钮。

图 C.9　创建新用户

创建新用户后，返回 MongoDB Atlas 仪表板的 Security 选项卡。配置数据库的最后一步是获取连接字符串。为此，请选择 Overview 选项卡，然后单击 RobertosTaxiCompany 集群，如图 C.10 所示。

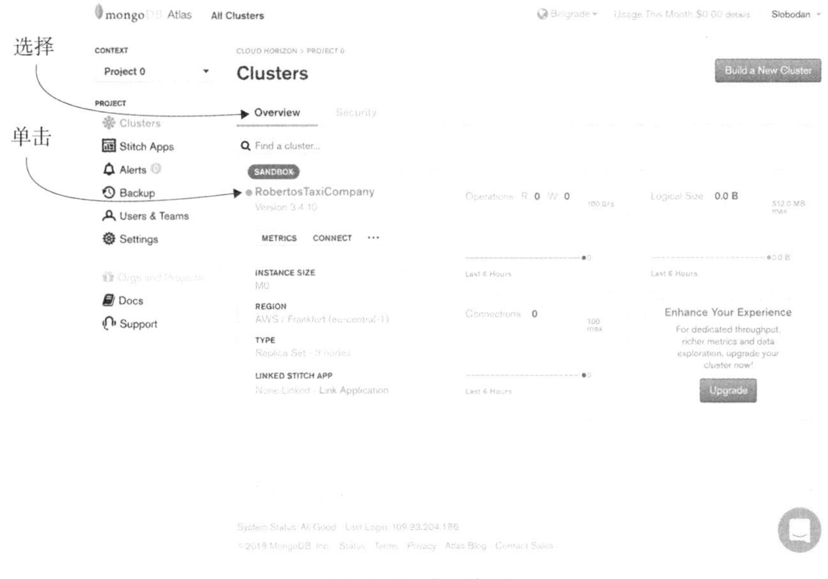

图 C.10　集群概述

如图 C.11 所示，单击 Connect 按钮，打开连接窗口。

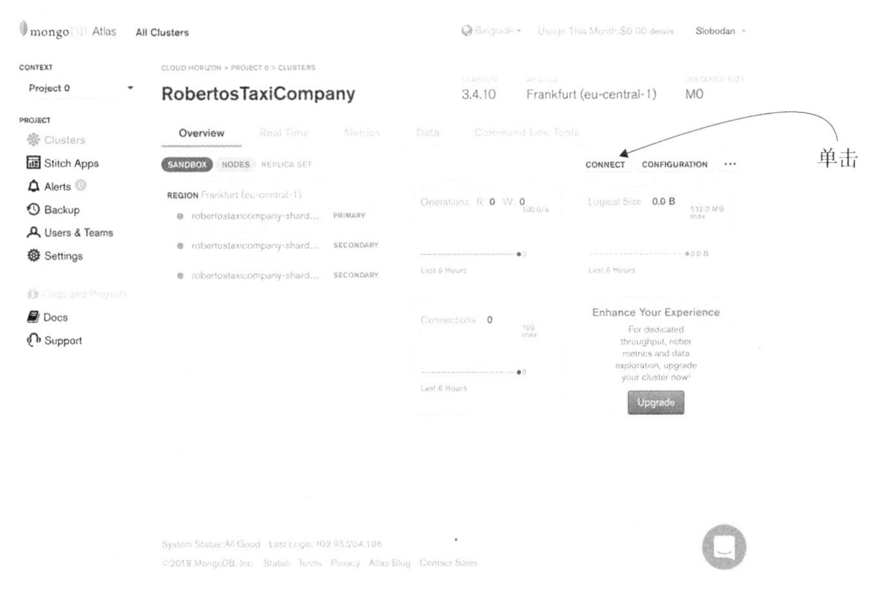

图 C.11　RobertosTaxiCompany 集群概述

为了能够创建连接字符串，需要将至少一个与 MongoDB 集群通信的 IP 地址列入白名单。为此，请单击 ADD ENTRY 按钮，如图 C.12 所示。

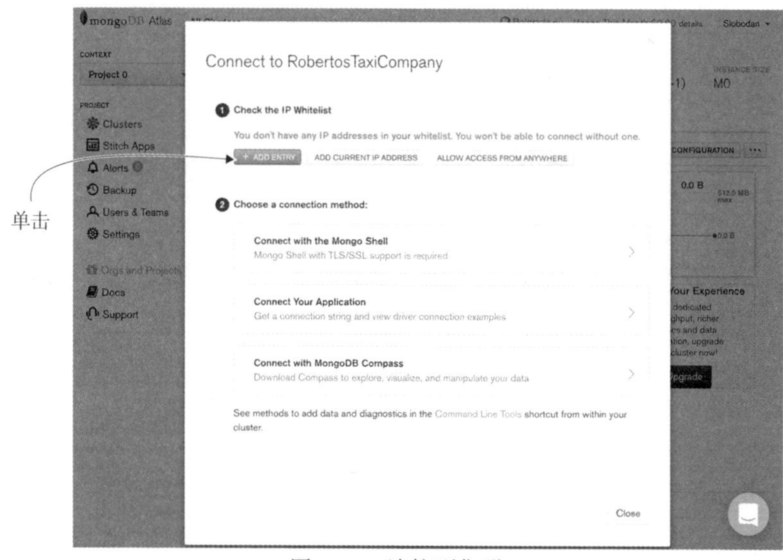

图 C.12　连接到集群

但由于不知道 AWS Lambda 将使用的所有 IP 地址，因此需要通过将 0.0.0.0/0 添加到 IP 地址字段，向所有 IP 地址打开 MongoDB 集群。然后添加说明并单击 SAVE 按钮，如图 C.13 所示。

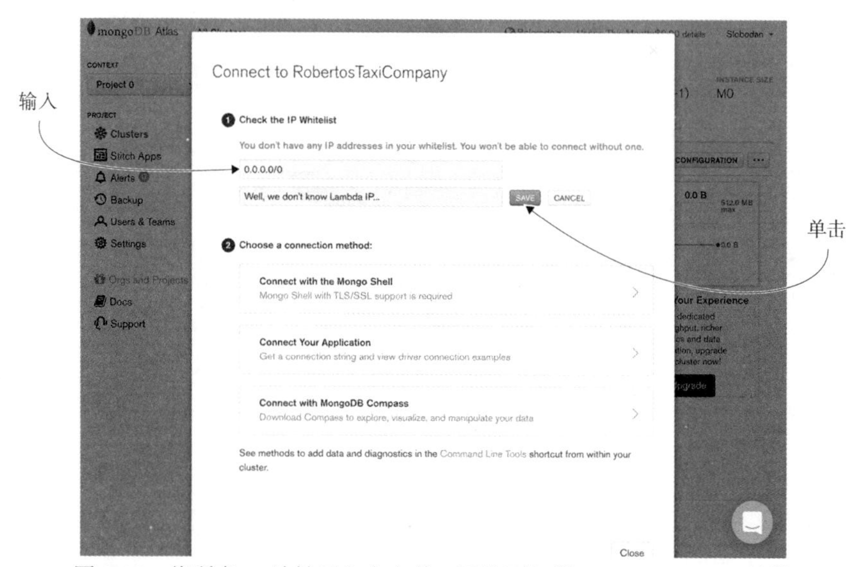

图 C.13　将所有 IP 地址列入白名单，因为不知道 AWS Lambda IP 地址

最后一步是选择连接方法。选择 Connect Your Application，如图 C.14 所示，

因为想获取 MongoDB 连接字符串。

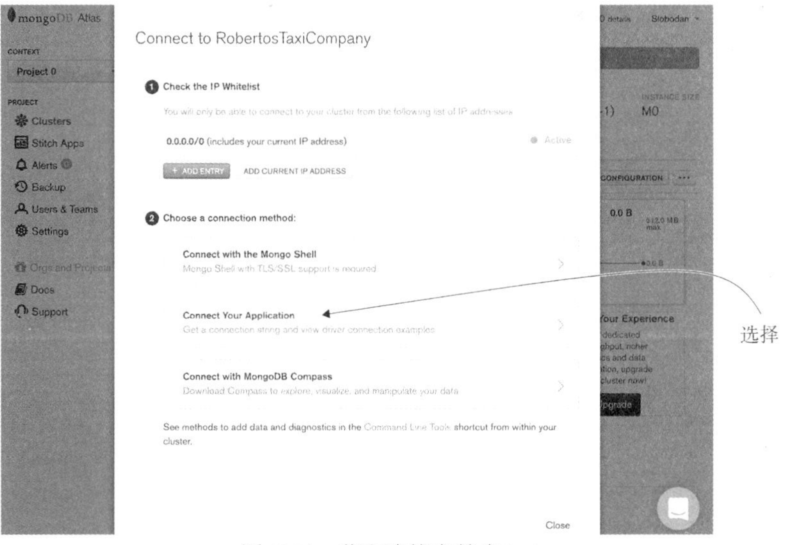

图 C.14　获取连接字符串(一)

新弹出的窗口中显示了连接字符串(见图 C.15)。单击 I am using driver 3.4 or earlier 按钮，因为这是你在第 13 章中使用的驱动程序，然后复制连接字符串。确保将连接字符串中的用户名更新为 roberto(或你使用的任何内容)，并将密码更新为你在创建新用户时输入的密码。

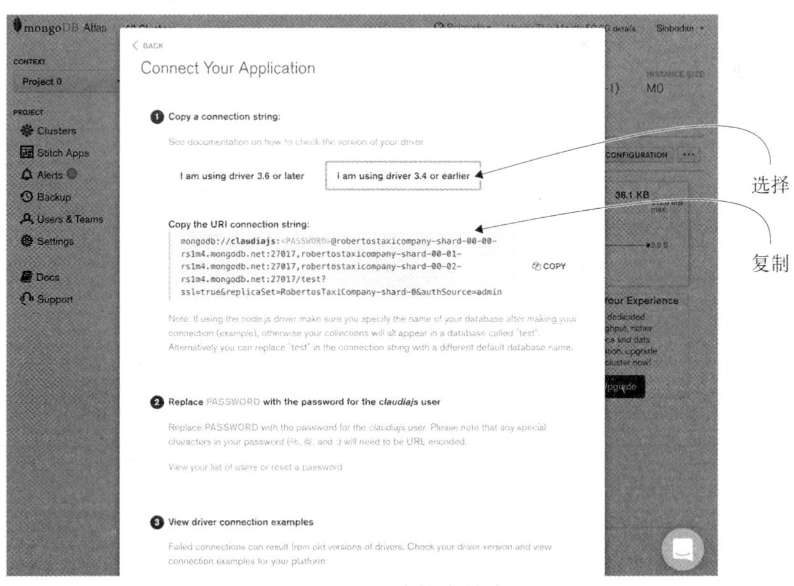

图 C.15　获取连接字符串(二)

现在已拥有 MongoDB 连接字符串，可以在第 13 章中部署和测试 Express.js 应用了。